月刊誌

数理科学

毎月 20 日発売
本体 954 円

予約購読のおすすめ

本誌の性格上、配本書店が限られます。**郵送料弊社負担**にて確実にお手元へ届くお得な予約購読をご利用下さい。

年間　**11000**円
（本誌**12**冊）

半年　**5500**円
（本誌**6**冊）

予約購読料は**税込み価格**です。

なお、**SGC** ライブラリのご注文については、予約購読者の方には、商品到着後のお支払いにて承ります。

お申し込みはとじ込みの振替用紙をご利用下さい！

サイエンス社

数理科学特集一覧

SGC ライブラリ-166

ニュートリノの物理学

素粒子像の変革に向けて

林 青司　著

サイエンス社

まえがき

この本の主な目的は，素粒子の一つであるニュートリノについて，またそれに関連する素粒子物理学について解説，議論することである．ニュートリノは日本語では中性微子とも呼ばれるが，その名のとおり電気的に中性で質量が極端に小さく，電磁相互作用を持たないために検出にかかり難い，言わば大変目立たない素粒子である．そのため，最初からその存在が知られていたわけではなく，理論的考察に基づきパウリによって仮説として導入されたものであった．

しかし，目立たないながら，実はニュートリノは素粒子物理学の発展の歴史で本質的に重要な役割を果たしてきた．そもそもニュートリノは，上述のように，弱い相互作用の典型的な過程であるベータ崩壊に関するパズルを解決すべく導入されたものであるが，弱い相互作用の理論の発展，特に，この相互作用の大きな特徴であるパリティー対称性の破れの理解の鍵となる役割を演じ，現在の確立した素粒子の理論である「標準模型」の成立に大きく貢献した．

更に重要なことは，今日でもニュートリノは，この非常な成功を収めた標準模型の変更を迫り，その先にある「標準模型を超える理論」についての重要なヒントとなる実験データを提供しているということである．ニュートリノはクォークや電子のような，この世の物質を形成する原子の構成要素ではないが，一方で我々の身の周りに常時非常に多数存在している“ありふれた”素粒子でもある．太陽中心部の核融合反応で生成される太陽ニュートリノ，宇宙線が大気にぶつかって生成される大気ニュートリノ，超新星爆発の際に生成される超新星ニュートリノ，更には宇宙のはるか彼方から飛来するニュートリノが常時地球に降り注いでいるのである．そうした太陽や大気から飛来するニュートリノの観測結果から「ニュートリノ振動」と呼ばれる現象が発見され，地上での原子炉や加速器を用いた実験でもそれが再確認されたことから，ニュートリノが非常に小さいながら質量を有することが確定的となり，ニュートリノは質量を持たないものとしている標準模型は変更を迫られているのである．また，質量を持つにしても，なぜニュートリノだけが極端に軽いのかという理論的問題が生じ，マヨラナ・フェルミオンという粒子・反粒子の区別の無い新しいタイプのフェルミオンである可能性も議論されている．加えて，ニュートリノ振動のデータから，ニュートリノの属するレプトンのセクターでは，クォークのセクターの場合との顕著な相違点として大きなフレーバー混合が存在することも明らかになっており，現在の素粒子物理学の最重要課題とも言える標準模型を超える理論の構築において，その方向性を決定する際の大きなヒントを与えるものと期待されている．

本書の読者としては，主として学部生や大学院生を想定しているが，研究者や教員の方々にとっても本書が少しでも参考になれば幸いである．そうした読者層の設定に呼応して，できるだけ直感的，物理的な解説に努めたつもりである．また，予備知識を必要としない本書で閉じた形での理解が可能になるように，1，2 章では，その後の章の理解に役立ちそうな基本的事項に関する簡単な解説，ニュートリノ仮説以降の素粒子物理学の発展の歴史の紹介を行っており，また，付録 A には本論のいたるところで顔を出す標準模型についての簡潔な解説を付けている．更に，読み進める上で理解の助けとなりそうな例題を所々に設けているので，すぐ下に解答も付けてはいるが，まず独力で取り組んで頂ければと思う．

しかしながら，基本的な事柄を一通り理解していると思われる読者は，3 章以降のニュートリノに関する本論の部分から読み始めて頂いても支障ないものと思われる．本論の部分では，ニュートリノ質量，ニュートリノ振動に関する理論面からの考察，様々なニュートリノ振動の観測，実験に関する解説，宇宙から飛来するニュートリノについての紹介と並び，小さなニュートリノ質量を自然に説明することを目指す，いくつかの標準模型を超える理論に関する解説も行っている．

執筆に際し特に以下の本を参考にさせて頂いた：

・『ニュートリノでめぐる素粒子・宇宙の旅』，C. サットン著，鈴木厚人訳（丸善出版，2012）
・『ニュートリノで探る宇宙と素粒子』，梶田隆章著（平凡社，2015）
・『カミオカンデとニュートリノ』，鈴木厚人監修（丸善出版，2016）
・“The Physics of Neutrinos”, V. Barger, D. Marfatia and K. Whisnant (Princeton University Press, 2012)

また，いくつかの章の執筆に際し，著者による以下の書籍を参考にした：

・『素粒子の標準模型を超えて』，林 青司著（丸善出版，2015）
・“The Physics of the Standard Model and Beyond”, T. Morii, C.S. Lim and S.N. Mukherjee (World Scientific, 2004)
・『CP 対称性の破れ - 小林・益川模型から深める素粒子物理 -』，林 青司著（サイエンス社，2012）

なお，本書で採り上げた内容のいくつかは，著者の何人かの方々との共同研究に基づくものである．ここに，共同研究者の方々にも改めて感謝したい．

最後に，本書の刊行をご提案下さり，当初の執筆予定より大幅に遅れてしまった執筆状況にもかかわらず辛抱強くご対応下さったサイエンス社の高橋良太氏，編集・校正担当の平勢耕介氏に深く感謝いたします．両氏のご助力無くして本書の刊行は叶いませんでした．

2021 年 1 月

林 青司

目 次

第 1 章
理解の助けとなる基本的事項

1.1　場の量子論と素粒子の生成・消滅

素粒子とは，この世の物を構成する最も基本的で，それ以上分割不可能と思われている粒子である．素粒子の世界での著しい特徴の一つは，ある時刻，ある空間的な点で（要するに 4 次元時空のある時空点において）それまで無かった素粒子が生まれたり，逆にそれまで存在していた素粒子が突然消えたりする，**素粒子の生成・消滅**が起き得るということである．そうしたことが起きる典型的な過程としては**ベータ崩壊**と呼ばれる現象があげられる．これは放射性原子の原子核で起きる次のような過程である：

$$n \ \rightarrow \ p + e^- + \bar{\nu}_e. \tag{1.1}$$

こう書くと一見化学反応式とよく似ているが，化学反応では粒子の生成や消滅は起きないのに対し，ここでは原子核中の中性子 n が消滅し，その代わりに陽子 p，電子 e^-，そして，この本のテーマである**ニュートリノ**（正確には電子型ニュートリノ ν_e の反粒子）$\bar{\nu}_e$ が生成されているのである．なお，次の 2 章で学ぶように，ニュートリノは最初から知られていた素粒子ではなく，正に (1.1) のベータ崩壊における，いくつかのパズルを解決すべく理論的に導入された素粒子である．また，実は陽子，中性子は素粒子ではなく，3 個の**クォーク**が結合してできている複合粒子であることが分かっている．

こうした素粒子の生成・消滅を可能にする理論体系は「**場の量子論**」と呼ばれるものである．この節の目的は，これがどのようなもので，なぜそれによって粒子の生成・消滅が可能になるのか，その本質的なところを解説することである．

まず，学部で学ぶ「**量子力学**」では粒子の生成や消滅は起こり得ない．実際，確率の保存則

$$\frac{d}{dt}\int |\psi|^2 dV = 0 \tag{1.2}$$

が成立する．ここで ψ は粒子の波動関数．よって，量子力学の枠組みを超えた粒子の生成・消滅を記述できる理論が必要とされるが，興味深いことに，実はそのヒントは既に量子力学，特に前期量子論の段階で存在していたことが分かる．

良く知られているように，量子力学は，プランク (M. Planck) が黒体輻射（熱放射）の研究から「光のエネルギーは，基本単位 $h\nu$（ν: 光の振動数）の整数倍に "量子化される"」という画期的なアイデアを提唱したことにより誕生したと言える：

$$E_n = nh\nu \quad (n = 0, 1, 2, \ldots). \tag{1.3}$$

その後，アインシュタイン (A. Einstein) は，光電効果を説明するために光の粒子である「光子」の概念を導入した．この考え方に従えば (1.3) は単にエネルギーの量子化を表しているのではなく，$h\nu$ というエネルギーを持った光子が n 個存在することを表していることになり，従って n の変化は単にエネルギー準位の変化を表すのではなく，光子の生成・消滅に対応することになる．つまり，前期量子論に既に粒子の生成・消滅のアイデアの萌芽が存在していたことになる．

もう一つ面白いことに，量子力学で学ぶ典型的な束縛系である「調和振動子」のエネルギー準位は $E_n = (n + \frac{1}{2})\hbar\omega$（$\omega$: 角振動数）であるが，仮に "ゼロ点振動" の寄与である $\frac{1}{2}\hbar\omega$ を無視すると，

$$E_n = n\hbar\omega = n\left(\frac{h}{2\pi}\right)(2\pi\nu) = nh\nu, \tag{1.4}$$

となって，(1.3) 式と全く同じになる．

これは偶然ではない．光は色々な振動数（可視光であれば色々な色）の電磁波の集まりであるが，それぞれの振動数の電磁波は独立な調和振動子に力学系として同等なのである．実際，例えば電磁場，従ってそれを（相対論的に）記述する 4 元電磁ポテンシャル A_μ の各成分は波動方程式

$$\left(\frac{\partial^2}{\partial t^2} - c^2\Delta\right)A_\mu = 0 \tag{1.5}$$

を満たすが（ここで c は光速度，$\Delta = \vec{\nabla}\cdot\vec{\nabla}$），$A_\mu$ の波長 λ を固定し波数ベクトル $\vec{k}$ ($k = |\vec{k}| = \frac{2\pi}{\lambda}$) の波であるとして $A_\mu = f_\mu(t)\mathrm{e}^{\pm i\vec{k}\cdot\vec{r}}$ とすると，(1.5) に代入することで

$$\frac{d^2 f_\mu(t)}{dt^2} = -c^2k^2 f_\mu(t) \tag{1.6}$$

が得られる．波の基本式 $c = \nu\lambda$ を用いれば，これは角振動数が $\omega = ck = 2\pi\nu$ の調和振動子の運動方程式に他ならない．$f(t)$ で表される振動を，量子力学で良く知られた方法で量子化すると，エネルギーは（ゼロ点振動を無視して）

$E_n = n\hbar\omega \;= nh\nu$ $(n = 0, 1, \ldots)$ となるが，これが正にプランクが最初に指摘した光（電磁場）のエネルギーの量子化に他ならないのである．

さて，調和振動子においては，エネルギー準位，つまり n を上げたり下げたりする "昇降" 演算子 $a^\dagger$，a が登場するが，上述の波数 k の電磁場の振動を調和振動子と同等と見なした場合の昇降演算子 $a(\vec{k})^\dagger$，$a(\vec{k})$ は，アインシュタインの考え方に従えば，k に対応する波長を持った光の粒子である光子（$\hbar\vec{k}$ はその運動量を表す）の生成・消滅演算子と解釈できることになる．

こうした量子化の手法は一般的なもので電磁場に限ったものではない．一般に，波動方程式に従う場が与えられているとき，その場を上述の電磁場の量子化と同じ手法で量子化する理論体系を場の量子論と呼ぶ．粒子の生成・消滅が起きる素粒子の世界は，このような場の量子論の体系を用いて記述されるのである（更に，後述のように，素粒子の相互作用を記述するには「**ゲージ理論**」と呼ばれる枠組みも必要とされる．）

電磁場の従う波動方程式は，電磁気学を集大成したマクスウェル理論から導かれる古典物理学的な方程式であるが，例えば相対論的量子力学におけるスピン 0 の粒子，いわゆるスカラー粒子（質量 m）に関する量子力学的な波動方程式である「**クライン・ゴルドン方程式**」（これ以降，自然単位系 $c = \hbar = 1$ を用いることにする）

$$\left(\frac{\partial^2}{\partial t^2} - \Delta + m^2\right)\phi = 0, \tag{1.7}$$

も (1.5) と（質量 2 乗項 $m^2\phi$ を除き）全く同じ形の偏微分方程式である．ここで ϕ はこの粒子の波動関数で実数の場（実場）だとする．（1.6 節で議論するように，電荷などの "量子数" を有する粒子の場合には複素場である必要がある．）よって，再び波数 $\vec{k}$ を固定すると，ϕ は角振動数 $\omega = \sqrt{\vec{k}^2 + m^2}$（こうした関係式は分散関係と呼ばれるが，物理的には，これは相対論において良く知られた関係 $E = \sqrt{\vec{p}^2 + m^2}$ に対応する）の調和振動子と同じ運動方程式に従うことが分かる．そこで，調和振動子の量子化の手法で ϕ を量子化すれば，このスカラー粒子の生成・消滅を記述することを可能とする場の量子論が得られる．なお，元々 ϕ も古典的な（しかし相対論的な）理論を量子化して得られた波動関数であり，それをあたかも古典的な場のように扱って更に量子化するので，こうした手続きを「第二量子化」と言ったりもする．さて，具体的な量子化の手法についてであるが，ちょうど調和振動子において，ハイゼンベルグ表示での変位 $x(t)$ が昇降演算子を用いて

$$x(t) = \frac{1}{\sqrt{2m\omega}}(a\mathrm{e}^{-i\omega t} + a^\dagger \mathrm{e}^{i\omega t}) \tag{1.8}$$

と書けるように，スカラー場についても

$$\phi(x^\mu) = \int \frac{d^3p}{(2\pi)^3}\frac{1}{\sqrt{2\omega}}(a(\vec{p})\mathrm{e}^{-ip\cdot x} + a(\vec{p})^\dagger \mathrm{e}^{ip\cdot x}) \tag{1.9}$$

と書けば，量子化が成されることになる．ここで $p_\mu x^\mu \equiv p\cdot x$ と省略しており（$p_\mu x^\mu$ では重複して現れる添字については和をとるものと理解するというアインシュタインの記法を用いた），$p_\mu = (E, \vec{p})$ は 4 元運動量，また $x^\mu = (t, \vec{r})$ は 4 元座標である．$E = \sqrt{\vec{p}^2 + m^2}$ より，(1.9) が (1.7) を満たすことが容易に分かる．

これは蛇足に近いが，（$m = 0$ の場合の）クライン・ゴルドン方程式は，無限に連なる連成振動子で連続極限をとった力学系と同等であり，また波数を固定するのは，その連成振動子の固有振動に着目することに対応するので，上述の調和振動子との力学系としての同等性は自明なこととも言える．以下の例題を参照されたい．

例題 1.1　N 個の振動子が円周に沿って数珠状につながっている連成振動子を考える．振動子の質量は皆 m で，隣り合う振動子を結ぶばねのばね定数は全て k であるとする．また連成振動子の間の間隔は a であるとする．以下の問いに答えなさい．

(1) この力学系のラグランジアンを求めなさい．

(2) この連成振動子の固有振動を求めなさい．

(3) $\frac{m}{a} \equiv \rho$，$ak \equiv \kappa$，および $aN \equiv L$ を固定しながら $a \to 0$ の極限をとる．この極限で，オイラー・ラグランジュ方程式は $\rho = \kappa$ の場合に，$m = 0$ の場合のクライン・ゴルドン方程式 (1.7) と一致することを示しなさい．

(4) (3) の極限で (2) で求めた固有振動は，連成振動子に沿って導入した，連成振動子の連続的な位置を表す x 座標の関数としてどのように書けるか，L を用いて求めなさい．

解

(1) この系のラグランジアンは以下のように与えられる：

$$L = \sum_{j=0}^{N-1} \left\{ \frac{m}{2}\dot{x}_j^2 - \frac{1}{2}k(x_{j+1} - x_j)^2 \right\}. \tag{1.10}$$

ここで $x_j(t)$ は j 番目の振動子の変位（平衡点からの位置のずれ）であり，また $x_0 = x_N$ という周期境界条件が課されているものとする．

(2) (1) で求めたラグランジアンで，ばねの弾性力によるポテンシャル・エネルギーに $x_j x_{j+1}$ のような項が存在するため，x_j は互いに独立な振動を表してはいない．独立な振動，すなわち固有振動を求めるにはポテンシャル・エネルギーを “対角化” する必要がある．ポテンシャル・エネルギーの 2 次形式をベクトル $\vec{V} = (x_0, x_1, \ldots, x_{N-1})^t$ と $N \times N$ の行列 M を用いて $\frac{1}{2}k\vec{V}^t M \vec{V}$ と書くと，行列は

$$M=\begin{pmatrix} 2 & -1 & 0 & \dots & 0 & 0 & -1 \\ -1 & 2 & -1 & \dots & 0 & 0 & 0 \\ \vdots & \vdots & \vdots & \vdots & \vdots & \vdots & \vdots \\ 0 & 0 & 0 & \dots & -1 & 2 & -1 \\ -1 & 0 & 0 & \dots & 0 & -1 & 2 \end{pmatrix} \tag{1.11}$$

となる．この行列のある固有ベクトルを $(c_0, c_1, \dots, c_{N-1})^t$，その固有値を λ とすると，$2c_j - c_{j-1} - c_{j+1} = \lambda c_j$ が j に依らず成立するが，これは c_j が指数関数 $c_j \propto \mathrm{e}^{j\alpha}$ のように振る舞えば成立する．また，このとき固有値は $\lambda = 2 - \mathrm{e}^{\alpha} - \mathrm{e}^{-\alpha}$．一方，周期境界条件より $c_{j+N} = c_j$ が課されるので e^{α} は位相因子である必要があり，1 の N 乗根 $\omega_N = \mathrm{e}^{i\frac{2\pi}{N}}$ を用いて $\mathrm{e}^{\alpha} = (\omega_N)^n$（$n$: 整数）とすればよいことが分かる．即ち，$c_j = (\omega_N)^{nj} = \mathrm{e}^{2\pi i \frac{n}{N} j}$（$n$: 整数）となる．$n$ $(0, 1, 2, \dots, N-1)$ は N 個の異なる固有ベクトルを表し，n 番目の固有ベクトルは

$$\vec{V}_n = (1, \mathrm{e}^{2\pi i \frac{n}{N}}, \mathrm{e}^{2\pi i \frac{2n}{N}}, \dots) \tag{1.12}$$

で与えられる．こうして得られる固有ベクトルは複素ベクトルになってしまうが，その実部，虚部を取り出せば，sin，cos で記述される実固有ベクトルが得られる．良く知られているように，連続的な周期関数はフーリエ級数で展開可能であるが，$\vec{V}_n$ は，いわば "離散的なフーリエ・モード" を表していると解釈することができる．この場合，振動子は離散的に存在するので，フーリエ・モードもその数 N 個だけ存在する．

また対応する固有値 λ_n は

$$\begin{aligned} \lambda_n &= 2 - \mathrm{e}^{i\frac{2n\pi}{N}} - \mathrm{e}^{-i\frac{2n\pi}{N}} = 2 - 2\cos\left(\frac{2n\pi}{N}\right) \\ &= 4\sin^2\left(\frac{n\pi}{N}\right) \end{aligned} \tag{1.13}$$

である．

(3) (1.10) のラグランジアンを ρ，κ と a を用いて書き直すと

$$L = \sum_{j=0}^{N-1} a \left\{ \frac{\rho}{2}\dot{x}_j^2 - \frac{1}{2}\kappa \left(\frac{x_{j+1} - x_j}{a} \right)^2 \right\}. \tag{1.14}$$

ここで，振動子が連続的に並ぶ極限，$a \to 0$（$N \to \infty$，$L = aN$ は固定）を考え，振動子にそって x 軸を導入して j 番目の振動子の位置を連続的な座標 $x = aj$ で表すことにして $x_j(t) \to \phi(t, x)$ と書き換えると，この極限で $\sum_{j=0}^{N-1} a \to \int_0^L dx$ と置き換えてよいので，(1.14) は

$$L = \int_0^L \mathcal{L}\, dx, \quad \mathcal{L} = \frac{1}{2}\left\{ \rho \left(\frac{\partial \phi}{\partial t} \right)^2 - \kappa \left(\frac{\partial \phi}{\partial x} \right)^2 \right\} \tag{1.15}$$

と書き換えられる．

$\mathcal{L}$から得られるオイラー・ラグランジュ方程式は容易に

$$\rho\frac{\partial^2\phi}{\partial t^2}-\kappa\frac{\partial^2\phi}{\partial x^2}=0 \tag{1.16}$$

と導かれるが，$\rho=\kappa$の場合，これはクライン・ゴルドン方程式(1.7)で$m=0$としたものと等しいことが分かる．

(4) (3)の極限では，固有振動を表す固有ベクトル(1.12)のj番目の要素は$\mathrm{e}^{2\pi i\frac{nj}{N}}=\mathrm{e}^{2\pi i\frac{nja}{Na}}\to\mathrm{e}^{i\frac{2\pi n}{L}x}$と書き換えられる．これは正に周期$L$の周期関数をフーリエ級数展開したときの$n$番目のフーリエ・モードの関数に他ならない．(2)で述べた離散的フーリエ・モードは，こうして通常の連続的な関数に帰着する．また，$L\to\infty$の極限ではフーリエ級数はフーリエ積分に帰着するが，スカラー場を表す(1.9)はフーリエ積分の形で書かれていて，物理的には，場を（無限の）連成振動子の固有振動の重ね合わせの形で書き表していることになる． □

1.2 ファインマン・ダイアグラム

素粒子の間に働く力（作用・反作用の法則に従うので**相互作用**とも呼ばれる）により素粒子は様々な現象を引き起こすが，それらを視覚的，直感的に分かりやすく表現するのが「**ファインマン・ダイアグラム**」である．実際には，単に現象を表すだけでなく，「**ファインマン則 (Feynman rule)**」と呼ばれるルールによって，ダイアグラムから，その現象が起きる確率振幅を容易に計算することもできるという優れた利点を持つものである．理論が与えられたときに，それからファインマン則をどのように導くか，というきちんとした議論は場の量子論に関する教科書を参照していただくことにして，ここでは前節で得た知見を用いての直感的な解説を行うことにする．

例えば高校で勉強するクーロンの法則や万有引力の法則によれば，クーロン力や万有引力は，電荷や質量を持つ物体の間で，それらがどれだけ離れていても，あたかも瞬時に働くもののように見なされているが，実際には，こうした「**電磁相互作用**」や「**重力相互作用**」は，既に登場した**光子**や**重力子**（重力の場を量子化すると現れる素粒子）が物体間に，あたかもキャッチボールのようにやりとりされることで生じることが場の量子論を用いた議論から導かれる．つまり，光子や重力子は，それぞれの相互作用を媒介する（伝える）素粒子なのである．光子も重力子も，その質量はゼロなので光速度で走るが，それでも力が伝わるためには時間を要することになり，力は瞬時には伝わらないことになる．

なお，こうした考え方は湯川秀樹博士が核子の間に働く**核力**を，核子間での**パイ中間子**の交換により説明したことに強く触発されていると考えられる．また，後に述べるように，素粒子の間に働く（重力を除く）三つの相互作用を

（ほぼ完ぺきに）記述する理論である，素粒子の「**標準模型**[1]」は 2.6 節や付録 A で解説されるように，ゲージ対称性を指導原理とするゲージ理論という枠組みに属するものであるが，ゲージ理論では局所ゲージ対称性の必然的な帰結として，相互作用を媒介する素粒子が現れるのである．

例えば，二つの電子の間の電磁相互作用をファインマン・ダイアグラムで表すと図 1.1 のようになる（実際には，電子間で沢山の光子をやりとりするような，もっと複雑なダイアグラムも可能であるが）．上に向かって時間軸，水平方向に空間座標の軸（1 次元分のみしか書けないが）がとられていると考えると，この図は，時空の一点 A において片方の電子が光子 γ を放出し，その反動で（投げ出した光子の運動方向とは逆向きに）力を受けて運動方向（運動量）を変え，一方，時空点 B においてもう片方の電子が A から発せられた光子をキャッチし，その結果光子の来た方向に力を受けて運動方向が変わることを表していて，全体としては両者の間に反発力（斥力）が働くことを記述しているのである．

こうしたことは電子に関するラグランジアンから，前節で学んだ場の量子論の知識を用いても見て取れる．まず，自由な（力を受けない）電子を記述するラグランジアン密度は $\bar{\psi}(i\partial\!\!\!/ - m)\psi$（$m$：電子の質量）である．ここで $\partial\!\!\!/$ は $\partial_\mu \gamma^\mu$（γ^μ は 4 個のガンマ行列）の省略形である．実際，これを $\bar{\psi}$ で変分すると，オイラー・ラグランジュ方程式として，電子に関する相対論的な波動方程式である**ディラック方程式** $(i\partial\!\!\!/ - m)\psi = 0$ が得られる．ここで ψ は電子の状態を表す 4 つの波動関数を縦に並べた複素ベクトルで，ディラック・スピノール（後出）と呼ばれる．

次に，電磁場中で運動する電子を考えると，ラグランジアン密度は，4 元運動量の置き換え $p_\mu \to p_\mu + eA_\mu$（e：電気素量）に相当する $i\partial \to i\partial_\mu - eA_\mu$ の置き換え（これは，1.6 節で述べる，ゲージ理論における共変微分への置き換えに相当）により

$$\mathcal{L}_e = \bar{\psi}(i\partial\!\!\!/ - eA\!\!\!/ - m)\psi \tag{1.17}$$

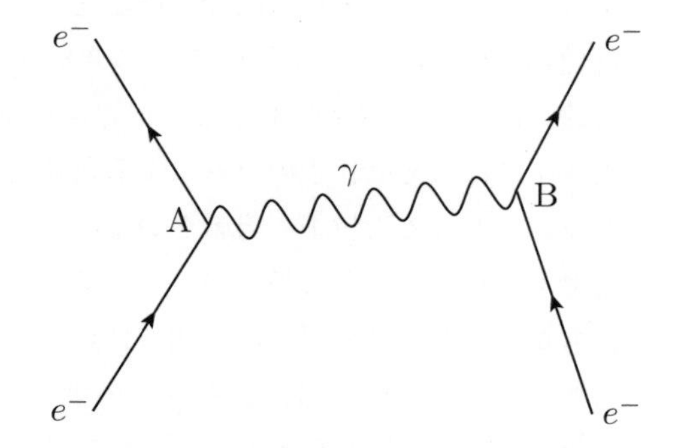

図 1.1 電子の間の電磁相互作用を表すファインマン・ダイアグラム．

となる．ここで A_μ ($\mu = 0, 1, 2, 3$) はクーロン・ポテンシャルとベクトル・ポテンシャルを一緒にした 4 元電磁ポテンシャルである．右辺の $-e\bar{\psi}\not{A}\psi = j^\mu A_\mu$ ($j_\mu = (-e)\bar{\psi}\gamma_\mu\psi$: 4 元電磁カレント）の項が，電子と電磁場との相互作用を表していることになるが，実際，例えば電子の運動により生じる電流により電子は磁場から力（ローレンツ力）を受け，また逆に電流により磁場も発生する．これを光子を用いて考えると，例えば電子が電磁場から力を受ける場合には電子は光子を吸収することになるが，前節の場の量子論の議論によれば，A_μ は (1.9) のスカラー場と同様に，光子の生成・消滅の両方の演算子を含むことになるので，$-e\bar{\psi}\not{A}\psi$ の項は光子の生成と消滅のどちらも引き起こすことが可能である．つまり，この項はファインマン・ダイアグラムの A，B での光子の生成と消滅の両方を同時に記述するのである．

A，B はいずれも，そこで 3 本の線（電子を表す 2 本の実線と光子を表す 1 本の波線）が合流しているが，ファインマン・ダイアグラムにおけるこうした点を相互作用頂点 (interaction vertex) と呼ぶ．3 本が合流する A，B は (1.17) で相互作用を表す $\bar{\psi}\not{A}\psi$ という場の 3 次式の項に対応していることになる．実際，この項に現れる三つの場は，右から順番に，電子を消滅させ (ψ)，光子を生成あるいは消滅させ (A_μ)，そして（消滅した電子とは異なる運動量を持つ）電子を新たに生成する ($\bar{\psi}$) 役割を演じるのである．なお，相互作用頂点には相互作用の強さを表す量，今の場合は電気素量 e が付与される（正確には，更に虚数単位 i や，ディラック・スピノールに作用するガンマ行列も追加されるが，ここでは詳細は省略する）．これが先に述べたファインマン則の一例である．この例から分かるように，ファインマン則は，理論が決まり，その作用積分，より具体的にはラグランジアン（密度）が決まると，それから容易に読み取れるものである．

1.3 フェルミオンの質量とカイラリティー

我々の身の回りの全ての（通常の）物質を構成する素粒子は，原子核を構成するクォークと原子核の周りを周る電子であるが，これらはいずれも大きさ $\frac{1}{2}$（自然単位で $\hbar = 1$ としている）の**スピン** $\vec{S}$ を持つ**フェルミオン**（同じ状態に複数の同一粒子が存在することが許されないような粒子）である．スピンは，大ざっぱに言えば粒子の自転による角運動量である．電子のような大きさを持たないとされる素粒子の自転というのがどういう意味を成すのか釈然としない読者もおられるかとは思うが，一方でこの素朴なイメージは物理的理解の助けにもなるので，この直感的説明を使わせていただくことにする．

さて，量子力学では，スピン（の大きさ）$S = \frac{1}{2}$ の粒子には，例えば z 軸を “量子化軸” とすると $S_z = \frac{1}{2}, -\frac{1}{2}$ というスピンが “アップ，ダウン” の二つの状態が存在することを学ぶ．非相対論的な量子力学において，電子がパウリ・スピノールと呼ばれる，スピンがアップ，ダウンのそれぞれの状態を表す二つの波動関数を成分とする複素 2 成分の縦ベクトルで記述されるのはそのためである．これが相対論的になると，既に述べたようにディラック・スピノール ψ という 4 成分の複素ベクトルに変更されるが，それは，相対論的にすると粒子には，その**反粒子**（元の粒子と質量や寿命は同じであるが，諸々の加算的量子数（電荷等）の符号が逆の粒子）が必然的に現れ，スピンの上下とあわせて 4 つの独立な状態が存在するからである．

ディラック方程式は元々電子を記述することを想定して提唱されたものである．電子のような質量を持つフェルミオンを記述する際にはディラック・スピノールのような 4 成分のベクトルが必要となるが，実は質量がゼロのフェルミオンの場合には，その半分の自由度だけでそれを記述することが可能なのである．実際，2.6 節や付録 A で解説される「標準模型」ではニュートリノの質量はゼロと見なされており，“**左巻き**” のニュートリノのみが理論に登場するのである．左巻きの意味については，以下で説明する．

質量がゼロであるかないかで何が本質的に変わるのであろうか？ある静止した観測者 O から見た時に，質量を持つフェルミオンが x 軸方向に運動していて，そのスピン・ベクトルは x 軸方向を向いている（$S_x = \frac{1}{2}$）としよう．相対論によれば，このフェルミオンの速さは光速度未満である．次に観測者が x 軸方向に，このフェルミオンの速さを超える速さで運動を始めたとする．すると今度は O から見るとフェルミオンの運動方向は逆転するが（x 軸と逆方向），一方でフェルミオンのスピン回転の向き，従ってスピンベクトルの方向は変化せず，相変わらず x 軸方向を向いているはずである．粒子の運動方向のスピン・ベクトルの成分（今の例だと x 成分）を「**ヘリシティー**」h と言う：

$$h = \frac{\vec{p} \cdot \vec{S}}{p}. \tag{1.18}$$

ここで $\vec{p}$ は粒子の運動量．$h = \frac{1}{2}$ の状態のフェルミオンを “右巻き” フェルミオンという．ちょうどスピン回転と運動量の方向が，右ねじの回転方向とねじの進む方向と一致するからである．同様に $h = -\frac{1}{2}$ の状態のフェルミオンを “左巻き” フェルミオンという．

上の例から分かることは，質量がある（ゼロでない）フェルミオンの場合には，そのフェルミオンを追い越すようなローレンツ変換を行うと右巻きから左巻きの状態に変化してしまうということである．相対論的に作られた理論ではローレンツ変換の下で物理法則は変わらず，物理的な状況は変化しないはずなので，質量があるフェルミオンを記述する理論には，右巻き，左巻きの両方のフェルミオン，つまり，電子の場合のように 4 成分が全て存在するディラック・スピノールが必要になる．

しかし，質量がゼロのフェルミオンの場合には状況は一変することが上の議論から直ちに理解される．質量ゼロのフェルミオンは常に光速度で運動するので，観測者がこれを追い越すことは不可能であるからである．よって，この場合には，右巻き，あるいは左巻きのフェルミオンのみで理論を構成することが可能になる．既に述べた標準模型は正にそうした例になっている．質量ゼロのフェルミオンに関する右巻き，左巻きを区別する概念として「**カイラリティー**」と呼ばれるものがあり，重要な役割を演じる．質量ゼロの場合にはカイラリティーはヘリシティーと同じであり，その正負により，ψ_R（右巻き），ψ_L（左巻き）のように書く．

標準模型の場合のように，左巻きのニュートリノ（ν_L と書かれる）しか導入されない場合には，それを記述する波動関数は，ディラック・スピノールの場合の半分の 2 成分のみのベクトル（**ワイル・スピノール**と呼ばれる）になる（詳しくは 3 章を参照）．なお，4 章以降で詳しく論じられるように，最近確立された「ニュートリノ振動」現象によりニュートリノが質量を持つことが確定的になった．このことにより，非常な成功を収めてきた標準模型（ニュートリノは質量を持たないことを前提としている）は初めて明確に実験的データによる変更を迫られることになった．自然な解決法としては ν_R を標準模型に導入することであるが，実は ν_L の反粒子でその代用を行うことも理論的には可能であり（この場合，ニュートリノはマヨラナ型と呼ばれる（3.1 節参照）），どちらが正しいかについては現時点でははっきりしていない．

1.4　物理学における連続的対称性と離散的対称性

我々の身の周りの図形にはなんらかの**対称性**（symmetry）を有するものが多い．例えば図 1.2 のハート形や図 1.3 の円形はそれぞれ線対称性，回転対称性を持っている．

少しきちんと定義すると，対称性とは「ある種の変換（対称変換）の下での

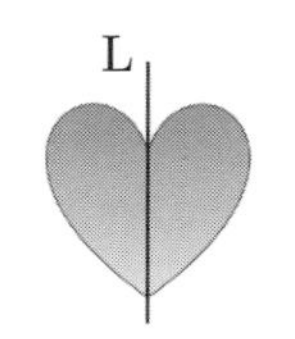

図 1.2　ハート形．

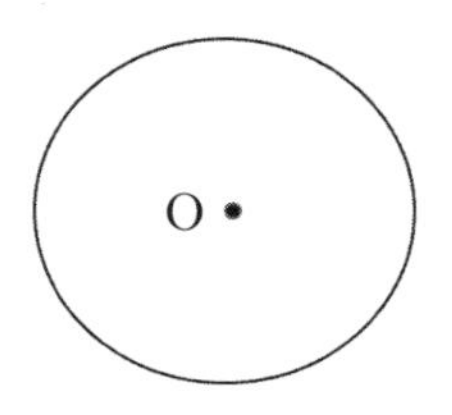

図 1.3　円形．

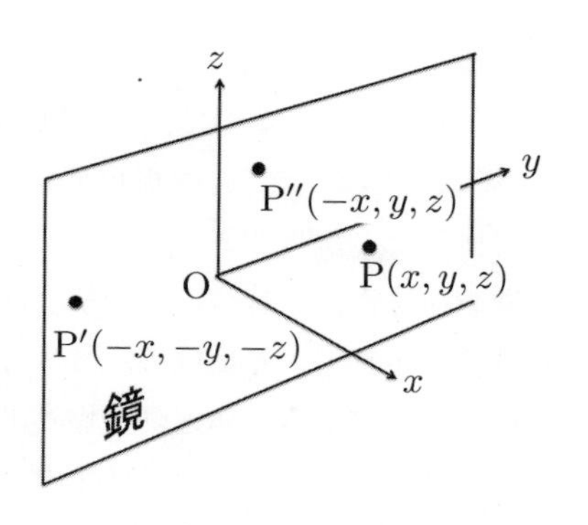

図 1.4　P 変換と鏡像変換.

不変性」であると言える．実際，図 1.2 は線分 L に関する折り返しの下で，また図 1.3 は中心 O の周りの回転の下で不変である．つまり，対称性について考えるためにはまず変換を指定する必要がある．

図形の対称性と同様に，ある物理法則がある種の対称変換の下で不変である場合に，その物理法則は，その対称性を持つ，と言う．例えば，上で述べた線分 L に関する折り返しは平面，つまり 2 次元空間におけるものであるが，3 次元空間においても同様な変換が存在する．**パリティー (parity) 変換**である．よく頭文字をとって P 変換と略称されたりする．物理法則がこの変換の下で不変な時，その法則は**パリティー対称性**（P 対称性）を持つと言う．P 変換の元々の定義は，3 次元空間のある点 P を原点に関して対称な位置の点 P′ に変換することであり（図 1.4 参照），3 次元空間の座標を用いると

$$P(x, y, z) \quad \rightarrow \quad P'(x', y', z'), \quad (x', y', z') = (-x, -y, -z) \tag{1.19}$$

という変換である．この変換は数学でいう線形変換なので行列で表すこともできる：

$$\begin{pmatrix} x' \\ y' \\ z' \end{pmatrix} = \begin{pmatrix} -1 & 0 & 0 \\ 0 & -1 & 0 \\ 0 & 0 & -1 \end{pmatrix} \begin{pmatrix} x \\ y \\ z \end{pmatrix}. \tag{1.20}$$

一つの重要な特徴は，この変換を表す (1.20) に現れる（対角）行列 $\mathrm{diag}(-1, -1, -1)$ の行列式が -1 であることであるが，その意味については後述する．

P 変換と実質的には同等で，直感的により分かりやすい変換として，ある点をその鏡像の位置に変換する「**鏡像変換**」がある．例えば原点を通り x 軸に垂直な鏡を考えると，図 1.4 の点 P の像は点 P″ の位置にできる．座標を用いると鏡像変換は

$$P(x, y, z) \quad \rightarrow \quad P''(x'', y'', z''), \quad (x'', y'', z'') = (-x, y, z) \tag{1.21}$$

のように x 座標のみ符号を変える変換である．鏡像変換を表す行列は

diag$(-1,1,1)$ であり，その行列式は再び -1 になる．これら二つの変換が実質的に同等と言えるのは，P 変換に続けて x 軸の周りの 180 度の回転を行うと（180 度回転により y, z 座標の符号がいずれも逆転するので）鏡像変換と同一の変換になるからである．一方で，全ての物理法則は空間回転の下での不変性（**回転対称性**）を持つことが知られているので（少なくとも現時点まで，この対称性が破れている例は確認されていない．つまり空間には特別な方向は無いということである．角運動量保存則は，正にこの対称性から導かれるものである)，P 対称性があれば鏡像対称性もあり，P 対称性が無ければ鏡像対称性も無いことになる．つまり P 対称性と鏡像対称性は同等と見なせるので，今後は（特に断らない限り）鏡像対称性を P 対称性と見なして議論することにする．

なお，2008 年のノーベル物理学賞を授与された南部陽一郎博士の「**自発的対称性の破れ**」に関する研究，および小林誠，益川敏英両博士の「**CP 対称性の破れ**」に関する研究は，いずれも「**対称性の破れ**」に関するものである．対称性が破れているとは，考えている対称性が，程度の差こそあれ壊れていて，対称変換の下で物理法則が不変でないことを言う．例えば図 1.2 のハート形の右側の部分が少しだけ欠けたとすれば，線対称性は少しだけ壊れたことになる．また，ハート形の右半分が完全に欠落した場合には，対称変換の下で“パートナー”となるべき左右の一方が存在しないことになるので，対称性は“最大限に”破れていると言うことができる．素粒子の世界でも同様なことがあり，後に議論されるように，弱い相互作用の世界においては P 対称性が最大限に破れていることが知られている．

ここで素朴な疑問として，そもそも壊れてしまう，あるいは存在しない対称性を議論することにどのような意味があるのか，という疑問が生じる．答えに窮するところがあるが，素粒子物理学の歴史を振り返ると，例えば P 対称性は弱い相互作用を除く相互作用においては完璧に成り立っていて，また弱い相互作用においても，この後で登場する CP 対称性は存在するものと思われていた．その後，弱い相互作用では CP 対称性についてもわずかながら破れていることが判明したのだが（小林・益川の理論は，正にこれを 3 世代のクォークの導入により説明したもの)，いずれにせよ，何らかの意味で対称性が存在する世界を出発点とし，その破れを説明するにはどうすればよいか，と考えることで素粒子理論が発展してきたのである．

さて，上述のように 2008 年のノーベル物理学賞の二つの業績はいずれも対称性の破れに関するものであるが，実はこれらの研究が対象とした対称性には決定的な違いもある．南部博士の業績は，カイラル対称性やゲージ対称性（後述）と言った「**連続的対称性**」に関するものであるのに対して，小林・益川両博士の業績は CP という「**離散的対称性**」に関するものである．

対称性は連続的対称性と離散的対称性に大別される．図形の持つ対称性を例

図 1.5　鏡に映した手.

にとってこの違いについて考えよう．図 1.3 の円形は 2 次元平面上の回転対称性を持った図形であるが 3 次元空間でも球面は中心の周りの回転の下で不変な図形であり空間回転の対称性を持っている．P 変換とこうした空間回転は，一見どちらも 3 次元空間における対称変換で特に大きな違いがあるようには見えないが，実はこれらの間には本質的な違いが存在するのである．

空間回転の場合には，ある回転軸の周りの角 45 度の回転を考えると，これは小さな角，例えば 0.01 度の回転を 4500 回繰り返し行うことで実現できる．このように，ほんの少しだけ変換する "微小変換" を連続的に繰り返して実現できるような変換を「連続的変換」と言い，その下での不変性を「連続的対称性」と呼ぶ．連続的対称性の対義語が「離散的対称性」であり，この場合には，その対称変換は決して微小変換の繰り返しでは実現できないのである．

そのように考えると，P 対称性は明らかに離散的対称性である．図 1.5 に見られるように，右手を鏡に映すと，その像は左手になるので，P 対称性とは「左右の対称性」であるとも言えるが，微小変換を繰り返しても，右手が急に左手に変換されることはあり得ないはずである．

以上のやや直観的な議論を，少し数学を用いて考え直してみよう．そもそも微小変換というのはあいまいな言い方なので，"無限小変換" の（無限回の）繰り返しとして連続変換を正確に取り扱うことにしよう．次の例題を考えてみよう．

例題 1.2　z 軸の周りの角 θ の回転を角 $\frac{\theta}{N}$ の回転を N 回繰り返したものとして表し，最後に $N \to \infty$ の極限をとることで，この空間回転を表す行列を指数関数の形で書き表しなさい．

解　z 軸の周りの回転は x–y 平面内の回転であるので，この回転を表す "回転行列" は実質的に (x, y) 座標に関する線形変換を表す 2×2 行列の形で表すことができるが，これを角 $\frac{\theta}{N}$ の回転を N 回繰り返したものとして表現すると

$$\begin{pmatrix} \cos\theta & -\sin\theta \\ \sin\theta & \cos\theta \end{pmatrix} = \begin{pmatrix} \cos\frac{\theta}{N} & -\sin\frac{\theta}{N} \\ \sin\frac{\theta}{N} & \cos\frac{\theta}{N} \end{pmatrix}^N \tag{1.22}$$

となる．次に $N \to \infty$ の極限を考えると，角 $\frac{\theta}{N}$ の変換は無限小変換となり，またこのとき $\cos\frac{\theta}{N} \to 1$，$\sin\frac{\theta}{N} \to \frac{\theta}{N}$ と置き換えることができる．すると回転の行列は

$$\lim_{N\to\infty}\left(I + \frac{i\theta}{N}T\right)^N = \mathrm{e}^{i\theta T}, \quad T = \begin{pmatrix} 0 & i \\ -i & 0 \end{pmatrix} \tag{1.23}$$

のように指数関数の形で表される．ただし，ここで I は単位行列であり，高校で学ぶ $\lim_{N\to\infty}(1+\frac{x}{N})^N = \mathrm{e}^x$ の公式を用いた（行列であっても I と T は交換するので，普通の数のように扱ってよい）．T はエルミート行列で，パウリ行列を用いて $T = -\sigma_2$ と書ける． □

この例題で，無限小変換の行列 $I + \frac{i\theta}{N}T$ の行列式は $\frac{\theta}{N}$ のオーダー $\mathcal{O}(\frac{\theta}{N})$ では 1 であることに注意しよう．これは，無限小変換の行列がほとんど単位行列であることから当然の結果であるとも言える．行列式が 1 の行列をいくつかけても，得られた行列の行列式は 1 であることから，空間回転の行列の行列式は 1 であることが分かる（直接計算でも確かめられるが）．これに対して P 変換や鏡像変換を表す行列の行列式は -1 であり，これらの変換が連続的変換ではあり得ないことを如実に表している．

1.5 対称性と群

実は，対称性と数学で登場する**群 (group)** の間には深い関係がある．具体的には，対称変換の集合が群をなすのである．群の復習を簡単にすると，群とは，要素の間にある種の演算（ここではそれを "掛け算" と称することにしよう）が定義された集合で，かつ次のような 4 つの条件を満たすもののことである：

(i) 掛け算の下で閉じている
(ii) 集合の中の任意の三つの要素 g_1，g_2，g_3 について $(g_1g_2)g_3 = g_1(g_2g_3)$（結合律）が成立
(iii) 単位元 e の存在：任意の要素 g に対して $eg = ge = g$
(iv) 任意の元 g に対し，その逆元 g^{-1} が存在：$gg^{-1} = g^{-1}g = e$

掛け算の下で閉じている，とは，任意の二つの要素の掛け算を行った結果が集合のいずれかの要素になっている，ということである．

少し抽象的であるが，ある種の対称変換，例えば x–y 平面上の回転の集合を考えると，明らかにこの群の性質を満たすことが分かる．その場合，"掛け算" とは対称変換を続けて行うこと（例えば g_1g_2 は g_2 の変換の後に，続けて g_1 の変換を行うこと）を意味する．まず (i) は明らかに成立する．対称変換とは，ある対象を不変に保つものであり，乱暴な言い方をすれば，不変なものは何度

変換しても不変であるからである．回転の例だと，30 度回転と 60 度回転の掛け算は（掛け算の順番によらず）90 度の回転となる．(ii) が成立するのは，回転の場合のように変換が線形変換であれば変換は（ベクトルに対する）行列の掛け算になり，また変換の間の掛け算は正に行列の掛け算と同等であるが，一方で行列の掛け算に関しては結合律が当然成り立つからである．(iii) については恒等変換（変換しないという変換）が e に相当する．(iv) に関しては g の逆変換（回転であれば逆方向の回転）を g^{-1} と見なせばよい．

ところで，回転は先に述べたように連続的な変換であるが，その変換は回転角 θ という，正に連続的に変化し得るパラメターにより指定できるので，回転という変換の成す集合は無限の集合となる．このような連続的パラメターで要素が指定できるような無限の要素からなる **"連続群"** を**リー群**と呼ぶ．リー群では，例題 1.2 の解に登場するエルミート行列 T のような，無限小変換によるベクトルの変化を表現している行列のことを群の**生成子 (generator)** と呼ぶ．連続変換である以上，全ての変換は無限小変換から "生成" されるという意味が込められている．リー群の性質はこうした生成子（正確には，複数の生成子がある場合には，それらの間の "交換関係" により定義される "リー代数"）により決定される，と言っても過言ではない．

素粒子に関する理論の多くは，標準模型（その簡単な解説は付録 A に与えられている）に代表される様に，ゲージ対称性と呼ばれる対称性を持った場の量子論である「ゲージ理論」の枠組みで構成されているが，そこで採用されているゲージ対称性に伴う対称変換の成す群は，数学的には SO(n) や SU(n)（n : 2 以上の整数），あるいは U(1) といった名前の付いたリー群である場合が多い．実は，これらのリー群には共通した特徴がある．それは，いずれもベクトルの長さ（そのベクトルで点が表されている空間における 2 点間の距離とも言える）を不変に保つ変換であるということである．例えば，2 次元，3 次元空間における回転の成すリー群は SO(2)，SO(3) であるが，これらは円や球面を不変に保つ変換と言えるが，ベクトルの（方向は変えても）長さを不変に保つ変換である，という言い方もできる．

まず，n 次元の実空間（その中の点が n 個の実数を成分とする実ベクトルで記述されるような空間）における，ベクトルの長さを不変に保つ線形変換の集合である O(n) と呼ばれる群から話を始めよう．この変換により n 次元実ベクトル $\vec{V}$ が $\vec{V}'$ に変換されるとすると，この線形変換はある行列 O を用いて $\vec{V}' = O\vec{V}$ と書ける．一方，ベクトルの長さ（の 2 乗）は転置 t を用いて $\vec{V}^t\vec{V}$ のように書くことができるので，この変換でベクトルの長さが不変という条件式は

$$\vec{V}'^t\vec{V}' = \vec{V}^tO^tO\vec{V} = \vec{V}^t\vec{V} \quad \rightarrow \quad O^tO = I \tag{1.24}$$

となる．ここで I は単位行列．$O^tO = I$ は直交行列 (orthogonal matrix) の

満たすべき条件に他ならない．つまり，この対称変換の成す群は，直交行列の集合（掛け算は，行列の掛け算）と同等であり，この群は「直交群」と呼ばれ $\mathrm{O}(n)$ と書かれる．

さて，n 次元実空間における回転は，明らかに $\mathrm{O}(n)$ の中に含まれているはずだが（回転でベクトルの長さは不変なので），実は $\mathrm{O}(n)$ には回転以外の離散的な変換も含まれているのである．1 番簡単な $\mathrm{O}(2)$ の場合を考えると，その集合の中には例題 1.2 で登場する回転行列（行列式は 1）も含まれるが，その他に（x–y 平面の場合には x 軸に関する折り返しに相当する）$\mathrm{diag}(1,-1)$ のような，離散的変換の行列（行列式は -1）も含まれるのである．実際，この行列が直交行列であることは直ちに確かめられる．

そこで，回転のような連続的変換に要素を限定した，直交群の部分群が「特殊直交群」$\mathrm{SO}(n)$ なのである．ここで SO は，この群の英語名である special orthogonal group から来ており，special の意味は行列式が 1 の行列であるべしという付帯条件を表しているのである．こうして，2 次元，3 次元空間での回転の成す群は $\mathrm{SO}(2)$，$\mathrm{SO}(3)$ と呼ばれる．（例えば，$\mathrm{O}(3)$ の場合には回転の他に P 変換も含まれるが，$\mathrm{SO}(3)$ では P 変換は排除される．）

次に，複素 n 次元空間の場合に拡張して同様の議論を行ってみよう．この空間における複素ベクトル $\vec{V}=(z_1,z_2,\ldots)^t$（$z_i$：複素数）の長さの 2 乗は，エルミート共役 †（複素共役をとってから転置を行う）を用いて $\vec{V}^\dagger\vec{V}=|z_1|^2+|z_2|^2+\cdots$ と書けるので，線形変換を $\vec{V}'=U\vec{V}$ とすると，ベクトルの長さを変えないために行列 U が満たすべき条件は

$$U^\dagger U = I \tag{1.25}$$

となるが，これはユニタリー行列 (unitary matrix) が満たすべき条件式に他ならない．よって，こうした線形変換の成す群は「ユニタリー群」$\mathrm{U}(n)$ と称される．「特殊ユニタリー群」$\mathrm{SU}(n)$ は，実ベクトルの場合と同様に，更に行列式 $\det U = 1$ という条件を課すことを意味する．

さて，群の定義において，任意の要素間の掛け算の順序を交換してもよいという交換律 $g_1g_2=g_2g_1$，あるいは互いに可換であるとの条件 $[g_1,g_2]=0$（$[g_1,g_2]=g_1g_2-g_2g_1$ は “交換子” と呼ばれる）は課されていないことに注意しよう．つまり，群は，

・アーベル群（Abelian group，可換群）：交換律が成立する
・非アーベル群（non-Abelian group，非可換群）：交換律が成立しない

の 2 種類に大別される．上の例だと $\mathrm{SO}(2)$ と $\mathrm{U}(1)$（実は，$\mathrm{U}(1)$ は 1 個の複素数の絶対値を変えない位相変換 $z'=\mathrm{e}^{i\theta}z$ であり，これを複素平面上で表すと角 θ の回転になるので，これらの群は数学的には同等（同型と言われる）である）はアーベル群であるが，それ以外は非アーベル群である．例えば $\mathrm{SO}(3)$

は3次元実空間での回転に対応するが，点 $(0,0,1)$ を z 軸の周りに回転してから x 軸の周りに回転するのと，逆の順序で回転するのでは明らかに結果が異なる．標準模型が立脚するゲージ理論では，ゲージ群（ゲージ変換の成す群）に SU(2) や SU(3) という非アーベル群が含まれるために，相互作用を媒介する素粒子であるゲージ・ボソンどうしの“自己相互作用”が生じるといった，物理的に重要な帰結をもたらす（クォークの閉じ込めといった）著しい特徴が現れることが知られている．

リー群とその生成子に関する基本的な事項に関し，以下の例題で確認しよう．

例題 1.3 リー群の要素を（一般に複数個の）生成子 T_a $(a = 1, 2, \ldots, d)$ を用いて $g = \mathrm{e}^{i\theta_a T_a}$ と書いたとする．ここで θ_a は T_a で生成される変換に関する連続的な変換パラメター（回転であれば回転角）で実数である．$\theta_a T_a$ では a について和をとるものと理解しよう（アインシュタインの記法）．また d は，この群にいくつの独立な変換が存在するかを表すものであり，群の“次元”と呼ばれる．以下の問いに答えなさい．

(1) U(n)，SU(n)，SO(n) のそれぞれの場合に，生成子 T_a に課される条件を求めなさい．

(2) U(n)，SU(n)，SO(n) の群の次元 d をそれぞれ求めなさい．

解

(1) まず U(n) の場合を考える．$g = \mathrm{e}^{i\theta_a T_a}$ で θ_a が全て無限小であるような無限小変換を考えると $g = I + i\theta_a T_a$ としてよく，これを g がユニタリー行列であるという条件式 $g^\dagger g = I$ に代入すると

$$(I - i\theta T_a^\dagger)(I + i\theta_a T_a) = I + i\theta_a (T_a - T_a^\dagger) = I \quad \to \quad T_a^\dagger = T_a \quad (1.26)$$

が得られる（無限小パラメターの2次の項は無視した）．つまり必要条件として生成子は $T_a^\dagger = T_a$ を満たす行列，即ちエルミート行列である必要がある．逆に T_a がエルミート行列であれば $g^\dagger g = \mathrm{e}^{-i\theta_a T_a}\mathrm{e}^{i\theta_a T_a} = I$ が直ちに得られる．よって U(n) の場合の生成子 T_a に課される条件はエルミート行列であることである．

SU(n) の場合には，これに加えて $\det g = 1$ という条件が加わるが，任意の行列 M に関する一般的な関係式 $\log(\det M) = \mathrm{Tr}\,(\log M)$ を用いると

$$\log(\det g) = \mathrm{Tr}(i\theta_a T_a) = 0 \quad \to \quad \mathrm{Tr}\, T_a = 0 \quad (1.27)$$

という条件が得られる．ここで任意の θ_a について $\mathrm{Tr}(i\theta_a T_a) = 0$ が成立すべしとの条件を用いた．こうして，SU(n) の生成子に課される条件は，トレースがゼロ（トレース・レス）のエルミート行列ということになる．

SO(n) については，直交行列というのはユニタリー行列でもあるので，U(n) の場合と同様に，生成子はまずエルミート行列である必要がある．加えて，こ

の場合には $g = \mathrm{e}^{i\theta_a T_a}$ は実行列である必要があるので，T_a は純虚数を要素とするエルミート行列，即ち，純虚数の反対称行列である必要がある．更に，SU(n) の場合と同様に $\mathrm{Tr}\,(T_a) = 0$ も必要であるが，反対称行列は対角成分を持たないので，これは自動的に満たされ更なる条件とはならない．こうして，SO(n) の生成子に課される条件は，純虚数の反対称行列ということになる．例題 1.2 で登場した 2 次元平面上の回転（SO(2)）の場合の生成子 $T = -\sigma_2$ は確かにこの条件を満たしていることが分かる．

(2) まず U(n) の場合を考える．問題は $n \times n$ のエルミート行列は，いくつの独立な実パラメターで記述されるか，ということになる．エルミート行列の対角成分は実数であり，また非対角成分については右上の三角部分のみ（要素（複素数）の数は ${}_n\mathrm{C}_2 = \frac{n(n-1)}{2}$）が独立であると考えられる（左下は右上が決まると一意的に決まるので）．よって，これらを合わせると独立な実パラメターの数，つまり群の次元 d は $d = n + \frac{n(n-1)}{2} \times 2 = n^2$ となる．

SU(n) の場合には，これに加え，実数である対角成分についてトレース・レスという条件が課されるので，パラメターの自由度が一つ減り $d = n^2 - 1$ となる．SO(n) の場合は，虚数単位 i を前に出すと生成子は実反対称行列になり，その自由度は（対角成分は無く，右上のみが独立と考えると）$d = {}_n\mathrm{C}_2 = \frac{n(n-1)}{2}$ となる．以上をまとめると，群の次元は

$$\mathrm{U}(n):\ n^2,\quad \mathrm{SU}(n):\ n^2 - 1,\quad \mathrm{SO}(n):\frac{n(n-1)}{2} \tag{1.28}$$

となる．□

なお，付録 A の標準模型の解説の所でも議論されるように，ゲージ理論ではゲージ群の次元（独立な変換の数）だけの独立なゲージ・ボソンが現れる．例えば，素粒子の強い相互作用は SU(3) のゲージ対称性で記述されるが，この群の次元は $3^2 - 1 = 8$ なので，強い相互作用のゲージ・ボソンであるグルーオンには 8 個の異なるものが存在することになる．

1.6 ゲージ理論と素粒子の相互作用

既に前節までで何回か述べたが，素粒子の（重力を除く）三つの相互作用を記述することのできる，非常な成功を収めた理論である「素粒子の標準模型」は，「**ゲージ理論**」の枠組みを用いて構築された理論である（同時に，素粒子の生成・消滅を記述可能な「場の量子論」でもあるが）．

ゲージ理論とは，一言で言えば「**ゲージ対称性**」を有する理論ということで，それから導かれる物理法則や諸々の物理量はゲージ変換の下で不変である．また前節で述べたようにゲージ変換は数学的にはある種の群を成す．

以下で見るように，ゲージ理論の非常に重要な特徴は「**局所的ゲージ対称性**

(local gauge symmetry)」が理論に課されることで，必然的にゲージ・ボソンと呼ばれる素粒子が理論に導入され，更には，このゲージ・ボソンが素粒子間で（キャッチボールのように）交換されることで相互作用が生じるということである．つまり局所ゲージ対称性から自動的に力が生じる，という美しく著しい性質を有するのである．また導かれる相互作用はゲージ対称性によって強く規制されることになるので，予言能力の高い理論が得られることになる．

この節では，ゲージ理論のひな型として，電子と電磁場が登場し，その間の電磁相互作用を記述することのできる場の量子論である**量子電磁力学 (Quantum Electro-Dynamics, QED)** と呼ばれる理論を用いて，ゲージ理論の基本的な事柄について解説する．まず出発点として電磁場が入っていない電子のみの理論を考えよう．ラグランジアン（正確にはラグランジアン密度）は（既に 1.2 節で述べたが）

$$\mathcal{L}_0 = \bar{\psi}(i\partial\!\!\!/ - m)\psi \quad (m\text{: 電子の質量}) \tag{1.29}$$

で与えられる．ここで ψ は電子を表す 4 元ベクトルの波動関数（ディラック・スピノール）である．

さて，一般に理論がある種の対称性を有するということは，その理論の作用積分（多くの場合，ラグランジアン自身）が考えている対称変換の下で不変であるということに等価である．作用が不変であると，そこから得られるオイラー・ラグランジュ方程式（運動方程式）は変換の下で共変的になるが，これが「物理法則が不変である」ということの意味であるからである．(1.29) は ∂_μ と γ^μ の内積（縮約）で書かれていることからも分かるように，ローレンツ変換の下で不変なので，この理論は相対論的でありローレンツ対称性を持つことが分かる．実は，これに加えてディラック・スピノールの位相を変える変換

$$\psi \ \to \ \psi' = \mathrm{e}^{ie\lambda}\psi \quad (\lambda\text{: 定数}) \tag{1.30}$$

の下でラグランジアンは不変であることが分かる（後の議論の都合上，電気素量 e を変換のパラメターに加えている）．実際 $\bar{\psi} \equiv \psi^\dagger\gamma^0$ なので，(1.29) において $\psi \to \psi'$ という置き換えを行っても，位相因子 $\mathrm{e}^{ie\lambda}$ は ψ と $\bar{\psi}$ の間で相殺するので，ラグランジアンは不変であることが容易に確かめられる．そもそも，量子力学では粒子の存在確率（密度）は $|\psi|^2$ で決まるので，波動関数 ψ の位相の採り方には自由度があるが，この変換はその自由度を用いたものとも言える．(1.30) の変換は，「**大域的ゲージ変換 (global gauge transformation)**」と呼ばれる．大域的（global）と付いているのは，λ が定数なので，位相変換が時空の場所 $x^\mu = (t, \vec{r}) = (t, x, y, z)$ に依らないからである．つまり，電磁場が存在せず電子のみの理論は大域的ゲージ対称性を有していることになる．ここまでは電磁場の出番はない．

しかしながら，ゲージ変換を，変換パラメターを時空の場所に依存させ $\lambda(x^\mu)$

とすると状況は一変する：

$$\psi \ \rightarrow \ \psi' = \mathrm{e}^{ie\lambda}\psi \quad (\lambda(x^\mu)\text{: 時空の場所に依る}). \tag{1.31}$$

こうしたゲージ変換を「**局所的ゲージ変換 (local gauge transformation)**」と呼ぶ．すると，(1.29) はもはや局所的ゲージ変換の下で不変ではなくなる．それは微分項において，積の微分の公式から $\partial_\mu\psi' = \mathrm{e}^{ie\lambda}(\partial_\mu\psi) + ie(\partial_\mu\lambda)\mathrm{e}^{ie\lambda}\psi$ のように，$\partial_\mu\lambda$ に比例する余分な項が現れてしまうからである．つまり，微分項が $\partial_\mu\psi' = \mathrm{e}^{ie\lambda}(\partial_\mu\psi)$ のような (1.31) と同様な単純な位相変換にはならない（“共変的” に変換しない）ということである．

微分項の共変性を回復させるために導入されるのが電磁場 A_μ（4 元電磁ポテンシャル）である．微分項に電磁場を加え，単純な偏微分を次のような “共変微分” D_μ に置き換えることを考える：

$$D_\mu\psi = (\partial_\mu + ieA_\mu)\psi \quad (e\text{: 電気素量}). \tag{1.32}$$

そして電磁場にも，上述の余分な項を消去すべく

$$A_\mu \ \rightarrow \ A'_\mu = A_\mu - \partial_\mu\lambda \tag{1.33}$$

とゲージ変換させることにすれば，共変微分は正に共変的に変換することになる：

$$D_\mu\psi \ \rightarrow \ D'_\mu\psi' = \mathrm{e}^{ie\lambda}(D_\mu\psi). \tag{1.34}$$

ここで $D'_\mu = \partial_\mu + ieA'_\mu$ である．従って，理論は局所ゲージ変換の下で不変となり，局所ゲージ対称性を持った理論，即ち「ゲージ理論」が完成することになる．この場合のゲージ群（ゲージ変換の成す群）は，ゲージ変換が (1.30), (1.31) に見られるように一つの複素数の位相変換と見なせるので U(1) である．よって QED は U(1) ゲージ理論であると言える．

微分を共変微分に置き換えるとラグランジアンは

$$\mathcal{L}_e = \bar{\psi}(i\not{D} - m)\psi = \bar{\psi}(i\not{\partial} - e\not{A} - m)\psi \tag{1.35}$$

となるが，これは 1.2 節の (1.17) と全く同じものであることが分かる．そこで述べたように $e\not{A}$ に比例した項により電子と光子の間の電磁相互作用（電子からの光子の放出や光子の吸収，等）が生じる．

この QED の例から学ぶことは，局所ゲージ対称性を課すことでゲージ場と呼ばれる 4 元の場（QED の場合だと A_μ）が必然的に導入され，その場の量子化によりゲージ・ボソンと呼ばれる素粒子間の相互作用を媒介する素粒子（QED の場合だと光子）が出現し，その交換により素粒子間の相互作用が生じる，ということである．つまり，局所ゲージ対称性から素粒子の相互作用（「**ゲージ相互作用**」と呼ばれる）が生じるという非常に重要な結論が得られる．

こうした局所的ゲージ対称性 → ゲージ場（ゲージ・ボソン）→ 素粒子の相互作用という機構は「**ゲージ原理**」と呼ばれる．

歴史的には，電磁相互作用については，電磁場の存在はゲージ対称性の議論とは関係なく以前から知られており，(1.17) も既知であったが，標準模型においては，それ以外の強い相互作用，弱い相互作用についても，それぞれ SU(3)，SU(2) という非アーベル（非可換）群を局所ゲージ対称性として持つ “非可換ゲージ理論” である「**ヤン・ミルズ理論**」から必然的に導かれ，そのゲージ・ボソンは，強い相互作用についてはグルーオン g（例題 1.3 で説明したように SU(3) の次元と同じ 8 個存在），弱い相互作用については W^+，W^-，Z の 3 個（SU(2) の次元と一致）である（正確には，弱い相互作用には U(1) 対称性も一部関与するが，詳細は付録 A を参照されたし）．

さて，ゲージ変換 (1.30) の複素共役をとってみると

$$\psi'^* = \mathrm{e}^{i(-e)\lambda}\psi^* \quad (\lambda\text{: 定数}) \tag{1.36}$$

となるが，(1.30) と比較すると $e \to -e$ という変更が起きている．よって，ψ の複素共役をとった ψ^* は正の電荷を持った粒子，つまり電子の「**反粒子**」である**陽電子**を表していると考えることができる．正確には陽電子を表すのは ψ の単なる複素共役ではなく，加えてガンマ行列から作られる 4×4 行列の掛け算によるディラック・スピノールの成分の位置の変更も必要になる．元々ディラック・スピノールの成分が 4 成分なのは粒子・反粒子の区別，スピンがアップかダウンかの区別から来ているので，粒子と反粒子の交換によって成分の位置の変更が起きるのは当たり前と言える．

スピンの自由度を持たないスカラー粒子の場合には，こうした面倒なことは起きないので，粒子を反粒子に，あるいはその逆の変換である「**荷電共役（charge conjugation）変換**」（略称 C 変換）は，スカラー場 ϕ についての単純な複素共役（complex conjugation）変換になる（正確には，場は量子化されていて演算子として振る舞うと考えると，エルミート共役の変換と言うべきであるが）：

$$\text{C 変換：} \quad \phi \quad \to \quad \phi^*. \tag{1.37}$$

こうした議論から分かることは，粒子・反粒子の区別のある荷電粒子を表すためには，その場は複素場でなければならないということである．逆に，光子のように電荷を持たず粒子・反粒子の区別のない粒子は，複素共役をとっても変化しない実場で表されることになる．ただし，電気的に中性の粒子であっても中性子のように粒子・反粒子の区別があるものもあるので注意が必要である．ニュートリノに関して言えば，標準模型に現れるのは左巻きのニュートリノ ν_L のみで，これは複素場であるワイル・スピノールで表されるが，理論的には，ニュートリノは電荷を持たないので，ちょうど光子のように粒子・反粒子

の区別のない（反粒子が自分自身であるような）フェルミオンである「**マヨラナ・フェルミオン**」として存在するという興味深い可能性が指摘されている．こうした**マヨラナ・ニュートリノ**については3章で詳しく論じる．

第 2 章
ニュートリノ仮説と素粒子物理学の発展

ニュートリノは元からその存在が知られていた素粒子ではなく，ベータ崩壊におけるパズルを解決するための理論的考察からその存在が仮説として提唱された素粒子である．この章では，前章で得た予備的な概念，知識を用いて，この仮説が提唱された経緯，その後の素粒子物理学の発展について，歴史をたどる形で簡単に振り返ってみようと思う．現在の知見からいきなりスタートするのも一つの見識であるが，ニュートリノに関係する素粒子物理学の発展過程を振り返ることで，ニュートリノの持つ，何かと謎めいた性質に関する理解，また例えばパリティー対称性の破れといった素粒子標準模型の完成に大きく関わることがらに関し，いかにニュートリノが先導的役割を果たしたかを理解する手助けになればと考える次第である．

2.1 放射線の発見と，ベータ崩壊における連続的エネルギー分布の問題

原子核の中には，不安定で**放射線**を発して別の原子核に変化するものがある．こうした“放射性原子核”の性質（能力）を放射能という．放射能はヘンリー・ベックレルにより 1896 年に偶然発見された．ウラン塩を引き出しに放置した所，一緒に在った写真乾板が，あたかも光を受けたように黒ずんでいた．原子の構造が明らかにされる以前のことである．直ぐに放射能の研究を始めたラザフォードは，ウラン塩から発せられる放射線には 2 種類あることを発見し，それぞれ**アルファ線**，**ベータ線**と名付けた（実際には，より透過力の強い，現在**ガンマ線**と呼ばれる放射線も出ていることが，その後ポール・ビラードにより発見された）．アルファ線は薄いアルミ箔で容易に吸収されたが，ベータ線はその数百倍の高い透過性を示した．その後 1911 年にラザフォードは，アルファ線を金箔に照射する有名な実験（ガイガー・マースデンの実験）の実験結果の解釈として，原子の中心に原子核が存在するという原子模型を提唱した．

これに伴い，アルファ線の正体についてもヘリウムの原子核であることが明らかにされた．

一方，ベータ線の正体は，より短期間で解明された．ピエール&マリー・キュリー夫妻は1900年にベータ線の電荷が負であることを結論付け，また同じ頃，ベックレルはベータ線の電荷比（電荷と質量の比）を測定して電子と同じであることを突き止めた．こうして1902年にはベータ線の正体が電子であることが明らかになった．しかしながら，ベータ線を放出し原子核が一つ原子番号の大きな別の原子核に崩壊する「**ベータ崩壊 (β-decay)**」については，話はこれで終わらなかったのである．

新たな話の出発点は，オットー・ハーンとリーゼ・マイトナーが始めたベータ線のエネルギーの測定であった．彼らは当初，特定の放射性原子（実験開始当時はラザフォード模型は提唱されていなかった）から発せられるベータ線のエネルギーは，アルファ線の場合と同様にある決まった値のみをとると考えていたようで，最初に提出した実験結果もそのようなものであったが，実験手法の不備が判明した．そこで，試料をできる限り薄くし，またオットー・フォン・バイヤーにより開発されたエネルギー分析装置（磁場をかけ，その中を通過する荷電粒子の軌道の曲率からそのエネルギーを決めるというもの）を用いた工夫された実験を粘り強く続けた結果，1911年に「試料から放出されたベータ線のエネルギーは一定とはならず色々なエネルギーをとり得る」との結論に達した．しかしながら，彼らは，原子から放出されるベータ線のエネルギーは一定であるが，試料を通過する際の2次的効果によりエネルギーの分布が生じる，との考えに固執したようである．その後異なる手法で行われたジェームス・チャドウィックの実験でもベータ線のエネルギーは連続的に分布することが明らかになった．

さて，当時はラザフォードの原子模型が提唱されたものの，ベータ線（要するに電子）が原子のどこから発せられているのか判明していなかった．更に，原子核には陽子が存在することは判明していたものの中性子の存在は知られていなかった．電子の数，つまり原子番号だけの陽子は存在するが，それだけでは原子の質量が実際の半分程度にしかならない原子が多く存在したので，質量のつじつまを合わせるために，陽子と電子のペアが原子核に付加的に存在するはずだという考え方が生まれた．現在の理解で言えば中性子の数（質量数 − 原子番号）に相当するだけの陽子と電子のペアが原子核に存在すると，当時は考えられたのである．すると，ベータ線が原子核の周りを周る電子の放出なのか，原子核にある電子が飛び出たものなのかが大きな論点となる．ニールス・ボーアは1913年に自ら提唱した量子論的な原子模型（ボーア模型）に基づいて，ベータ線は原子核の周りを周る電子が起源ではあり得ないことを示した．原子核の周りを周る電子の持つエネルギーよりベータ線のエネルギーの方がずっと大きいからである．こうして，しばらくはベータ線は原子核内部に元々存在していた電子が飛び出たものであると考えられたのである．

ベータ線のエネルギーが連続分布なのか，ハーンとマイトナーが主張するように一定のエネルギーなのかという論点に決着をつけたのが，1925 年に開始されたチャールス・エリスとウィリアム・ウースターによる実験であった．彼らはベータ崩壊に伴う全エネルギーを熱量計測器を用いて測定した．ベータ線のエネルギーの連続的な分布がハーンとマイトナーが主張するように試料中を通過するときの 2 次的効果によるものであるとすれば，その際発生するエネルギーを含めてベータ崩壊で発生する全エネルギーを測定すれば，連続的な分布ではなく一定の値になるはずだからである．得られた結果は一定値とはならず，従ってベータ線の連続的なエネルギー分布を支持するものであった．こうして，混迷を極めた論争は決着し，ベータ線のエネルギーは連続的に分布することがはっきりしたのである．

しかし，ハーンとマイトナーの “固執” には十分な理由があったのも事実である．ベータ崩壊で発するのが重い原子核から発せられた電子のみで，崩壊後も原子核は重いのでほとんど動かないと考えると，放出される電子のエネルギーは一定であると考える方がむしろ当然なのである．より正確に言えば，静止した粒子が二つの粒子に崩壊する “2 体崩壊” を考えると，エネルギーおよび運動量の保存則を用いれば，崩壊後の二つの粒子のエネルギーは一意的に決まる．以下の例題を参照されたい．

例題 2.1　静止した粒子 A が粒子 B，C に崩壊したとする：A → B + C．ただし，この崩壊が運動学的に可能であるためには，相対論によれば A，B，C の質量に関し $m_A > m_B + m_C$ の不等式が成り立つ必要がある．このとき，崩壊後の B，C のエネルギーはそれぞれ確定した値になることを説明しなさい．

解　崩壊後の B，C の運動量について，運動量保存則より（A は静止していたので）$\vec{p}_B + \vec{p}_C = \vec{0}$ が言える．そこで $\vec{p}_B = -\vec{p}_C = \vec{p}$ と書くと，相対論的なエネルギー保存則から $m_A = \sqrt{p^2 + m_B^2} + \sqrt{p^2 + m_C^2}$ が成り立つ（自然単位系 $c = 1$ を用いている．$p = |\vec{p}|$）．$m_A > m_B + m_C$ より，この関係を満たす p は明らかに一つの値に決まるので，それに伴って B，C のエネルギー $E_{B,C} = \sqrt{p^2 + m_{B,C}^2}$ もそれぞれ確定した値になることが分かる．特に B が重く $m_B \gg p$ の場合を考えると，$E_B = \sqrt{p^2 + m_B^2} \simeq m_B$ としてよく，従って $E_C \simeq m_A - m_B$ が得られる．□

つまり，連続的なエネルギー分布というのは物理学の確固たる法則と考えられているエネルギー保存則（や運動量保存則）に矛盾するように見える．これがベータ崩壊に宿る，残された大問題であった．ボーアはその解法としてエネルギー保存則を放棄する可能性まで考えたようである．

こうした問題に加え，原子核に（質量数 − 原子番号）の数だけの陽子と電子のペアが（原子番号の数の陽子に加えて）存在するという考え方にも問題があることが明らかになった．そのころには，電子，また陽子も大きさ $\frac{1}{2}$ のスピンを持つことが知られていたが，1929 年にフランコ・ラセッティは窒素の原子核が大きさ 1 のスピンを持つことを突き止めた．（質量数 − 原子番号）の数の陽子と電子のペアが存在するという考えでは，この事実を説明できないのである．以下の例題でその理由を考えてみよう．

> **例題 2.2** 原子核に，原子番号の数の陽子に加えて（質量数 − 原子番号）の数だけの陽子と電子のペアが存在するという考え方では，窒素（原子番号 7，質量数 14）の原子核のスピンの大きさが 1 であるという事実を説明できないことを論じなさい．

解 窒素の原子番号は 7，質量数は 14 であるから，この考え方に従うと，窒素原子核には，7 個の陽子に加え，7 個の陽子と電子のペア，つまりスピン $\frac{1}{2}$ のフェルミオンが計 21 個存在することになる．しかし，量子力学によれば，21 個という奇数個の大きさ $\frac{1}{2}$ のスピンをどのように合成しても 1 という整数スピンを得ることはできない．合成したスピンは必ず半整数になるからである．より具体的には，21 個のフェルミオンがある場合の合成されたスピンの可能性は最大値を $\frac{21}{2}$ として，それから 1 ずつ減少する $\frac{19}{2}, \frac{17}{2}, \ldots$ となり，決して整数スピンをとることはないのである．正確には，原子核のスピンには，それを構成する粒子の持つ軌道角運動量も，合成されたスピンに加えて寄与し得るが，軌道角運動量の大きさは整数なので問題は解決せず，窒素原子核のスピンが 1 になることはあり得ないことになる． □

2.2 ニュートリノ仮説，中性子の導入とフェルミ理論

こうした状況下で登場したのがウォルフガング・パウリによる**ニュートリノ仮説**であった．1930 年 12 月にチュービンゲンで行われた放射能研究の学会の際に，都合で不参加であったパウリが学会の参加者に向けた手紙の形で，現在ニュートリノとして知られる電荷を持たず（電気的に中性），透過力が大きく，また軽い粒子の存在を仮説として提唱し，それによりベータ崩壊における連続的なエネルギー分布の問題（エネルギー保存則との矛盾）が解決することを述べたのである．崩壊する際に解放されるエネルギー（例題 2.1 から分かるように，ほぼ崩壊前後の原子核の質量の差）を電子とこの中性粒子で分けると考えれば，その分配の仕方で電子の持つエネルギーは連続的に変化できることになる．崩壊は 3 体崩壊と見なせるので，崩壊後の粒子のエネルギーが確定するこ

とはないのである．

ただ，パウリはこのアイデアを論文にするつもりはないとも述べたようである．また，この中性粒子は，原子核の中に存在すると考えられていた電子と同数だけ原子核中に元々存在し，それが放出されたものと最初は考えていたようである（すると，例題 2.2 で扱ったスピンに関する問題もとりあえず解決することになる．その理由を考えてみて頂きたい）．当時知られていた“素粒子”と言えば，陽子，電子，光子の 3 個のみであり，この仮説がいかに大胆で画期的なアイデアであったかが察せられ，提唱者自身がこのアイデアに慎重であった理由も分かる気がする．いずれにせよ，これがニュートリノ物理学の誕生である．仮説として導入されたニュートリノ（そのように名づけたのはエンリコ・フェルミ）の存在は今や確固たるものであり，その後の素粒子物理学の発展において鍵となる色々と重要な役割を演じ続けている．

原子核に関する理解もその後大きく進展した．チャドウィックが原子核中に陽子と同程度の質量を持ち電気的に中性の粒子，現在**中性子**と呼ばれている粒子の存在を発見したのである．例えば上述の窒素原子核の場合で言えば，原子核は 7 個の陽子，7 個の中性子のみで構成されることになり，現在の我々の理解通りの描像が確立したことになる．こうして余分な陽子と電子のペアを導入する必要もなくなるので，原子核のスピンの問題も解決する．この描像では計 14 個，つまり偶数のフェルミオンで窒素原子核は構成されることになるので，整数スピン 1 を合成することが可能であり，矛盾は解消するのである．

しかし，原子核に陽子と電子のペアが用意されていないとすると，またニュートリノが原子核の内部に元々在ったものではないとすると，ベータ崩壊で放出される電子，ニュートリノはいったいどこから来たのであろうか，という疑問が当然生じる．

こうした問題は，前章の 1.1 節で解説した場の量子場を適用することで解決することになる．この頃には，電子と電磁場のシステムを扱い，光子の生成・消滅を記述できる場の量子論である QED がポール・ディラックなどにより完成されていた．この場の量子論の概念をベータ崩壊に大胆に適用し，様々な定量的予言を可能にするベータ崩壊の理論を完成させたのはエンリコ・フェルミである（1934 年のイタリアとドイツの学術雑誌に論文が掲載された）．場の量子論を適用すれば，陽子と電子のペアやニュートリノは元々原子核中に存在する必要は無く，ベータ崩壊時に電子とニュートリノが生成され，原子番号が 1 だけ増えるのは，原子核中に存在していた中性子の一つが消滅し，その代わりに陽子が生成されたと考えればよいことになる．

こうして，現在我々が理解しているようなベータ崩壊の描像が確立したことになる（ただし，正確には生成されるニュートリノは，電子ニュートリノの反粒子 $\bar{\nu}_e$ である）：

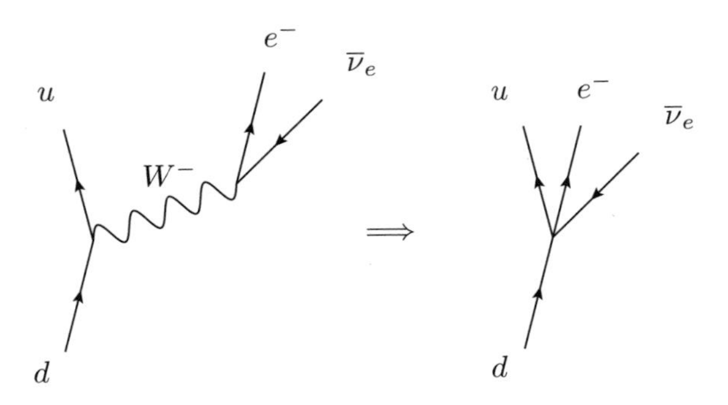

図 2.1　ベータ崩壊を表すファインマン・ダイアグラム．

$$n \;\to\; p + e^- + \bar{\nu}_e. \tag{2.1}$$

ここで n，p はそれぞれ中性子，陽子を表すが，現在ではこれらは素粒子ではないと考えられており陽子 p は uud，中性子 n は udd のように 3 個の d，u クォークの複合状態なので，現代的な視点から言えばベータ崩壊は次のようなクォークレベルでの素過程によるものであると理解されている：

$$d \;\to\; u + e^- + \bar{\nu}_e. \tag{2.2}$$

ファインマン・ダイアグラムでベータ崩壊を表すと図 2.1（の右側の図）のようになる．一つ注意すべきは，反ニュートリノ $\bar{\nu}_e$ の運動を表す線に付された矢印が時間軸（上方向を向いていると考える）と逆行する（時間をさかのぼる）方向を向いていることである．ファインマン則の一つとして，反粒子は時間を逆行する線で表されることになっているのであるが，これについては以下でも少しコメントする．

(2.2) のプロセスには計 4 個の粒子が関与しているので，フェルミの理論におけるベータ崩壊を記述するラグランジアンの項（相互作用項）は，それぞれの粒子を表す場（粒子の名前と同じ記号を用いる．例えば e は電子を表す量子化された場である）の 4 次式で与えられ，**4 フェルミ相互作用** (4-fermi interaction) と呼ばれている：

$$\mathcal{L}_{4-\mathrm{fermi}} = -\frac{G_{\mathrm{F}}}{\sqrt{2}}\{\bar{u}\gamma^{\mu}(1-\gamma_5)d\}\cdot\{\bar{e}\gamma_{\mu}(1-\gamma_5)\nu_e\} + \mathrm{h.c.}. \tag{2.3}$$

ここで G_{F} はベータ崩壊が起きる確率を定める「**フェルミ結合定数**」と呼ばれるもので，実測値から

$$G_{\mathrm{F}} = 1.666 \times 10^{-5}\,\mathrm{GeV}^{-2} \tag{2.4}$$

であることが分かっている．また h.c. は右辺 1 項目のエルミート共役 (hermitian conjugate) を表し，ラグランジアンが全体としてエルミート演算子になるために必要ではあるが，実際にベータ崩壊に寄与するのは 1 項目である．

もちろん，本来のフェルミ理論では，u，d クォークではなく，陽子，中性子，すなわち p，n の場で書かれていた．また γ_5 を含んだ項（軸性ベクトル型カレントの項と呼ばれる）も入れられていなかったのであるが，後にベータ崩壊には左巻きのフェルミオンのみが関与することが判明したために加えられたのである．つまり，$1-\gamma_5$（正確には $L \equiv \frac{1-\gamma_5}{2}$）は左巻きの状態のみを取り出す，いわゆる射影演算子なのである（$L^2 = L$ といった射影演算子特有の性質を持つ．3 章を参照）．左巻きの状態のみが関与するという事実は，2.4 節で述べる，（ベータ崩壊がその典型的過程である）素粒子の弱い相互作用におけるパリティー対称性の破れ，しかも最大限の破れを表している（1.4 節で述べたように，左半分のみのハート形は線対称性を最大限に破るが，それと同様である）．そればかりか，実はニュートリノについては比較的最近まで左巻きの状態だけが存在すると（少なくとも実験的にもそれで特に矛盾がないものと）思われており，標準模型でも ν_L のみが導入されている．ニュートリノは弱い相互作用における P 対称性の最大限の破れの象徴であったわけである．しかし，最近実験的にその存在が確かになった**ニュートリノ振動**（その存在を実験的に明確に示した梶田隆章博士のノーベル物理学賞受賞を記憶している方も多いことだろう）の現象を説明するためにはニュートリノは質量を持つ必要があり，質量を持つと 1.3 節で議論したようにローレンツ変換で左巻きは右巻きに変化し得るので，理論に必然的に右巻きの状態も必要となる．こうして，初めて明確な実験事実として大成功を収めた標準模型の変更を迫る状況が生じているのである．逆に言えば，ニュートリノの物理は，現在の素粒子物理学の最重要課題である「標準模型を超える物理」の鍵を握っているとも言えるのである．

なお，(2.3) では，全てのフェルミオンの場は時空の同一点のものであるので，この 4 フェルミ相互作用は接触型相互作用 (contact interaction) とも呼ばれる（図 2.1 の右の図を参照）．つまりベータ崩壊は，力を媒介する粒子のやりとりなしで起きることになり，1.6 節のゲージ理論の解説の所で述べた，全ての相互作用には力を伝えるゲージ・ボソンが必要という主張と矛盾するように思える．実は標準模型では，ベータ崩壊は W^- という（弱）ゲージ・ボソンを d クォークが放出することで起きる現象で，図 2.1 の左の図のように，図 1.1 と同様の（光子 γ が $W^\pm$ に置き換わるが）ファインマン・ダイアグラムで表されるのであるが，W^- は，その質量がほぼ 80 GeV で重いので，ベータ崩壊のような低エネルギーの過程においてはほとんど時空を走らず，そのために実質的に図 2.1 の右の図のような（また (2.3) のラグランジアンで表されるような）接触型相互作用に帰着するのである（付録 A を参照のこと．フェルミはもちろん標準模型を知らなかった）．重すぎて時空を走らないというのは，乱暴な言い方をすれば，キャッチボールのボールが重すぎて遠くまで飛ばないといったようなイメージであるが，正確に言えば，W が時空を伝搬する様子を表す伝搬子（ファインマン則の一部）がフーリエ変換された運動量の空間（“位相空間"）では $\frac{-i}{p^2-M_W^2}$ に比例し，これが低エネルギー過程では $\frac{-i}{p^2-M_W^2} \simeq \frac{i}{M_W^2}$ と近似できるからである．量子力学の対応原理から，例えば $\vec{p}$ は $-i\nabla$ に対応し，一方，例題 1.1 を思い出すと，場の空間座標による微分は連成振動子で言えば，ばねによるポテンシャル・エネルギーを表しているので，伝搬子で p^2 を無視するということは隣の振動子と結ぶばねが無くなって振動が空間を伝わらないことに対応するのである．（実際，定数である $\frac{i}{M_W^2}$ をフーリエ逆変換して時空における伝搬子を求めるとディラックのデルタ関数が現れるので，正に時空の一点のみでの相互作用であることが分かる．）

さて，1.1 節で場の量子論の基礎を学んだので，その知識を用いて，確かに (2.3)（の第 1 項）がベータ崩壊 (2.1) を引き起こすことを見てみよう．まず最初に少し 1.1 節での議論を一般化しよう．(1.9) の ϕ は実場であった．量子化された場という意味ではエルミート演算子であり，そのため $a(\vec{p})$ と $a(\vec{p})^\dagger$ が対称的に導入されている．実場は 1.6 節のゲージ理論に関する解説の所で述べたように，電荷を持たず粒子・反粒子の区別の無い粒子の記述に用いられるもので，電子などの荷電粒子を記述するには複素場（場の値が複素数．演算子という意味では非エルミート演算子）が必要となる．ニュートリノについては少し注意が必要である．ニュートリノは，その名前のように電荷を持たないが，一方で左巻きニュートリノ ν_L は，それを C 変換したもの $\bar{\nu}_R$ と等しくはならない．反ニュートリノはカイラリティーが逆（右巻き）になるのである．別の言い方をすれば，ν_L は電荷は持たぬものの，"弱アイソスピン"（付録 A を参照）といった量子数を有するので，その意味では "中性" ではない．

そこで，スカラー場に関して (1.9) を複素場に一般化してみよう：

$$\phi(x^\mu) = \int \frac{d^3p}{(2\pi)^3} \frac{1}{\sqrt{2\omega}} \{a(\vec{p})\mathrm{e}^{-ip\cdot x} + b(\vec{p})^\dagger \mathrm{e}^{ip\cdot x}\}. \tag{2.5}$$

変更されたのは，$a(\vec{p})^\dagger$ が $b(\vec{p})^\dagger$ に置き換えられたことであり，場はもはやエルミート演算子ではなくなる．$a(\vec{p})$ は粒子の消滅演算子であるが，この $b(\vec{p})^\dagger$ は（粒子ではなく）反粒子の生成演算子と解釈される．よって ϕ は粒子の消滅と反粒子の生成の両方を引き起こすことができるのである．例えば電子（スピンを持ちスカラー場では表せないが）の場合を考えると，電子の消滅，陽電子の生成のいずれの場合においても電荷は増加するので，その意味でもつじつまは合っている．すると，ϕ の複素共役（正確にはエルミート共役）ϕ^* は $a^\dagger$ と b で記述されるので，こんどは粒子の生成，あるいは反粒子の消滅を引き起こすことになる．

以上を踏まえて (2.3) の第 1 項を見ると，場 $\bar{u} = u^\dagger\gamma^0$ は u クォークの生成，場 d は d クォークの消滅，場 $\bar{e}$ は電子の生成，場 ν_e は反（電子）ニュートリノの生成を引き起こすことが分かるので，確かにベータ崩壊を引き起こす相互作用項であることが分かる．

フェルミは，自分の提唱した理論を用いてニュートリノ質量によって（ゼロ，小さい，大きいの三つの場合を考察している）ベータ線（電子）のエネルギー分布の形状がどのように変化するかまで考察していて，質量がゼロの場合が実測されたデータに最も一致が良いと結論づけている．ニュートリノ質量は少なくとも電子のそれよりずっと小さいとの認識を既に持っていたようである．なお，このベータ線のエネルギー分布の形状からニュートリノ質量の上限を得る手法は現在でも実験手法として用いられているものである．

2.3　素粒子反応式における移項とニュートリノの検出

ニュートリノはパウリによってその存在が理論的に予言され，ベータ崩壊の理論もフェルミによって完成はしたものの，まだその存在を直接的に確かめた者はだれもいなかった．太陽などで生成されたニュートリノが我々の広げた手のひらを毎秒 10 兆個余りも通過していることは現在では良く知られていることであるが，それなのに我々が一切ニュートリノの通過に気づかないのは，ニュートリノの透過性が非常に大きく，言い方を変えればニュートリノが他の素粒子とほとんど相互作用をしないからである．だからこそ，この世界に非常に多く存在する（原子の構成要素ではないが）にも関わらず，その発見が遅れたわけである．この節の目的は，いかにして困難なニュートリノの検出，すなわちその存在の直接的確認がなされたかを簡単に解説することである．

まずは，唐突であるが数学における移項の操作について復習しよう．例えば $A+B=C+D$ の等式で両辺に $(-A)$ を加えると $B=-A+C+D$ となるが，これがいわゆる移項という操作である．素粒子に関する次のような過程（化学反応にならって**素粒子反応**と呼ぼう）を考えよう：$A+B \to C+D$（A，B，C，D は 4 種類の素粒子）．化学反応との違いは，素粒子反応においては粒子の生成・消滅が可能であるということである．この素粒子反応式の両辺に，素粒子 A の反粒子 $\bar{A}$ を加え，粒子と反粒子が出会うと対消滅を起こすので $A+\bar{A}$ をゼロと見なせば

$$A+B \to C+D \quad \Rightarrow \quad B \to \bar{A}+C+D \tag{2.6}$$

という素粒子反応式における “移項” が実現する．ただし，数学の移項と違い，移項の際には符号が逆転するのではなく粒子と反粒子が入れ替わるのである．

例としてベータ崩壊を表す素粒子反応式 (2.1) で移項をしてみると

$$n+\nu_e \ \to \ p+e^- \tag{2.7}$$

が得られる．電子ニュートリノを中性子に当てると陽子と電子が生成され，中性子は陽子に変化することを表している．この過程をファインマン・ダイアグラムで表すと図 2.2 のようになる．これを図 2.1 の右の図と比較すると，実

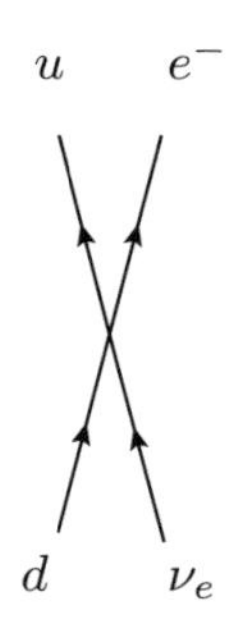

図 2.2　ν_e を検出するための過程.

は（トポロジー的には）これらは同じ図であることが分かる．図 2.2 での電子ニュートリノを表す線を回転して，矢印が時間軸と逆行するように変更すれば図 2.1 になる．その意味で，実は一つのダイアグラムで両方の過程を同時に表していると考えることもでき，これもファインマン・ダイアグラムの優れた特徴であると言える．移項が可能であるのも，ファインマン・ダイアグラムのこの性質からも容易に理解できる．

この素粒子反応を用いれば，それ自身はほとんど相互作用を持たず直接観測することが困難な電子型ニュートリノを，電子の生成を観測することで間接的に検出することが可能になる．実際にベータ崩壊で放出されるのは反ニュートリノであってニュートリノではないが，後で議論するように，例えば太陽からは中心部での核融合反応によって生じる大量の電子ニュートリノ ν_e が地球に降り注いでいるし，また宇宙の四方八方から地球に飛来する高エネルギーの粒子の束（**宇宙線**と呼ばれる．その主な成分は陽子である）が地球の大気の上層部で大気中の酸素や窒素原子中の原子核にぶつかるとパイ中間子などの**ハドロン**（強い相互作用を行う，複数のクォークや反クォークが結合してできる複合状態の粒子）を大量に生成し，その崩壊からニュートリノ（後出のミューオン・ニュートリノ ν_μ の場合が多いが）が生成されることが分かっている．こうしたニュートリノの検出には (2.7) を用いることが可能なのである．実際，レイ・デービスらによる最初の太陽ニュートリノの検出実験では，この過程により塩素の原子核がアルゴンの原子核に変化する事象を用いている．

なお，こうした移項の操作の正当性は，場の量子論的にも確認することができる．例えば，(2.3) の第 1 項はベータ崩壊を引き起こすが，場 ν_e には反ニュートリノを生成する $b^\dagger$ の項の他に，ニュートリノを消滅させる a の項も含まれているので，この相互作用項により (2.7) の反応を引き起こすことも可能なのである．

さて，歴史的には，まず行われたのはベータ崩壊で放出される反ニュートリノを検出する試みであった．この検出に寄与する過程は "**逆ベータ崩壊**" と呼ばれる過程である：

$$\bar{\nu}_e + p \ \rightarrow \ e^+ + n. \tag{2.8}$$

これは，フェルミ理論の相互作用の第2項，すなわち第1項のエルミート共役をとった項により引き起こされる．実際，エルミート共役をとると，生成・消滅演算子は互いに入れ替わるので，ベータ崩壊の反応式で左右両辺を入れ替えると（これは矢印の向きを逆転させることに対応し，時間の向きを逆転（反転）させて反応前に戻すことに等しいとも言えるので逆ベータ崩壊と言われる）$\bar{\nu}_e + p + e^- \ \rightarrow \ n$ となるが，これで e^- を右辺に移項し e^+ とすれば (2.8) が得られる．

この過程を用いれば，ベータ崩壊で放出された反電子型ニュートリノを何らかの標的（例えば大量の水）に当てれば，陽電子が生成され，直ぐに周りの電子と対消滅して2個の光子を放出することになる．一方，この反応で原子核中の陽子は中性子に代わり原子核内で核子の組み換えが起きるので，それが安定化する際に再度いくつかの光子を放出することになる．光子の放出が2度起きるが，それらの時間に（標的の性質で決まる）ずれが生じるため，逆ベータ崩壊が起きていることを確認できる（多くの欲していない背景事象から区別できる）という原理で反電子ニュートリノの検出が可能になるのである．

実際，フレデリック・ライネスとクライド・コーワンは，この手法を用いて初めてニュートリノ（正確には反電子ニュートリノ）の検出に成功したのである．節の最初で述べたように，ニュートリノは他の素粒子とほとんど相互作用をしないので，その検出は非常に難しい課題であったが，彼らは原子炉（エンリコ・フェルミがシカゴ大学で作成したのが最初）から大量に放出される反ニュートリノをソースとして用いる実験を行ったのである．一つ一つのニュートリノが標的や検出器（時には両者は一致するが）中で反応を起こすことは絶望的であっても，非常に多数のニュートリノを束ねてビーム状に照射できれば，いずれかのニュートリノが反応を起こす確率は飛躍的に増加するはずである．ライネスらは辛抱強い実験の結果，ついに1956年にパウリにニュートリノの検出に成功したことを報告するに至った．観測された事象数（正確には散乱断面積）はフェルミの理論を用いて計算されたものと見事に一致していた．

2.4 パリティー対称性の破れ

ライネスとコーワンがニュートリノ検出を知らせる手紙をパウリに送ったのと同年の1956年にツン・ダオ・リー（T.D. Lee）とチェン・ニン・ヤン（C.N. Yang）（ヤンは非可換ゲージ対称性に基づくゲージ理論であるヤン・ミルズ理論の創始でも知られている）は，弱い相互作用においてはパリティー（P）対称性が破れている可能性がある，というそれまでの常識を覆す画期的な指摘を行った．電磁相互作用の世界ではP対称性は正確に成立すること（物理現象を鏡に映してみても，鏡像の世界での物理現象は鏡に映す前と全く同じ物理法則に従うということ）が知られていて，回転対称性と同様に左右の対称性であるP対称性も物理法則の絶対的な対称性であると信じられていたので，彼らの主張は大きな驚きを持って受け止められた．（P対称性が破れているのは素粒子の持つ4つの相互作用の内で弱い相互作用においてのみであり，それがなぜなのかは未だに大きな謎である．）

しかし，彼らは最初から画期的な提案をしようと意図していたわけではなく，その当時存在した実験的パズルを解決するにはP対称性を放棄せざるを得ない，という論理的考察の結果であったようである．そのパズルは「**τ-θ パズル**」と呼ばれたものである．最初に弱い相互作用が認識されたのはベータ崩壊の発見においてであり，ベータ崩壊が弱い相互作用の典型例ではあるが，この頃までには，多くの粒子の崩壊現象が弱い相互作用で引き起こされていることが明らかにされていた．τ-θ パズルというのは，その内の“奇妙なハドロン”である K 中間子（湯川のパイ中間子の仲間であるが，“奇妙な”ストレンジ・クォークやその反粒子を含む中間子である）の崩壊に関するものである．

さて，パズルの具体的な内容であるが，電荷を持った K 中間子（現在 $K^{\pm}$ と呼ばれている粒子）は2個のパイ中間子に崩壊する場合と3個のパイ中間子に崩壊する場合があることが分かっていたが，これはP対称性が成立するものとすると説明が困難，というものである．量子力学で調和振動子を考察する際，ポテンシャル・エネルギー $\frac{1}{2}x^2$ が $x \to -x$ の下で不変なので，この力学系はP対称性を有し，従って調和振動子の波動関数は x の偶関数か奇関数のいずれかになることが議論される．これらは，それぞれP変換の固有値が1（偶パリティー），-1（奇パリティー）の状態にあると言える．これと同様に，仮に物理法則がP対称性を有しているとすると，素粒子にはそれぞれに固有のパリティー（1か -1 の固有パリティー）が付与される．ちょうどスピンがフェルミオンが静止していても持てる（自転の）角運動量であるように，固有パリティーというのは，粒子が静止していても持つことのできる，その素粒子固有の属性である．パイ中間子（π^+，π^0，π^- の3種類存在）の固有パリティーは -1 であり（奇パリティー），パイ中間子は擬スカラー粒子であると言われる．例えば π^+，π^0 の2個のパイ中間子からなる系全体としてのパリティー固有値を考えるときには，それぞれの固有パリティーの積を考えればよいが（いくつかの粒子が共存するときには，その量子力学的状態はそれぞれの粒子の波動関数の積になるが，それと同様），それに加え，2個のパイオンの間の相対運動の軌道角運動量の大きさが l の場合には（量子力学で水素原子を扱うときに学ぶように），相対運動を記述する波動関数のパリティー固有値 $(-1)^l$ も考慮する必要がある．よって2個のパイ中間子の系（重心系を想定）の持つパリティー固有値は，2個のパイ中間子の固有パリティーの積に $(-1)^l$ をかけて $(-1)^2(-1)^l = (-1)^l$ で与えられる．

こうした知識を基に，まず K^+ 中間子の 2 体崩壊

$$K^+ \to \pi^+ + \pi^0 \tag{2.9}$$

を考える．“親” の K^+ 中間子のスピンはパイ中間子と同様にゼロなので，崩壊前の全角運動量（軌道角運動量とスピン角運動量の和）は 0 である．よって角運動量保存則から，崩壊後の全角運動量を担う相対運動による軌道角運動量も $l = 0$ と決まる．従って，この崩壊の “終状態”（崩壊後の状態）のパリティー固有値は $(-1)^0 = 1$ で偶パリティーであることが分かる．仮に弱い相互作用が P 対称性を有するとすると，崩壊の前後でパリティー固有値は保存される（偶奇性は変わらない）ので，“親” の K^+ も偶パリティーを持つ必要がある．今度は K^+ 中間子の 3 体崩壊の方を考える：

$$K^+ \to \pi^+ + \pi^0 + \pi^0. \tag{2.10}$$

粗い言い方をすると，この場合には固有パリティーの積が $(-1)^3 = -1$ となるので，全体のパリティー固有値も -1 となる（もう少し慎重な議論が必要ではあるが）．ということで，今度は親の K^+ は奇パリティーを持つという結論になってしまう．

当時は，P 対称性は当然成立するものと思われていたので，(2.9) と (2.10) における親の粒子は，異なる固有パリティーを持つ二つの別の粒子なのだと考えられ，それぞれ θ，τ と名づけられた．しかしながら，一方において，これらの質量は全く同じであることも分かり人々を大いに当惑させた．これが「τ-θ パズル」と呼ばれるものである．

リーとヤンは，それまでのベータ崩壊に関するデータからは P 対称性が成り立っているか破れているかを判断することはできないことを指摘し，それであれば，この τ-θ パズルを解く最も論理的な解法は，弱い相互作用においては実は P 対称性が成立していない（破れている）と考えることである．そうすれば，崩壊の際にパリティー固有値が保存される必要は無くなるので矛盾は解消する，と主張したのである．すると，τ，θ は同一の粒子（現在 K^+ と呼ばれている中間子．パイ中間子と同様に擬スカラー粒子）として差し支えないことになる．それを踏まえ，(2.9) と (2.10) では親の粒子をどちらも K^+ とした次第である．

リーとヤンは，更にベータ崩壊において P 対称性の破れを検証するための実験の提案も行っている．これを実際に実行に移したのが，コロンビア大学のチェン・シュン・ウー（C.S. Wu）が率いた実験であった．これは，質量数 60 のコバルト原子核 ^{60}Co のベータ崩壊を観測する実験である：

$$^{60}\mathrm{Co} \ \to \ ^{60}\mathrm{Ni} + e^- + \bar{\nu}_e. \tag{2.11}$$

この実験において，P 対称性の破れを検証するための鍵となるアイデアは，外

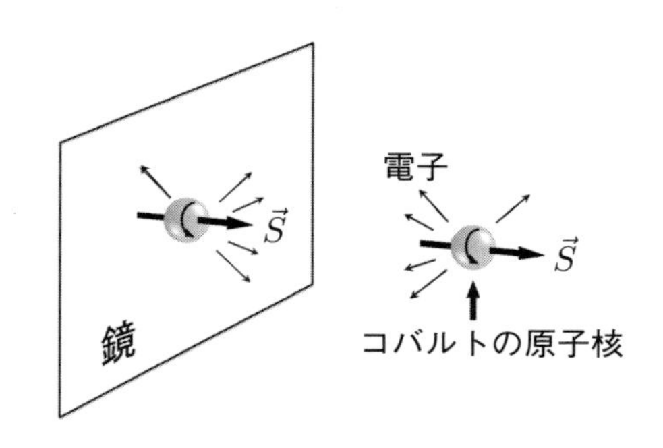

図 2.3　コバルトのベータ崩壊におけるパリティー対称性の破れ.

部磁場をかけてコバルト原子核のスピン・ベクトルを偏極させる（一定の方向にそろえる）ことであった．基本的アイデアは，P 対称性の破れを検証するためには P 変換の下で符号を変える（奇パリティーの）物理量を観測すればよいということである．仮に P 対称性が成り立つのであれば，この物理量は必然的にゼロになる必要がある．なぜならば，仮にゼロでないとすると P 変換の下で符号を変えて異なるものになってしまい P 対称性と矛盾するからである．逆に言えば，この量がゼロでないことが分かれば P 対称性の破れの明確な証拠になるはずである．ウー女史（因みに，アメリカ物理学会初の女性の会長を務めた）らの実験で着目した奇パリティーの物理量は Co 原子核のスピンと，放出される電子の運動量の内積 $\vec{S}\cdot\vec{p}$ である．$\vec{p}$ は速度ベクトル同様，P 変換 $\vec{r}\to-\vec{r}$（この場合は，鏡像変換ではなく本来の空間座標の反転を考えている）の下で明らかに符号を変えるが，角運動量は軸性ベクトルであるため $\vec{S}$ の方は符号を変えないので，$\vec{S}\cdot\vec{p}$ は奇パリティーを持つことが分かる．$\vec{S}\cdot\vec{p}$ は，具体的には Co 原子核のスピン・ベクトルの方向の電子の運動量成分という意味なので，実際の実験では電子が，コバルト原子核のスピンと同じ方向，逆方向のいずれの方向に多く放出されるか，あるいはどちらにも同様で変わらないのか，について調べたのである．

この実験の概念図 2.3 を見て頂きたい．実験の結果，この図にあるように $\vec{S}$ とは逆向きの方向に多く電子が放出されることが分かった．上で説明したように，この事実は **P 対称性の破れ**を明確に示していることになる．実際，図に示すように，P 変換を鏡像変換と見なして，鏡に映してみると，鏡像の世界では $\vec{S}$ は変わらないが，電子の運動量の方向は逆転する．すると，鏡に映した世界では，逆に $\vec{S}$ と同じ向きに電子が多く放出されることになる．よって，仮に P 対称性が成立するのであれば，鏡に映した世界での現象も映す前と全く同等になるはずなので，$\vec{S}$ と同じ向き，逆向き，どちらにも電子は同等に放出されるべきなのである．

ここで注意したいのは，電子の放出される方向の“非対称性”が非常に大きいことである．もし P 対称性の破れがわずかであったならば，電子は $\vec{S}$ に対して前後方ほぼ同様に放出されるであろうから，この事実は弱い相互作用における P 対称性が大きく破れていることを示唆している．実際，弱い相互作用では P 対称性が "最大限 (maximal)" に破れていることが知られている．ちょうどハート形の右半分が完全に欠落し，線対称性が最大限に破られているのと同様の状況であると言える（図 1.2 参照）．

2.5 ニュートリノを鏡に映しても何も見えない

こうして，弱い相互作用の世界ではパリティー（P）対称性が最大限に破れていることが分かったが，これを最も分かりやすく具現化しているのがニュートリノのカイラリティーに関する性質である．そもそも，ニュートリノは，標準模型が記述する（重力以外の）素粒子の保有する三つの相互作用の内で弱い相互作用のみを持つので，弱い相互作用の性質を探るのに最適の素粒子であると言える．1.3 節で述べたように，フェルミオンが質量を持つときには相対論の要請から，そのフェルミオンには必ず右巻き，左巻きの両方のカイラリティーの状態が共存する必要があり，その意味では，質量の存在は左右の対称性である P 対称性を保持すると言えなくもないが，特別な場合として質量ゼロのフェルミオンを考えると，この場合には右巻きか左巻きの一方のみのカイラリティーのフェルミオンの存在が許されることになり，従って（ちょうど左半分のハート型が線対称性を最大限に破るのと同様に）P 対称性が正に最大限に破られることが可能になる．フェルミはベータ崩壊のデータはニュートリノの質量がゼロであることと矛盾しないことを議論しているが，正にニュートリノの質量が仮にあったとしても非常に小さいという事実は P 対称性の最大限の破れと整合性の良いものなのである．

実際，標準模型では左巻きのニュートリノ ν_L のみが導入されている．標準模型構築の業績でノーベル物理学賞を受賞したアブダス・サラム（A. Salam）の言葉にあるように "ニュートリノを鏡に映しても何も見えない" のである．ただ，P 対称性が破れるとは言ってもニュートリノが右巻きのみとの可能性も残るが，ニュートリノが左巻きであることを実際に実験的に確かめたのはモーリス・ゴールドハーバー等による実験であった．彼らが用いたのは「電子捕獲反応」である．ある種の不安定な原子核は，近くの原子の軌道を回っている電子を捕獲し，その際にニュートリノを放出すると共に，原子核中の陽子が中性子に変わるのである．反応式で表すと

$$e^- + p \to \nu_e + n. \tag{2.12}$$

これは，(2.8) 式において $\bar{\nu}_e$ と e^+ を移項して得られ，従ってフェルミ理論で記述される過程の一つである．運動量および角運動量保存則により，電子捕獲後に飛び出すニュートリノ ν_e と，その反跳を受けて動き出す原子核の運動方

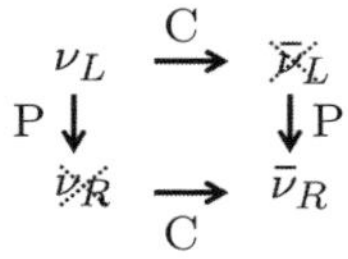

$$
\begin{array}{ccc}
\nu_L & \xrightarrow{\mathrm{C}} & \bar{\nu}_L \ (\times) \\
\mathrm{P}\downarrow & & \downarrow\mathrm{P} \\
\nu_R \ (\times) & \xrightarrow[\mathrm{C}]{} & \bar{\nu}_R
\end{array}
$$

図 2.4　左巻きニュートリノの C，P 変換．×印は存在しないことを表す．

向は逆になり，またそれらのスピンの向きも逆になるはずなので，要するに，反跳原子核のヘリシティー（運動量方向のスピン成分）を検出できれば，それがとりも直さずニュートリノのヘリシティー，つまりカイラリティーに他ならないことになる．こうして，アメリカのブルックヘブン国立研究所 (BNL) における様々な工夫を凝らした慎重な実験の結果，ニュートリノは左巻きであることが確かめられたのである．

さて，左巻きニュートリノ ν_L を表す場は複素場であり，そのためニュートリノ，反ニュートリノの区別があることを 1.6 節の最後の方で解説した．よって，場 ν_L は左巻きニュートリノの消滅を表すのみならず，右巻きの（左巻きではないことに注意）反ニュートリノ $\bar{\nu}_R$ の生成も表していることになる．つまり正確に言えば，標準模型に登場するのは，左巻きニュートリノと右巻き反ニュートリノということになる（右巻きニュートリノや左巻き反ニュートリノは存在しないと見なされている）．一方で，粒子を反粒子に変える変換を行うと ν_L は $\bar{\nu}_L$ に変換される：C 変換：$\nu_L \ \rightarrow \ \bar{\nu}_L$．実際には変換先の左巻き反ニュートリノ $\bar{\nu}_L$ が存在しないので，弱い相互作用では C 対称性も最大限に破れていることになる．

しかし，C 変換と P 変換の "掛け算"（続けて変換すること）である CP 変換を考えると ν_L は $\bar{\nu}_R$ に変換され，一方で $\bar{\nu}_R$ は上述のように存在しているので，CP 対称性（だけ）は残っているように思われる．こうした状況をまとめたのが図 2.4 である．実際には，弱い相互作用において，この CP 対称性さえもわずかながら（1000 分の 1 程度の確率で）破れていることが，やはり BNL での中性ストレンジ・ハドロン K_L（その場が K^0 と $\bar{K}^0$ の場の線形結合で表される長寿命の粒子）の 2 個のパイ中間子への崩壊の観測により発見されることになった．2008 年のノーベル物理学賞を受賞した小林誠，益川敏英両博士の研究業績は，このハドロンの世界での CP 対称性の破れを標準模型の枠内で説明するためには，3 世代のクォークが必要になることを発見したことであった．世代については後述するが，素粒子の世界では，電荷等の量子数が全く同じフェルミオンがコピーのように存在する．この繰り返し現れる構造を世代構造という．一つの世代は 2 個のフェルミオンのペアで構成される．**小林・益川理論**[2] が提唱された当時に存在が知られていたのは，u，d，s の三つのクォーク（言わば 1.5 世代分）のみであったことを考えると，3 世代模型の提唱というのがいかに大胆なものであったかが想像される．その後，c，b，t クォークが発見され，また，小林・益川理論特有の予言である，B ハドロン（b クォークを含むハドロン）のセクターでの大きな CP 非対称性が，日本の高エネルギー加速器研究機構 (KEK) やアメリカのスタンフォード線形加速器センター (SLAC) での “B ファクトリー実験”（大量の B ハドロンを生成し，その崩壊を観測する実験）にて確認されたこともあり，この 3 世代模型の正しさが最終的に確立したのである．

ニュートリノの属する「**レプトン（軽粒子）**」のセクターにおいても，電子と同じ量子数を持つミューオン μ とタウ τ が順次発見され，またそれらのパートナーのミュー・ニュートリノ ν_μ，タウ・ニュートリノ ν_τ（例えば標的や検出器にぶつけた時に，電子ではなく μ や τ が生成されるような，ν_e とは別種のニュートリノ）の存在も実験的に順次確認されるに至って，3 世代の構造が確認された．このように，ニュートリノに深く関わるいくつもの重要な発見によって素粒子物理学は進歩し，大きな成功を収めている素粒子の「標準模型」が完成したのである．

2.6 素粒子とその標準模型の概説

ここまで，パウリによるニュートリノ仮説の提唱から始まって，ニュートリノに関わるいくつかの主要な発見について，その歴史に沿って説明すると共に，それが素粒子物理学，特に素粒子の「**標準模型**」の発展と確立にいかに重要な寄与をしたかについて述べてきた．この節では，これまでの各節での解説のまとめという意味合いも込め，現在我々は素粒子の世界をどのように理解し，また素粒子の（重力以外の）三つの相互作用を見事に説明する素粒子の標準模型とはどのようなものか，について再度ごく簡単にその概要を述べたいと思う．なお，ここでの標準模型に関する説明はとても十分なものとは言えない．標準模型についての，もう少しきちんとした解説を付録 A で行っているので，必要に応じそちらも参照して頂きたい．

そもそも素粒子とは何かと言えば，この世界（宇宙）の全ての物質を構成している最も基本的でそれ以上分割できない粒子のことである．身の回りには水素，酸素，等，数多くの元素が存在するが，元素による性質の違いは，それぞれに対応する原子の違いに起因する．原子は核子（陽子や中性子）から構成される原子核と，その周りを周回する電子よりなり，電子は素粒子であるが，陽子 (p)，中性子 (n) は，いずれも u（アップ）クォーク，d（ダウン）クォークが 3 個結合した複合粒子である (p: uud, n: udd)．なお，**クォーク（quark）**は 1964 年にゲルマン (Gell-Mann) とツバイク (Zweig) によって理論的に導入されたもので（その意味では，パウリによるニュートリノの導入と似た経緯とも言えるかもしれない），核子と同様にスピンが $\frac{1}{2}$ のフェルミオンである．つまり身の回りの全ての物質は u，d クォークと電子という，たった 3 種類の素粒子だけで構成されていることになる．身の回りに存在する素粒子という意味では，この他に，前節までで詳しく解説したように電子ニュートリノ等のニュートリノも，原子の構成員ではないものの，原子核のベータ崩壊や，あるいは太陽中心部での核融合の際に放出される“太陽ニュートリノ”等を起源として数多く存在する．

ベータ崩壊の際は，(2.2) 式や図 2.1 に見られるように，u，d クォークはペアで参加するので，これらを (u,d)（標準模型では縦ベクトルで表現する）のような“2 重項”（doublet，ゲージ群 SU(2) の基本表現でもある）として表すが，**レプトン**のセクターでも同様に電子 e^- と電子ニュートリノ ν_e がペアでベータ崩壊に参加するので (ν_e, e^-) という 2 重項で表すことにする（と言うより，弱い相互作用において電子のパートナーとして現れるので電子ニュートリノと呼ばれるのである）．身の回りの全ての物質は，こうしたクォークやレプトンと呼ばれるフェルミオンで構成されている，というわけである（宇宙には，こうした通常の物質を構成する素粒子の他に“**暗黒物質 (dark matter)**”も存在すると言われているが）．

素粒子の間に働く相互作用には 4 種類あり，我々になじみの深い重力相互作用，電磁相互作用，それと原子核の内部といった非常に狭い範囲で作用する強い相互作用，弱い相互作用である．弱い相互作用は，前節までで議論したベータ崩壊や K 中間子（ストレンジ・ハドロン）の崩壊等を引き起こすものである．強い相互作用は，元々は核力と呼ばれたもので，電磁気力に打ち勝って核子を原子核内に強く結合させるものとして認識されていたが（湯川博士が提唱したパイ中間子は，正にこの核力を媒介する粒子である），現在の理解では，強い相互作用はゲージ理論（正確にはヤン・ミルズ理論）である「**量子色力学 (quantum chromodynamics, QCD)**」により記述され，強い相互作用はグルーオンという 8 個のゲージ・ボソンにより媒介されると思われている．この相互作用によりクォークや反クォークは互いに強く結合し，核子や中間子といった複合粒子（それらを一般に，強い相互作用をする粒子との意味でハドロンと呼び，一方で強い相互作用を持たない素粒子をレプトンと呼ぶのである）を構成するのである．

さて，ここまで頻繁に言葉が登場してきている素粒子の「**標準模型**」(standard model) と呼ばれる理論は，一言で言えば素粒子と，その間に働く 4 つの相互作用の内の重力相互作用を除く三つの相互作用，即ち**電磁相互作用，強い相互作用，弱い相互作用**を記述する理論である．重力は日常生活では非常に重要な力であり，これが含まれないのは意外な感じがするが，実は素粒子の世界では重力は，電磁相互作用に比べ極端に微弱なのである（日常のマクロの世界では，原子は電気的に中性でその間に働く電磁気力は微弱であるのに対し，重力は常に引力のみなので，塵も積もれば山となる，の例えのごとく重要な力となるのである）．また，重力相互作用はアインシュタインの一般相対論で記述され時空の局所的対称性（一般座標変換の下での不変性）に基づくものなので，1.6 節で説明したようなゲージ対称性に基づいて導かれる他の三つの相互作用とは（局所的対称性に基づくという意味では共通する部分があるものの）質的に異なるのである．また，こうした違いが起因して，一般相対論を量子化しようとすると，QED あるいはヤン・ミルズ理論の場合のような繰り込みの処方では処理できない無限大（“紫外発散”）が生じてしまう，つまり量子論的な重力理論は繰り込み可能でない，という困難が生じる．というわけで，標準模型においては，重力相互作用は除外されているのである．

標準模型に含まれる素粒子としては，物質を構成するクォーク，レプトンの他に，素粒子間の三つの相互作用を媒介するゲージ・ボソン（1.6 節を参照）である光子 γ（電磁相互作用），$W^{\pm}$，Z（弱い相互作用）および 8 個のグルーオン g^a ($a = 1\sim8$)（強い相互作用）がある．$W^{\pm}$，Z は **“弱ゲージ・ボソン”** とも呼ばれる．これらのゲージ・ボソンはいずれもスピン 1 を持ち，物質を構成し，半整数のスピンを持つフェルミオンであるクォークやレプトンとは違い（名前の通り）ボソンである．なお，標準模型には含まれないが，重力相互作用を媒介するのは重力子である．更に，標準理論には，全ての素粒子（自分自身を含め）に質量を与える重要な役目を果たす**ヒッグス・ボソン（Higgs boson）**も素粒子として含まれる．この粒子だけがスピンを持たない “スカラー粒子” であり，2008 年にノーベル物理学賞を受賞した南部陽一郎博士の業績である **“ゲージ対称性の自発的破れ”** の機構を具現化するために理論に導入されたのである．逆に言えば，理論の出発点ではゲージ不変性のために全ての素粒子は質量を持たないことになる．詳しくは付録 A を参照されたし．

物質を構成するクォーク，レプトンに話を戻すと，上述のように身の周りの物質を構成するのは，以下の 2 重項である：

$$\begin{pmatrix} u \\ d \end{pmatrix}, \quad \begin{pmatrix} \nu_e \\ e \end{pmatrix}. \tag{2.13}$$

このように 2 重項の形で示すのは，ベータ崩壊のような弱い相互作用においてペアとなって参加することを表すためであるが，正確にはベータ崩壊に関わるクォーク，レプトンは全て “左巻き” の状態であり，そのためにパリティー (P) 対称性が最大限に破れるのであった．というわけで，(2.13) では，正確にはベクトルの右下に左巻きであることを表す L を添付することになっている（付録 A を参照のこと）．因みに，右巻きのフェルミオンはいずれもベータ崩壊に参加せず 2 重項を成さないので単独で存在する（1 重項）：クォークについては，u_R，d_R，レプトンについては e_R．なお，標準模型ではニュートリノは質量を持たないフェルミオンと見なされ，従って右巻きのニュートリノは導入されていないことに注意しよう．ただし，比較的最近日本で行われた**スーパー・カミオカンデ実験**でその存在が確かなものになった「**ニュートリノ振動**」はニュートリノ質量の 2 乗差，従ってニュートリノの質量の存在を必要とするため（次節を参照），標準模型は変更を迫られる状況となっている．

ところで，実はクォーク，レプトンは (2.13) に示したものに留まらないのである．すなわち，(2.13) に示したものと全く同じ量子数（電荷等）を持ったフェルミオンがコピーのように更に 2 セット存在することが分かっている．この事実を，クォーク，レプトンには三つの “世代” が存在する，というように表現する．我々の身の回りの全ての物質を構成する (2.13) のクォーク，レプトンは，**3 世代**の内で最も軽い（質量の小さい）第 1 世代に属するのである．つまり，世代というのは唯一質量の違いによって区別され，1，2，3 と世代が上がるに連れて質量が大きくなる．

実は，当初標準模型がワインバーグ (S. Weinberg) とサラム (A. Salam) によって提唱されたときには，クォークとして考えると u，d，s という三つのクォークのみが理論に導入されていたことになる．言わば 1.5 世代分のみが存在していたことになる．その後，**フレーバーを変える中性カレント (Flavor Changing Neutral Current, FCNC) 過程**と呼ばれる素粒子反応の確率が非常に小さいことを自然に説明する目的でチャーム・クォーク c がグラショウ・イリオプーロス・マイアニ (Glashow-Iliopoulos-Maiani) によって理論的に導入され，1974 年の実験でこのクォークからなるハドロンが発見されたことで（11 月革命と呼ばれた），2 世代模型が完成した．更にその後，2.5 節で述べたように，小林・益川両博士により，CP 対称性の破れを説明するためには 3 世代以上のクォークが必要とされることが理論的に明らかにされ[2]，第 3 世代のトップ・クォークおよびボトム・クォーク (t，b) が導入されて，現在の形の 3 世代を持った素粒子の標準模型が完成したのである．

標準模型に含まれる 3 世代のクォーク，レプトンをまとめると以下のようになる（簡単のために左巻きの 2 重項のみを表示している．また，左巻きを示すために添字 L を加えている）：

$$\text{クォーク：}\quad \begin{pmatrix} u \\ d \end{pmatrix}_L, \begin{pmatrix} c \\ s \end{pmatrix}_L, \begin{pmatrix} t \\ b \end{pmatrix}_L; \tag{2.14}$$

$$\text{レプトン：}\quad \begin{pmatrix} \nu_e \\ e \end{pmatrix}_L, \begin{pmatrix} \nu_\mu \\ \mu \end{pmatrix}_L, \begin{pmatrix} \nu_\tau \\ \tau \end{pmatrix}_L. \tag{2.15}$$

三つの相互作用について少しコメントしよう．そもそも強い相互作用，弱い相互作用という呼び方は，電磁相互作用に比べてずっと強い，弱いという意味であるが，実は標準模型は「**電弱統一理論** (unified electro-weak theory)」という側面を持っている．一見強さが大きく異なる電磁相互作用と弱い相互作用を統一的に扱うことのできる理論，ということである．なぜそのようなことが可能なのであろうか．力の到達距離を考えても両者には大きな違いがある．電磁相互作用はクーロン力のように遠方まで届く遠距離力であるのに対し，弱い相互作用は原子核のサイズよりはるかに小さな領域でのみ働き，2.2 節で述べたように，フェルミは，ベータ崩壊は一点でのみ働く “接触相互作用”（到達距離ゼロ）により生じるとさえ考えた．実際には標準模型では 2.2 節で述べたように（図 2.1 も参照），ベータ崩壊は弱ゲージ・ボソン $W^{\pm}$ が，電磁相互作用における光子のように力を媒介することで起きるのであるが，光子は質量を持たず（当然）光速度で走るのに対して，W はゲージ対称性の自発的破れの帰結として 80 GeV 程度の大きな質量を持ち，そのために力の及ぶ範囲が非常に狭くなるのである（量子力学の不確定性原理を用いると，到達距離は W の質量に反比例する）．しかし，$W^{\pm}$（や Z）の質量も大きいとは言え有限ではあるので，それより高いエネルギー領域では，直感的に言えば，これらのゲージ・ボソンの質量は近似的に無視できることになり，従って質量の無い光子と同様の性質を示すことが期待される．つまり，高エネルギーの世界では本来の理論の持つゲージ対称性（実際には $\mathrm{SU}(2)_L \times \mathrm{U}(1)_Y$）が回復し，電磁相互作用と弱い相互作用の統一的記述が可能になるのである．この辺についても詳しくは付録 A を参照されたい．

強い相互作用についても少しコメントしよう．弱い相互作用の場合と違い強い相互作用を媒介するゲージ・ボソンであるグルーオンそのものに関しては，強い相互作用を記述するゲージ対称性 $\mathrm{SU}(3)_c$ は自発的に破れることがないために質量を持つことはない．すると質量ゼロの光子によって媒介される電磁相互作用の場合と同様に，強い相互作用も一見遠距離力になりそうである．ではなぜ強い相互作用は，原子核の中だけで働くような短距離力になり得るのであろうか．その鍵を握るのは，強い相互作用を生み出すゲージ対称性 SU(3) が非アーベル（非可換）群（1.5 節を参照）である，という事実である．電磁相互作用の理論である QED は U(1) というゲージ対称性を持つ理論であるが，U(1) は可換群であり，この違いが決定的なのである．

非可換群のゲージ対称性を持った理論である**ヤン・ミルズ理論**の著しい特徴として，エネルギーが大きくなるにつれて相互作用が次第に弱くなるという，「**漸近自由性** (asymptotic freedom)」と呼ばれる性質を持つことが知られている．これは QED の場合とは正反対の特性で，見方を変えれば，エネルギーが小さくなると相互作用が非常に強くなることを意味する（強い相互作用と呼ばれるゆえん）．このため，グルーオンの交換によって束縛されているクォークは，陽子といったハドロンのサイズ程度の小さな領域に "**幽閉** (confinement)" されてしまい，クォーク（やグルーオン）を単独に取り出すことができなくなることが理論的に議論されている．10 eV 程度のエネルギーを与えれば，電磁気力で束縛されている水素原子から電子をはがして容易に水素イオン H^+ を作ることができるのとは対照的である．例えば π^+ は u クォークと反 d クォークの束縛状態であるが (π^+ : $u\bar{d}$)，u と $\bar{d}$ を無理やり引き離そうとしても，その間に新たにクォークと反クォークのペアが生まれるだけで，決してクォーク，反クォークを単独で取り出すことはできないと思われている．こうして，結果的に強い相互作用の及ぶ範囲が短距離になると考えられているのである．強い相互作用も標準模型に含まれているが，他の二つの統一的に扱われる相互作用（電磁相互作用と弱い相互作用）とは独立している傾向が強いので，別個に扱われることも多い．これら三つの相互作用を真に統一する理論としては，**大統一理論 (Grand Unified Theory, GUT)** と呼ばれる理論がある．この理論は，標準模型に従えば絶対的に安定な粒子である陽子が（非常に長い寿命ながら）崩壊するという劇的な予言をする．実はノーベル物理学賞を受賞した小柴昌俊博士がカミオカンデ実験を創始した当初の目的は，この核子崩壊を検証することであったようである．Kamiokande 実験の Kamioka は神岡という地名を表すが，nde は nucleon decay experiment を表していたようである（現在では，neutrino detection experiment の頭文字を並べたもの，との解釈も可能のようであるが）．余談である．

2.7 フレーバー混合とニュートリノ振動の概説

この章の最後に，この本の主たる話題の一つである「**ニュートリノ振動**」について，その機構の本質的な部分について簡単に説明したい．前節でも少し言及しているが，この現象はニュートリノに質量が存在しないと起きないので（正確には，ニュートリノが質量を持たなくても磁気モーメントを持っていれば，磁場中でニュートリノ振動と同様の現象が生じ得るが），左巻きニュートリノのみを導入しニュートリノは質量を持てないとしている標準模型とは相容れない現象である．よって，既に前節で述べたように，**スーパー・カミオカンデ実験**でニュートリノ振動の存在が確実なものになったことは，初めて明確な実験データにより標準模型の変更を迫るものという意味でも大変重要な意味を持つものであった．

直感的な言い方をすれば，ニュートリノ振動は波動で学ぶ「**うなり** (beat)」と同様の量子力学的な現象と解釈でき，ちょうどうなりが，わずかに異なる振動数を持つ音の間の干渉で起きるように，以下で解説するように，ニュートリノ振動が起きるためには 3 世代のニュートリノの間の質量の差（実際には質量の 2 乗差）を必要とする．しかし，これは必要条件であって十分ではない．ニュートリノ振動が起きるためにはレプトン・セクターでの**フレーバー混合**（flavor mixing．世代間混合とも言われる）も必要なのである．そもそもニュートリノ振動とは空間を直進するニュートリノのフレーバーが変わる $\nu_e \to \nu_\mu$ といった現象なので（“振動” と呼ばれるのは，その遷移の確率が時間と共に振動的に変化するからである），フレーバー混合が必要条件となるのは当たり前とも言える．質量の差が必要な理由については，ニュートリノが質量を持ったとしても，仮に 3 世代のニュートリノの質量が全て同じである（“縮退している”）とすると，本来フレーバー（世代）を区別する質量差が無いのであるから，形式的に世代間混合を導入したとしても物理的には混合が無い状況と区別が付かず，従ってニュートリノ振動は起きない，というように理解することができる．

さて，フレーバー（世代）が混ざる現象はクォーク・セクターにおいては古くから知られていた．実際 2.4 節の τ-θ パズルに関する議論で登場した $K^+ \to \pi^+\pi^0$ という弱い相互作用による崩壊では，始状態 K^+ には第 2 世代のストレンジ・クォーク s（正確には，その反クォークである $\bar{s}$）が含まれる一方で，終状態に表れる二つのパイ中間子はいずれも第 1 世代の u，d クォークのみを含んでいる．つまりこの崩壊では世代の変化が起きており，三つの世代が互いに独立でその間に混合がなければ決してこのような現象は起きない．話を簡単にし本質を明らかにするために，この節では第 1，第 2 世代のみからなる「2 世代模型」を用いて議論する（現実的な 3 世代模型におけるフレーバー混合については付録 A の A.6 節を参照されたし）．

$K^+ \to \pi^+\pi^0$ の代わりに $K^- \to \pi^-\pi^0$ という弱い相互作用による崩壊を考えると．これはベータ崩壊と同様の現象ではあるが，ここでは s クォークが，2 重項のパートナーである c クォークにではなく，第 1 世代の u クォークに変化（遷移）した（$s \to u$）のだと解釈できる．つまり，u クォークの 2 重項のパートナーは純粋にベータ崩壊の時の d クォークのみというのではなく，s クォークの状態も混じっているということになる．より正確に言えば，2 世代模型の場合のクォーク・セクターは，(2.14) を少し変更した

$$\begin{pmatrix} u \\ d^0 \end{pmatrix}_L, \quad \begin{pmatrix} c \\ s^0 \end{pmatrix}_L, \tag{2.16}$$

と書け，ここで d^0，s^0 はそれぞれ u，c クォークの（2 重項における）パートナーで“弱固有状態”（ベータ崩壊のような弱相互作用に参加する状態）と呼ばれるが，これらは，確定した質量を持ち我々が d，s クォークと称する，フレーバーの確定した“質量固有状態”とは一致せず，これらが混ざった状態になっているのである．具体的には，d^0，s^0 の場は，それぞれが d，s の場の（互いに独立な）線形結合で表される：より正確には，回転行列（直交行列）を用いて

$$\begin{pmatrix} d^0 \\ s^0 \end{pmatrix} = \begin{pmatrix} \cos\theta_C & \sin\theta_C \\ -\sin\theta_C & \cos\theta_C \end{pmatrix} \begin{pmatrix} d \\ s \end{pmatrix} \tag{2.17}$$

のように表される．ここで θ_C は最初に 2 世代模型における世代間混合を議論したキャビボ（N. Cabibbo）の名前をとって**キャビボ角** (Cabibbo angle) と呼ばれる．この変換は，ちょうど 2 次元平面上の座標軸（基底）の回転を表す直交変換と同様である（図 2.5 参照）．

d，s も d^0，s^0 もそれぞれ規格直交系を成す基底ベクトルに対応するので，正しく規格化され互いに独立な量子場を表すことになる．なお，量子力学で学ぶように，クォークを表す場は複素場なので，一般的な基底の変換は (2.17) のような直交変換ではなくユニタリー変換であり，実際，小林・益川の 3 世代模

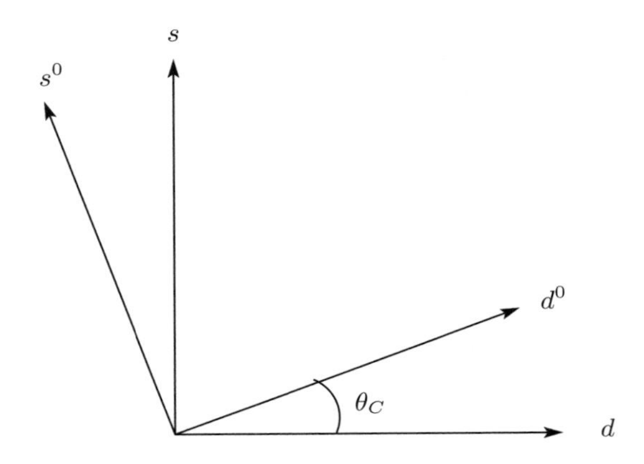

図 2.5　弱固有状態と質量固有状態の間の基底の変換.

型の場合には 3×3 のユニタリー行列（小林・益川行列）による変換に置き換わる．この行列に現れる位相因子が正に CP 対称性の破れを引き起こすのである[2]．しかし，2 世代模型の場合には，小林・益川両博士が正に指摘したように位相因子は物理的な意味を成さないので，ここで用いているような直交行列で十分である．

さて，標準模型では，ニュートリノの質量が全てゼロで縮退しているために上述の理由により世代間混合が物理的に意味をなさないので，レプトン・セクターでの世代間混合を考えることはしない．しかし，スーパー・カミオカンデ実験などによってニュートリノ振動の存在が確立し，ニュートリノに質量が存在することが確実になったため，レプトン・セクターにおいてもクォーク・セクターの場合と同様のフレーバー（世代間）混合を考える必要が出てきた．2 世代模型では，まず

$$\begin{pmatrix} \nu_e \\ e \end{pmatrix}_L, \begin{pmatrix} \nu_\mu \\ \mu \end{pmatrix}_L, \tag{2.18}$$

と 2 重項は (2.15) と同様に書かれるが，この ν_e，ν_μ（簡単のため，ここでは L の添字は無視する）は，ベータ崩壊で生成されるような，弱い相互作用に関与する弱固有状態である．一方，ニュートリノの質量固有状態は弱固有状態とは独立で ν_1，ν_2 と書かれ，(2.17) と同様な直交変換で弱固有状態と関係づけられる（キャビボ角に当たる角を単に θ と書こう）：

$$\begin{pmatrix} \nu_e \\ \nu_\mu \end{pmatrix} = \begin{pmatrix} \cos\theta & \sin\theta \\ -\sin\theta & \cos\theta \end{pmatrix} \begin{pmatrix} \nu_1 \\ \nu_2 \end{pmatrix}. \tag{2.19}$$

ν_1，ν_2 の質量（固有値）を m_1，m_2 とする．

いよいよ，$m_1 \neq m_2$ また $\theta \neq 0$ という条件が満たされた場合にニュートリノ振動が起きることを議論しよう．(2.19) より任意の時刻 t における ν_e の波動関数を（量子力学のブラ・ケット記法にならい）$|\nu_e(t)\rangle$ と書くと，これは質

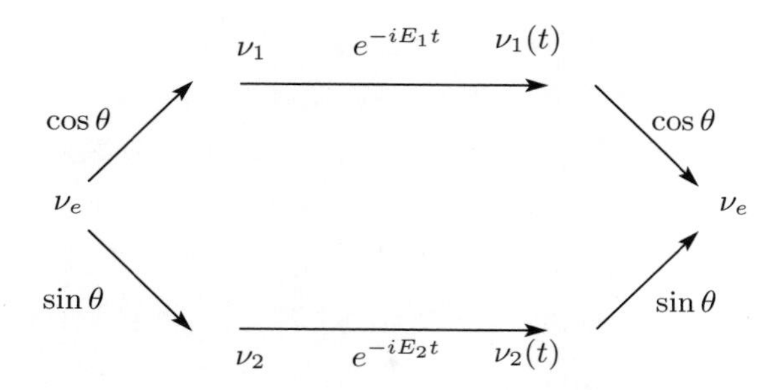

図 2.6　ν_e の "生き残り" 確率振幅の概念図.

量固有状態の波動関数 $|\nu_{1,2}(t)\rangle$ を用いて

$$|\nu_e(t)\rangle = \cos\theta|\nu_1(t)\rangle + \sin\theta|\nu_2(t)\rangle \tag{2.20}$$

のように $\nu_{1,2}$ の物質波の重ね合わせで書かれる．$t = 0$ で ν_e が弱い相互作用で生成されたとし，$t = 0$ の時の波動関数を単に $|\nu_e\rangle$ などと書くことにすると，生成された時の ν_e の波動関数は

$$|\nu_e\rangle = \cos\theta|\nu_1\rangle + \sin\theta|\nu_2\rangle \tag{2.21}$$

と書ける．さて，$\nu_{1,2}$ の運動量 $\vec{p}$ が同一であるとして物質波の波長をそろえたとしても，それらの質量が異なる（$m_1 \neq m_2$）ために $\nu_{1,2}$ のエネルギー $E_{1,2}$ には差が生じ，従って物質波の振動数に差異が生じる．よって，それらが重ね合わさると互いに干渉して「うなり」と同様の現象が生じるのである．式を用いてこれを確かめよう．(2.20) において，質量，従ってエネルギーの確定した $|\nu_{1,2}(t)\rangle$ の時間発展は

$$|\nu_{1,2}(t)\rangle = \mathrm{e}^{-iE_{1,2}t}|\nu_{1,2}\rangle \tag{2.22}$$

で与えられる．これを (2.20) に代入し，時刻 t において最初と同じ ν_e の状態にある確率振幅 $\langle\nu_e|\nu_e(t)\rangle$ を求めると

$$\begin{aligned}\langle\nu_e|\nu_e(t)\rangle &= (\cos\theta\langle\nu_1| + \sin\theta\langle\nu_2|)(\cos\theta\ \mathrm{e}^{-iE_1t}|\nu_1\rangle + \sin\theta\ \mathrm{e}^{-iE_2t}|\nu_2\rangle) \\ &= \cos^2\theta\ \mathrm{e}^{-iE_1t} + \sin^2\theta\ \mathrm{e}^{-iE_2t}\end{aligned} \tag{2.23}$$

となる．この手続きは図 2.6 を見ると視覚的，直感的に理解しやすいかも知れない．よって ν_e として生成されたニュートリノが時刻 t においても最初と同じ ν_e の状態にある確率 $P(\nu_e \to \nu_e)$（"**生き残り確率** (survival probability)" と呼ばれたりする）は

$$\begin{aligned}P(\nu_e \to \nu_e) &= |\langle\nu_e|\nu_e(t)\rangle|^2 \\ &= \cos^4\theta + \sin^4\theta + 2\cos^2\theta\sin^2\theta\cos\{(E_2 - E_1)t\} \\ &= 1 - \sin^2(2\theta)\sin^2\left(\frac{E_2 - E_1}{2}t\right)\end{aligned} \tag{2.24}$$

で与えられる．予想したように $\sin^2(\frac{E_2-E_1}{2}t)$ の項により，確率は $\frac{E_2-E_1}{2\pi}$，すなわち $\nu_{1,2}$ の物質波の振動数の差により振動することが分かる．「うなり」と同じ物理的現象である．なお，以上の議論では波動関数の空間座標依存性は無視しているが，例えば x 軸に沿ってニュートリノが運動する場合には，波動関数に $\nu_{1,2}$ に共通する位相因子 $e^{ip_x x}$ が加わるが，これは $|\nu_e(t)\rangle$ において全体的な位相因子となるだけなので，生き残り確率の計算には関係しない．

よく目にする表式は，更に，ニュートリノの質量が小さいとして $m_{1,2}^2 \ll p^2$ の場合の近似 $E_{1,2} = \sqrt{p^2 + m_{1,2}^2} \simeq p + \frac{m_{1,2}^2}{2p} \simeq p + \frac{m_{1,2}^2}{2E}$（$E_{1,2}$ はわずかに違うだけで，ほぼ p と考えてよいので，p をニュートリノが持つエネルギー E で置き換えた）を用いて

$$P(\nu_e \to \nu_e) = 1 - \sin^2 2\theta \sin^2\left(\frac{\Delta m^2}{4E}t\right) \tag{2.25}$$

としたものである．ここで $\Delta m^2 \equiv m_2^2 - m_1^2$ はニュートリノ質量の 2 乗差である．

同様に考えると，ν_e として生成されたニュートリノが時刻 t において ν_μ に遷移している確率 $P(\nu_e \to \nu_\mu)$ は

$$P(\nu_e \to \nu_\mu) = \sin^2 2\theta \sin^2\left(\frac{\Delta m^2}{4E}t\right) \tag{2.26}$$

で与えられることが分かる．これは図 2.6 を参考に上と同様な具体的計算で導出できるが，確率保存の式 $P(\nu_e \to \nu_e) + P(\nu_e \to \nu_\mu) = 1$（時間が経っても ν_e か ν_μ のいずれかの状態には確率 1 で存在するということ）を用いると (2.25) より直ちに導かれる．

第 3 章
ニュートリノのタイプと小さなニュートリノ質量のモデル

前章，特に 2.7 で述べたように，スーパー・カミオカンデ実験等で発見された「ニュートリノ振動」を説明するには，ニュートリノ質量が縮退していないことが必要条件になる．それはすなわちニュートリノが質量を持つことを意味し，ニュートリノは質量を持てないとする，確立した素粒子の理論である「標準模型」の，少なくともレプトン・セクターの変更を迫るものである．標準模型については，理論的観点からもヒッグス粒子にまつわる「階層性問題」といった問題点が指摘されていて，それを解決すべく「**標準模型を超える物理** (physics beyond the standard model (BSM))」と呼ばれる標準模型を包含する新しいタイプの理論が色々と提唱されている（例えば，超対称理論や余剰次元を持った高次元理論，等）．更に，宇宙論的，天文学的な観測事実から結論付けられた，暗黒物資（ダーク・マター）や暗黒エネルギー（ダーク・エネルギー）の存在を標準模型では説明できないという問題も存在するが，ニュートリノ振動の発見のように，素粒子実験のデータから明確な形で標準模型の変更が必要とされるのは初めてであり，重大な意味を持つ．

この章では，こうした観点に立ち，**ニュートリノ質量**とそれによって引き起こされる**ニュートリノ振動**について議論する．ニュートリノ質量に関しては，特にニュートリノは電気的に中性であるがために電子が持つような通常のディラック型の質量に加えて，マヨラナ型の質量（後述）を持つことが可能になるという特殊事情が存在するために，ニュートリノのフェルミオンとしてのタイプにはいくつかの可能性がある．どのようなタイプがあり得るか，また，ニュートリノが他の荷電フェルミオンに比べて極端に軽いという事実を自然に説明できる機構はあるのか，更に，それを実現する標準模型を超える理論とはどのような理論か，といった点に注目しながら考察して行くことにする．

3.1 スピノールの2成分表示と可能なスピノールのタイプ

素粒子理論は1.1節で簡単に説明した場の量子論を用いて記述されるが，そうした理論のひな型（ゲージ理論のひな型でもあるが）とも言える，電子と光子の電磁相互作用に関する理論である量子電磁力学 (QED) では，物質であるスピン1/2の電子を記述する場（相対論的な波動関数と考えてもよい）は4成分の複素ベクトルである**ディラック・スピノール**である．4成分で表されるのは，スピンの上下（アップ・ダウン）の二つの自由度，それに粒子・反粒子の二つの自由度を区別することに対応する $(4 = 2 \times 2)$．電磁相互作用はパリティー (P) 対称性を有するので，電子の右巻き，左巻きの状態が対等に存在する必要がある．また電子は質量を持つことから，1.3節で述べたように，相対論的要請により両方のカイラリティーが必要とされるので，電子を記述するのに4成分のスピノールが用いられるのはもっともなことである．ディラック・スピノールで記述されるフェルミオンは**ディラック・フェルミオン**と呼ばれ，電子がその典型である．

しかし，2.4，2.6節で説明したように，実際には標準模型においては弱い相互作用の存在によりP対称性は大きく破れており，また自発的対称性の破れが起きる前のフェルミオンは質量を持てないので，理論の出発点においては，ニュートリノに限らず全てフェルミオン（クォークとレプトン）は，右巻き，左巻きの状態に分かれて独立に導入される．そもそも，左右のフェルミオンでゲージ群の表現が異なるので，別々にせざるを得ないのである（付録Aの標準模型に関する解説を参照)．右巻き，左巻きのフェルミオン（**ワイル・フェルミオン**と呼ばれる）は，それぞれ独立な成分が2個のスピノール（**ワイル・スピノール**）で表され，フェルミオンが質量を持つ段階で，左右のカイラリティーのフェルミオンがパートナー（カイラル・パートナーと呼ばれる）として一緒になり，4成分のディラック・スピノールを持つディラック・フェルミオンが最終的に構成される，と考えるのである．ただし，質量を持たないとされるニュートリノについては，標準模型では左巻きの状態 ν_L のみが理論に存在する（カイラル・パートナーが存在しない)．

そうしたことを踏まえ，この節では，少し技術的な話と言えなくもないが，ニュートリノを記述する際に，特に，可能ないくつかのニュートリノのタイプのそれぞれの特徴を明確にする際に有用なスピノールの2成分表示（2成分は上述のワイル・スピノールの自由度に対応）について解説する．なお，フェルミオンの2成分表示はBSM理論としてよく議論される「超対称理論」を記述する際にも用いられることがある．この理論でもカイラリティーが重要な役割を演じるからである．

ここで，質量がゼロのフェルミオンの場合には，右巻き，左巻きの状態，即ちヘリシティー（運動量方向のスピン成分）が $\pm\frac{1}{2}$ の状態は γ_5 の固有状態（固

有値は ± 1）であることに注意しよう．例題 3.1 を参照されたい．

> **例題 3.1**　質量ゼロのフェルミオンに関しては，ヘリシティーの確定した状態，即ち右巻き，左巻きの状態は γ_5 の固有状態と一致することを示しなさい．

解　まず，質量 m のフェルミオンに関するディラック方程式は $(i\partial\!\!\!/ - m)\psi = 0$（$\psi$: ディラック・スピノール）であるが，4 元運動量 $p_\mu = (E, \vec{p})$ が確定した平面波の場合には，この方程式から運動量空間における方程式 $(p\!\!\!/ - m)\psi = 0$ が得られる．質量 m がゼロの特別な場合を考えると，この場合には $E = p\ (p = |\vec{p}|)$ なので，

$$p^i \gamma^i \psi = p\gamma^0 \psi \quad \to \quad \frac{p^i(\gamma^0\gamma^i)}{p}\psi = \psi \ \ (i = 1, 2, 3), \tag{3.1}$$

の関係が得られる．ここで，例えば $\gamma^0\gamma^3$ は γ_5 に $\gamma^1\gamma^2$ をかけたもので表すことができ，一方 $\gamma^1\gamma^2$ はスピン演算子の第 3 成分 S_3 に相当することに注意しよう．つまり，一般に $\gamma^0\gamma^i$ は $\gamma_5 S_i$ で書けそうであるが，実際 $\gamma_5 \equiv i\gamma^0\gamma^1\gamma^2\gamma^3$ より

$$\gamma^0\gamma^i = \gamma_5 \frac{i}{2}\epsilon^{ijk}\gamma^j\gamma^k = \gamma_5 \epsilon^{ijk}\Sigma^{jk} = 2\gamma_5 S_i \tag{3.2}$$

が言える．ここで $\Sigma^{jk} = \frac{i}{4}[\gamma^j, \gamma^k]$ は j–k 平面内の回転の生成子，また $\vec{S}$ はスピン演算子である．よって，(3.1) より

$$2\frac{p^i\gamma_5 S_i}{p}\psi = \psi \quad \to \quad 2\frac{p^i S_i}{p}\psi = \gamma_5\psi \tag{3.3}$$

が得られる．$\frac{p^i S_i}{p}$ はヘリシティーの演算子に他ならないので，ヘリシティーが $h = \pm\frac{1}{2}$ の固有状態は γ_5 の固有値が ± 1 の固有状態と一致することが分かる．　□

質量ゼロのときのヘリシティーが $\pm\frac{1}{2}$ の状態，つまり γ_5 の固有値が ± 1 の状態のフェルミオンを（カイラリティーが）右巻き，左巻きのワイル・フェルミオンと言う．その意味で，γ_5 は**カイラル演算子**とも呼ばれる．また，ワイル・フェルミオンの場であるワイル・スピノールを ψ_R，ψ_L のように表す：

$$\gamma_5\psi_R = \psi_R, \quad \gamma_5\psi_L = -\psi_L. \tag{3.4}$$

これらのワイル・フェルミオンは，1.3 で述べたようにローレンツ変換の下で互いに混合しないことに注意しよう．それは

$$[\gamma_5, \Sigma^{\mu\nu}] = 0 \tag{3.5}$$

からも容易に理解される．ここで $\Sigma^{\mu\nu} = \frac{i}{4}[\gamma^\mu, \gamma^\nu]$ はローレンツ変換の生成

子であり，(3.5) は，γ_5 が全てのガンマ行列 γ^μ と反可換であるという性質，$\gamma_5\gamma^\mu = -\gamma^\mu\gamma_5$ から直ちに導かれる．この関係式は，ローレンツ変換をしても γ_5 の固有値は変わらないことを意味している．

すなわち，ワイル・スピノール ψ_R，ψ_L は，それぞれが独立したローレンツ変換の既約表現を成し，従ってディラック・スピノールに比べより基本的なスピノールである，という言い方もできる．なお，この場合，ローレンツ変換は複素 2 成分ベクトルに関する変換の群 $SL(2,C)$ を成し，$\Sigma^{\mu\nu}$，正確にはその中の二つの 2×2 の部分行列が，それぞれ ψ_R，ψ_L に関する変換の生成子である．

別の見方をすると，質量を持つフェルミオンの場合には必然的に右巻きと左巻きのワイル・スピノール，ψ_R，ψ_L が混合することになる．実際，標準模型では，自発的対称性の破れの後 ψ_R，ψ_L は合体して $\psi_D = \psi_L + \psi_R$ という 4 つの独立な成分を持つディラック・スピノール ψ_D になり，

$$m_D\bar{\psi}_D\psi_D = m_D(\bar{\psi}_L\psi_R + \text{h.c.}) \tag{3.6}$$

と書かれる質量項を持つことになる（詳しくは付録 A の A.6 節を参照）．予想通り，右巻き，左巻きの状態が“カイラル・パートナー”として混合することが分かる．あるいは，質量項はカイラリティの変化（chirality flip と言ったりする）を引き起こすと言うこともできる．

では逆に，ディラック・スピノール ψ_D が与えられたとき，ψ_L，ψ_R をどのように抽出することができるか考えてみよう．ここで

$$R \equiv \frac{1+\gamma_5}{2},\quad L \equiv \frac{1-\gamma_5}{2} \quad \text{（1 は単位行列を表すものと理解する）} \tag{3.7}$$

を定義すると，(3.4) より，$R\psi_R = \psi_R$，$R\psi_L = 0$，また $L\psi_R = 0$，$L\psi_L = \psi_L$ が言えるので，R，L は，それぞれ右巻き，左巻きの状態のみを取り出す演算子，すなわち数学的には射影演算子と呼ばれるものになることが分かる．実際，これらは $R^2 = R$．$L^2 = L$，$RL = LR = 0$，$R + L = 1$ という射影演算子が満たすべき特徴を確かに備えている．つまり，ディラック・スピノール ψ_D から $\psi_{R,L}$ は，射影演算子を用いて

$$\psi_R = R\psi_D,\quad \psi_L = L\psi_D \tag{3.8}$$

のように抽出できることになる．

ワイル・スピノール $\psi_{R,L}$ がディラック・スピノール ψ_D の半分の力学的自由度を持つということは，これらは，4 成分ではなく 2 成分のスピノール（複素ベクトル）で表現できそうである．これを具体的に確かめてみよう．そのためには，次のような γ_5 が対角化されるような（つまり，右巻き，左巻きの状態が基底となるような）ガンマ行列の表現である“カイラル基底”を採用するのが便利である：

$$\gamma^\mu = \begin{pmatrix} 0 & \sigma^\mu \\ \bar{\sigma}^\mu & 0 \end{pmatrix}, \tag{3.9}$$

$$\sigma^\mu = (I, \sigma_i), \tag{3.10}$$

$$\bar{\sigma}^\mu = (I, -\sigma_i), \tag{3.11}$$

$$\gamma_5 = i\gamma^0\gamma^1\gamma^2\gamma^3 = \begin{pmatrix} -I & 0 \\ 0 & I \end{pmatrix}. \tag{3.12}$$

ここで，I は 2×2 の単位行列であり，また σ_i $(i = 1, 2, 3)$ は三つのパウリ行列である．期待したように，この基底では，例えば L は

$$L = \begin{pmatrix} I & 0 \\ 0 & 0 \end{pmatrix} \tag{3.13}$$

と対角化されるので，ψ_L は上 2 成分のみを持つスピノールになる．同様に ψ_R は下 2 成分のみを持つスピノールになる：

$$\psi_L = \begin{pmatrix} \eta_\alpha \\ 0 \end{pmatrix}, \tag{3.14}$$

$$\psi_R = \begin{pmatrix} 0 \\ \bar{\xi}^{\dot{\alpha}} \end{pmatrix} \quad (\alpha,\ \dot{\alpha} = 1, 2). \tag{3.15}$$

この基底ではローレンツ変換の生成子 $\Sigma^{\mu\nu}$ もブロック対角化された 2×2 行列を用いて以下のように表されるので，ローレンツ変換の下で $\psi_{L,R}$ は混合せず，それぞれが，群 $SL(2, C)$ の（異なる）既約表現を成すことも明白になる：

$$\Sigma^{\mu\nu} = \frac{i}{2}\begin{pmatrix} \sigma^{\mu\nu} & 0 \\ 0 & \bar{\sigma}^{\mu\nu} \end{pmatrix}, \tag{3.16}$$

$$\sigma^{\mu\nu} \equiv \sigma^\mu\bar{\sigma}^\nu,\ \ \bar{\sigma}^{\mu\nu} \equiv \bar{\sigma}^\mu\sigma^\nu \quad (\mu \neq \nu). \tag{3.17}$$

(3.14)，(3.15) において，左巻きと右巻きのワイル・スピノールに現れる η，$\bar{\xi}$ の添字は下付き，上付きという違いが在り，更にドット無し，ドット付きという点でも，またバーが付いていたりいなかったりという点でも異なるが，このバーから示唆されるように，これら二つの 2 成分スピノールは，粒子と反粒子を入れ替える C（荷電共役）変換の下で互いに入れ替わることを意味している．実際，(3.14) の C 変換を行うと ($C = i\gamma^0\gamma^2$)

$$(\psi_L)^c = C\bar{\psi}_L^t = -i\gamma^2(\psi_L)^* = \begin{pmatrix} 0 \\ \bar{\eta}^{\dot{\alpha}} \end{pmatrix}, \tag{3.18}$$

なので，確かに右巻きの状態に変化する．ここで，$\bar{\eta}_{\dot{\alpha}} \equiv (\eta_\alpha)^*$ でありドットおよびバーは複素共役を表す．つまり，$\psi_{L,R}$ を表す η，$\bar{\xi}$ は $SL(2, C)$ の基本表現とその反表現として振る舞うことが分かる．添字のドット無し，ドット付きはそうした表現の違いを表しているのである．

また $\overline{\eta}^{\dot{\alpha}} = \epsilon^{\dot{\alpha}\dot{\beta}}\overline{\eta}_{\dot{\beta}}$ で，$\epsilon^{\dot{\alpha}\dot{\beta}}$ は 2 階の完全反対称 (Levi-Civita) テンソル ($\epsilon^{12} = -\epsilon^{21} = 1$) であり，(3.18) の $-i\gamma^2$ に含まれる $i\sigma_2$ に対応している．この意味するところは，Levi-Civita テンソルが 2 成分スピノールに関する計量テンソルの役割を果たし，添字の上げ下げに用いることができる，ということである．実際，例えば任意の二つの左巻きスピノール η，χ の縮約をとってみると

$$\eta_\alpha \chi^\alpha = \epsilon^{\alpha\beta}\eta_\alpha \chi_\beta \tag{3.19}$$

は（$SL(2,C)$ の変換行列の行列式が 1 であることから）$SL(2,C)$ 変換の下で不変であり，従ってローレンツ変換の下で不変であることが分かる．この事情は，SU(2) において，基本表現である二つの 2 重項 (doublet) を反対称に組んだものが 1 重項，つまり SU(2) 不変量として振る舞う，ということと同様である．これは偶然ではなく，仮に時空がミンコフスキー的でなくユークリッド的であるとすると，ローレンツ変換は $SO(4) \simeq SU(2) \times SU(2)$ となり，二つの独立な SU(2) で記述できることと関係しているのであるが，ローレンツ群と SU(2) との関係については，ここではこれ以上は立ち入らない．

電子の場合のように，フェルミオンが質量を持つと左右の異なるカイラリティーを持つワイル・スピノールが互いのカイラル・パートナーとして，質量項を通じて必然的に混合するので（(3.6) 参照），これらを足し合わせてできる，4 成分全てを持ったディラック・スピノール ψ_D で理論を記述するのが便利である：

$$\psi_D = \psi_L + \psi_R = \begin{pmatrix} \eta_\alpha \\ \overline{\xi}^{\dot{\alpha}} \end{pmatrix}. \tag{3.20}$$

しかし，(3.18) から分かるように，C 変換でカイラリティーが変化するのであるから，ワイル・フェルミオンのカイラル・パートナーとして，独立なワイル・フェルミオンを導入しなくても，自分自身の反粒子で置き換えることも可能なはずである．つまり，(3.20) において $\eta = \xi$ として，ψ_L とその反粒子を足した

$$\psi_{M1} = \psi_L + (\psi_L)^c = \begin{pmatrix} \eta_\alpha \\ \overline{\eta}^{\dot{\alpha}} \end{pmatrix} \tag{3.21}$$

というスピノールを構成することが理論的に可能である．あるいは，ψ_R とその反粒子を足して

$$\psi_{M2} = \psi_R + (\psi_R)^c = \begin{pmatrix} \xi_\alpha \\ \overline{\xi}^{\dot{\alpha}} \end{pmatrix} \tag{3.22}$$

も考えられる．

非常に重要なことは，C 変換は P 変換と同様に 2 回施すと元に戻る

$((\psi^c)^c = \psi)$ ので，

$$(\psi_{M1,M2})^c = \psi_{M1,M2} \tag{3.23}$$

が言えることである．つまり，$\psi_{M1,M2}$ の反粒子は自分自身であり，光子と同様，粒子・反粒子の区別の無いフェルミオンを表していることになるのである．こうしたスピノールを**マヨラナ・スピノール** (Majorana spinor) と言い，それで記述されるフェルミオンを「**マヨラナ・フェルミオン** (Majorana fermion)」と呼ぶ．粒子，反粒子の区別が無いというのは，ボソンの場合で言えば光子あるいはパイ中間子 π^0 のような電荷を持たず実場で表される粒子に対応するので，マヨラナ・スピノールは言わば実数的スピノールであるとも言える（実際，ガンマ行列のある基底では，マヨラナ・スピノールは 4 成分の実ベクトルとなる）．

これに関連し，マヨラナ・スピノールは両方のカイラリティーを持つのでディラック・スピノール同様 4 成分のベクトルではあるが，独立な複素数で数えた自由度は 2 であり（$\psi_{M1,M2}$ のそれぞれは，η のみ，あるいは ξ のみで記述される），ワイル・フェルミオンの自由度と実は同じなのである．そのために，質量項の場合と違ってカイラリティーが混じり合わない（chirality flip の無い）運動項（$i\partial\!\!\!/$ を含んだ項）においては，カイラル・パートナーとの混合は起きないので，マヨラナ・スピノールとワイル・スピノールのどちらで運動項を書いても（係数に 2 倍の違いはあるが）本質的には同じである．また，ディラックは単にこれらの 2 倍の自由度を持つというだけなので，質量項が無ければ，これら三つのスピノールの間には，自由度の違いを除けば本質的な違いは存在しない（下の例題 3.2 を参照されたし）：

$$\overline{\psi}_D i\partial\!\!\!/ \psi_D = \overline{\psi}_R i\partial\!\!\!/ \psi_R + \overline{\psi}_L i\partial\!\!\!/ \psi_L = \frac{1}{2}(\overline{\psi}_{M1} i\partial\!\!\!/ \psi_{M1} + \overline{\psi}_{M2} i\partial\!\!\!/ \psi_{M2}). \tag{3.24}$$

例題 3.2　マヨラナ・フェルミオンの質量項とワイル・フェルミオンの質量項が同等であること，例えば $\frac{1}{2}\overline{\psi}_{M1} i\partial\!\!\!/ \psi_{M1} = \bar{\psi}_L i\partial\!\!\!/ \psi_L$ を示しなさい．また，質量を持たないフェルミオンの満たす，2 成分スピノール η，$\bar{\xi}$ に関する運動方程式（**ワイル方程式**と呼ばれる）を求めなさい．

解　まず，運動項 $\frac{1}{2}\overline{\psi}_{M1} i\partial\!\!\!/ \psi_{M1}$ $(\psi_{M1} = \psi_L + (\psi_L)^c)$ においてはカイラリティーの異なる項は混ざらないので $\frac{1}{2}\overline{\psi}_{M1} i\partial\!\!\!/ \psi_{M1} = \frac{1}{2}\{\bar{\psi}_L i\partial\!\!\!/ \psi_L + \overline{(\psi_L)^c} i\partial\!\!\!/ (\psi_L)^c\}$ となる．ここで，任意の二つのスピノール $\psi_{1,2}$ に関して $\overline{(\psi_1)^c} i\partial\!\!\!/ (\psi_2)^c = \bar{\psi}_2 i\partial\!\!\!/ \psi_1$ が成立することを用いると，$\overline{(\psi_L)^c} i\partial\!\!\!/ (\psi_L)^c = \bar{\psi}_L i\partial\!\!\!/ \psi_L$ が言えるので，結局 $\frac{1}{2}\overline{\psi}_{M1} i\partial\!\!\!/ \psi_{M1} = \bar{\psi}_L i\partial\!\!\!/ \psi_L$ となる．同様に $\frac{1}{2}\overline{\psi}_{M2} i\partial\!\!\!/ \psi_{M2} = \bar{\psi}_R i\partial\!\!\!/ \psi_R$ も言える．

次に，質量を持たないフェルミオンは質量項を持たないので，例えば (3.24) から $\overline{\psi}_R i\partial\!\!\!/ \psi_R + \overline{\psi}_L i\partial\!\!\!/ \psi_L$ をそのフェルミオンに関するラグランジアンとして用いて，$\overline{\psi}_R$，$\overline{\psi}_L$ に関する変分をとると，それぞれ $i\partial\!\!\!/\psi_R = 0$，$i\partial\!\!\!/\psi_L = 0$ という運動方程式が得られる．ここで ψ_R，ψ_L を (3.15)，(3.14) を用いて，それぞれ $\bar{\xi}$，η で表し，またガンマ行列として (3.9)，(3.10)，(3.11) の表示を用いると，これらの運動方程式は，次のような 2 成分スピノール η，$\bar{\xi}$ に関するワイル方程式を導くことが直ちに分かる：

$$i\sigma^\mu \partial_\mu \bar{\xi} = 0, \quad i\bar{\sigma}^\mu \partial_\mu \eta = 0. \tag{3.25}$$

□

しかしながら，質量を持つフェルミオンを想定し，chirality flip のある質量項を加えると，ディラック・フェルミオンとマヨラナ・フェルミオンの間には決定的な物理的違いが生じる．まず，電子の質量項のような通常のディラック・フェルミオンについての “**ディラック型質量項**” は

$$-m_D \overline{\psi}_D \psi_D = -m_D(\overline{\psi}_L \psi_R + \text{h.c.}) = m_D(\xi^\alpha \eta_\alpha + \text{h.c.}), \tag{3.26}$$

であり，質量項により混合するカイラル・パートナーは独立な二つのワイル・フェルミオン，ξ_α と η_α である．ここで**フェルミオン数** (fermion number) F という（電荷と同様に加算的な）量子数を導入しよう．クォークやレプトンといったフェルミオンには $F = 1$ を，その反粒子には（反粒子の電荷は符号が逆転することと同様に）$F = -1$ を付与する．あるいは，レプトンに限定した**レプトン数** L（レプトンは $L = 1$，その反粒子は $L = -1$ を，その他は $L = 0$ を持つ）を考えてもよい．（クォークの場合には，対応するものとしてクォーク 3 個で構成される陽子，中性子のようなバリオンの持つ**バリオン数** B がある．クォークは $B = \frac{1}{3}$ を，反クォークは $B = -\frac{1}{3}$ を持つと考える．）すると，(3.26) の質量項の第 1 項は，場の量子場的に考えると ξ と η で表されるワイル・フェルミオンが共に消滅する作用を持つと考えられるので（その意味では，質量項も 1 種の（2 点）相互作用と見なせる），ξ には $F = -1$ を η には逆符号の $F = 1$ を付与してやれば，質量項でも（運動項は当然 F を保存する）フェルミオン数 F は（また L や B も）保存される．例えば QED で電子が伝搬しているときに，電子が陽電子に変化したりはしない．また，こうすると (3.20) より分かるようにディラック・スピノール ψ_D は $F = 1$ を持つことも確かめられる．

しかし，マヨラナ・スピノールの場合には状況は全く異なる．この場合の質量項，即ち “**マヨラナ型質量項**” は

$$-m_L \overline{\psi_{M1}} \psi_{M1} = -m_L(\overline{(\nu_L)^c} \nu_L + \text{h.c.}) = m_L(\eta^\alpha \eta_\alpha + \text{h.c.}), \tag{3.27}$$

$$-m_R \overline{\psi_{M2}} \psi_{M2} = -m_R(\overline{(\nu_R)^c} \nu_R + \text{h.c.}) = m_R(\xi^\alpha \xi_\alpha + \text{h.c.}) \tag{3.28}$$

のようになり，同じワイル・フェルミオンの場の 2 乗になるので，ξ や η で表

されるワイル・フェルミオンを2個同時に消滅させることになり，ξ や η に $F=\pm1$ のどちらを付与したとしても，マヨラナ質量項で F は（大きさ）2 だけ変化するので，もはやフェルミオン数は保存されなくなる．これは，そもそもマヨラナの場合のカイラル・パートナーは互いの反粒子なので，質量項によって粒子と反粒子の間の遷移が起きることから当然のことなのである．従ってニュートリノをマヨラナ・フェルミオンと見なす場合には，その質量項によりレプトン数の破れが生じることになる：レプトン数の変化を ΔL と書くと

$$|\Delta L| = 2. \tag{3.29}$$

これから学ぶ重要な結論は，電子のような質量を持った荷電フェルミオンはマヨラナ・フェルミオンとはなり得ないということである．マヨラナだと，フェルミオン数 F のみならず，（粒子が反粒子に変化するので）電荷 Q も保存しなくなってしまうが，電荷の保存則は物理学における絶対的な法則である．逆に言えば，ニュートリノのような電気的に中性であるフェルミオンは（超対称模型の光子の超パートナーであるフォッティーノ (photino) なども）マヨラナ・フェルミオンになり得るのである．正にこの事実が，ニュートリノだけが他の荷電フェルミオンに比べ質量が極端に小さいという事実に深く関わっている可能性が指摘されているのである．

さて，(3.24) における運動項の規格化も考慮すると，質量項を含むマヨラナ・フェルミオンに関する自由ラグランジアンは，ちょうど実スカラー場の場合と同様に係数 $\frac{1}{2}$ を伴って

$$\frac{1}{2}\overline{\psi}_{M1}(i\partial\!\!\!/ - m_L)\psi_{M1} + \frac{1}{2}\overline{\psi}_{M2}(i\partial\!\!\!/ - m_R)\psi_{M2} \tag{3.30}$$

と書くことができる．

3.2 三つのタイプのニュートリノ

電荷を持たないフェルミオンについては，マヨラナ質量項を（相対論的要請と矛盾することなく）導入できることを前節で解説した．電荷を持たず，マヨラナ質量が許されるニュートリノに関しては，電子のようにディラック型の質量のみが可能な場合と違って，いくつかの異なるタイプのニュートリノが理論的に可能である．この節では，ニュートリノの三つの典型的なタイプに関して順次議論したい．

3.2.1 考えられる最も一般的なニュートリノの質量項

個々のタイプについて論じる前に，まず理論的に許される最も一般的なニュートリノの質量項はどのようなものか考えてみよう．三つのタイプのそれぞれは，この一般的な場合の特別な極限と見なすことができる．

もちろん，ニュートリノも他の荷電レプトンやクォークと同様にディラック質量項を持つことは可能である．ただし，その場合には標準模型に元々存在する左巻きニュートリノ ν_L に加えて独立なワイル・スピノールである右巻きニュートリノ ν_R をカイラル・パートナーとして導入する必要がある．すると，ν_R と ν_L の両方がある場合の最も一般的な質量項は，(3.26)，(3.27)，(3.28) を合わせたものになる：

$$\mathcal{L}_m = -\frac{1}{2}m_R\overline{(\nu_R)^c}\nu_R - \frac{1}{2}m_L\overline{(\nu_L)^c}\nu_L - m_D\overline{\nu}_R\nu_L + \text{h.c.}. \tag{3.31}$$

m_D はディラック質量．また，m_L，m_R は左巻き，右巻きニュートリノ自身が持つことのできるマヨラナ質量である．(3.31) を，2×2 行列の形で（全体としてマヨラナ質量項のように）表すことができる：

$$\mathcal{L}_m = -\frac{1}{2}\begin{pmatrix} \overline{(\nu_L)^c} & \overline{\nu_R} \end{pmatrix}\begin{pmatrix} m_L & m_D \\ m_D & m_R^* \end{pmatrix}\begin{pmatrix} \nu_L \\ (\nu_R)^c \end{pmatrix} + \text{h.c.}. \tag{3.32}$$

ここで $\overline{(\nu_L)^c}(\nu_R)^c = \overline{\nu}_R\nu_L$ を用いた．なお，一般に任意の二つの左巻きニュートリノ ν_{iL}，ν_{jL} に対して $\overline{(\nu_{iL})^c}\nu_{jL} = \overline{(\nu_{jL})^c}\nu_{iL}$ が言えるので，(3.32) の 2×2 “質量行列” は一般には複素対称行列（エルミート行列ではなく）であることに注意しよう．(3.32) は 1 世代の場合を想定しているが，3 世代模型に拡張しても質量行列はやはり複素対称行列である．複素対称行列は，ユニタリー行列とその転置行列を左右から掛け算することで対角化可能であることが数学的に証明できるが，ここでは簡単のために m_D，m_L，m_R は全て実数であるとする．すると，対角化は直交行列を用いて行うことができ，質量行列の非対角成分であるディラック質量 m_D の存在のために，二つの質量固有状態において ν_L と $(\nu_R)^c$ という同じ左巻きの状態の間の混合が生じる．質量行列の二つの質量固有値 m_s，m_a およびこれらに対応する質量固有状態 ν_s，ν_a は容易に

$$m_s = \frac{1}{2}\{(m_R + m_L) + \sqrt{(m_R - m_L)^2 + 4m_D^2}\}, \tag{3.33}$$

$$m_a = \frac{1}{2}\{-(m_R + m_L) + \sqrt{(m_R - m_L)^2 + 4m_D^2}\}, \tag{3.34}$$

$$\nu_s = \sin\theta_\nu\ \nu_L + \cos\theta_\nu\ (\nu_R)^c, \tag{3.35}$$

$$\nu_a = i\{\cos\theta_\nu\ \nu_L - \sin\theta_\nu\ (\nu_R)^c\} \tag{3.36}$$

であることが分かる．ただし ν_L，$(\nu_R)^c$ の間の混合角 θ_ν は

$$\tan 2\theta_\nu = \frac{2m_D}{m_R - m_L} \tag{3.37}$$

で与えられる．こうして，1 世代分のニュートリノであるにもかかわらず，質量項は二つの独立なマヨラナ型質量項の和になる：

$$\mathcal{L}_m = -\frac{1}{2}m_s\ \overline{(\nu_s)^c}\nu_s - \frac{1}{2}m_a\ \overline{(\nu_a)^c}\nu_a + \text{h.c.}. \tag{3.38}$$

ν_s，ν_a とそれぞれの反粒子をカイラル・パートナーとして足して二つのマヨラナ・ニュートリノ

$$N_s = \nu_s + (\nu_s)^c, \tag{3.39}$$

$$N_a = \nu_a + (\nu_a)^c \tag{3.40}$$

を形成すると，(3.38) の二つの項は，これらの質量項に他ならないので，ニュートリノの自由ラグランジアンは (3.30) と同様の書き方で

$$\mathcal{L}_\nu = \frac{1}{2}\{\overline{N_s}(i\partial\!\!\!/ - m_s)N_s + \overline{N_a}(i\partial\!\!\!/ - m_a)N_a\} \tag{3.41}$$

と書かれる．(3.30) は $\theta_\nu = 0$ という特別な場合に相当する．

実は，この対角化は通常の対角化とは少々異なる．まず，質量固有値についてであるが，直交行列を用いて素直に対角化すると固有値は m_s と $-m_a$（m_a ではなく）になる．実際，仮に $m_L = m_R = 0$，つまり $m_s = m_a$ の場合に質量行列はトレースがゼロ（トレース・レス）なのであるから，固有値は m_s，$-m_a$ であるはずである．しかし，ここでは (3.36) のように固有状態 ν_a において i を付け加えることで，その固有値を $-m_a$ から m_a に変更しているのである．このようにしたのはマヨラナ質量が存在しない $m_L = m_R = 0$ の場合，つまりニュートリノが電子のような通常のディラック型のフェルミオンの場合に，一つのディラック・ニュートリノが質量の縮退した二つのマヨラナ・ニュートリノと等価であることを明確に示すためである．これはちょうど，スカラー場の理論において質量の縮退した二つの実スカラー場があると，それらが一つの複素スカラー場にまとめて書かれることに対応している．例題 3.3 を参照されたし．

なお，通常は，規格化を行っても固有ベクトルの位相因子には不定性があり，逆に言えばそうした位相因子の採り方により物理は変化しないと思われる．実際，小林・益川理論でクォーク場の位相変換で不要な位相因子を荷電カレントの行列から消去し，一つのみの位相を持つ小林・益川行列を導いたのは，こうした理由からである．しかし，マヨラナ・フェルミオンの場合には，こうした位相変換でマヨラナ型の質量項は変化してしまう（変化しなければ，フェルミオン数は保存するということになるので，これは当然のことではあるが）ので，位相は物理的意味を持つ．こうしたマヨラナ・フェルミオンに特有の位相因子を "**マヨラナ位相** (Majorana phase)" といい，この存在のため原理的にはレプトン・セクターでの CP 対称性の破れが 2 世代模型でも可能になったりするのである．上述の (3.36) における位相因子 i は正にこうしたマヨラナ位相に当たる．

例題 3.3　二つの実スカラー場 ϕ_1，ϕ_2 の質量がいずれも m で縮退しているとき，これらをまとめて一つの複素スカラー場で記述可能なことを説明しな

さい．また，これにならって，1 個のディラック・フェルミオンは，2 個の質量の縮退したマヨラナ・フェルミオンと等価であることを論じなさい．

解　縮退した質量 m を持つ二つの実スカラー場 ϕ_1，ϕ_2 の力学系のラグランジアンは

$$\mathcal{L} = \frac{1}{2}\{(\partial_\mu \phi_1)(\partial^\mu \phi_1) - m^2 \phi_1^2\} + \frac{1}{2}\{(\partial_\mu \phi_2)(\partial^\mu \phi_2) - m^2 \phi_2^2\} \tag{3.42}$$

となる．ここで ϕ_1，$-\phi_2$ を実部，虚部とする複素場 $\phi = \frac{\phi_1 - i\phi_2}{\sqrt{2}}$ を導入すると，(3.42) はコンパクトに

$$\mathcal{L} = (\partial_\mu \phi^*)(\partial^\mu \phi) - m^2 |\phi|^2 \tag{3.43}$$

と書けることが分かる．

逆に，$\phi_{1,2}$ は $\phi_1 = \frac{\phi+\phi^*}{\sqrt{2}}$，$\phi_2 = i\frac{\phi-\phi^*}{\sqrt{2}}$ で与えられるが，マヨラナ・スピノールは，スカラー場で言えば粒子・反粒子の区別を持たない実スカラー場に対応するので，これと同様に，1 個のディラック・スピノール ψ が与えられると，これから 2 個のマヨラナ・スピノールを（複素共役の代わりに C 変換を用いて）

$$N_s = \frac{\psi + \psi^c}{\sqrt{2}},\ N_a = i\frac{\psi - \psi^c}{\sqrt{2}}, \tag{3.44}$$

のように構成でき，これらを用いてディラック・スピノールは $\psi = \frac{N_s - iN_a}{\sqrt{2}}$ と書けることになる．(3.44) は，マヨラナ質量 $m_L = m_R = 0$，従って (3.36) より $\theta_\nu = \frac{\pi}{4}$ の時の N_s，N_a とぴったり一致することが分かる．□

しかしながら，ディラック・フェルミオン 1 個がマヨラナ・フェルミオン 2 個と等価だという主張は一見おかしいように思える．ディラック型質量項はレプトン数を保存するのに対し，マヨラナ型質量項はレプトン数を保存しないので，この主張は間違っているように思えるからである．しかし，実際にはレプトン数の破れで生じる過程での二つのマヨラナ・ニュートリノの寄与は，それらの質量が縮退しているために正確に相殺し，そうした過程は起きないことが分かるのである．レプトン数の破れに伴って起きる過程の典型例として，**ニュートリノを伴わない二重ベータ崩壊** (neutrinoless double beta decay)

$${}_Z N \to {}_{Z+2}N + 2e^- \tag{3.45}$$

を考えてみよう．通常の二重ベータ崩壊（原子核の原子番号が $Z \to Z+2$ のように 2 大きくなる）はベータ崩壊が 2 度起きているようなもので，2 個の電子と共に 2 個の $\bar{\nu}_e$ も放出されるのでレプトン数は保存されるが，(3.45) ではレプトン数が 2 変化し ($|\Delta L| = 2$) 従ってニュートリノがマヨラナ・フェルミオンであれば，この過程が一般に可能になるのである．

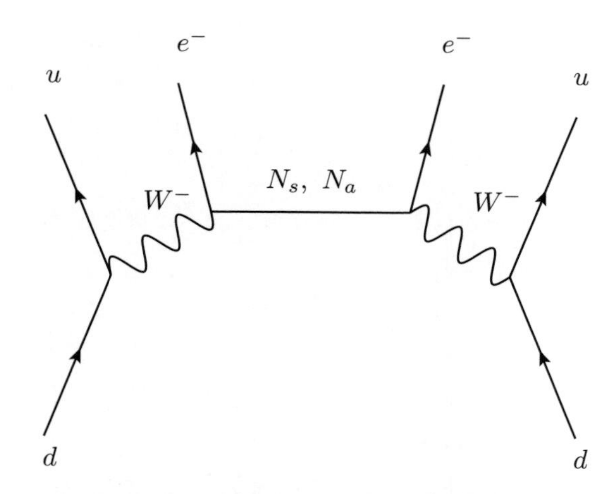

図 3.1　ニュートリノを伴わない二重ベータ崩壊と質量の縮退したマヨラナ・ニュートリノ．

第 1 世代のみ存在するとして図 3.1 のファインマン・ダイアグラムにより崩壊の確率振幅を計算すると，内線の N_s と N_a の寄与を比べてみると，質量が縮退しているために伝播子そのものは同一となるが，二つの荷電カレントによる相互作用頂点に現れる因子の積が N_a が伝搬する場合だけ $i^2 = -1$ 倍だけ余計に出るので（二つの頂点に対応する演算子は同一であり，互いにエルミート共役の関係にはないので，マヨラナ位相 i は相殺しないで物理的な意味を成すことに注意），N_s と N_a のそれぞれの寄与は確かにあるものの，それらは互いに符号が逆で正確に相殺し，従って，レプトン数を破るこの過程は結局は起こらないという結論になる．読者自身で計算し，この事情を是非確認して頂きたい．

ここまで最も一般的な場合を議論してきたので，いよいよディラック質量，二つのマヨラナ質量の相対的な大きさに応じて三つの典型的なニュートリノのタイプについて議論することにしよう．

3.2.2　ディラック型

最初に議論するのは，ニュートリノがマヨラナ質量を持たず（$m_R = m_L = 0$），電子のような荷電フェルミオンと全く同じように（純粋な）ディラック・フェルミオンである場合である．その質量は m_D になるはずであるが，この場合には (3.33)，(3.34) より確かに $m_s = m_a = m_D$ である．上述のように，この場合でも，1 個のディラック・ニュートリノは 2 個の質量の縮退したマヨラナ・ニュートリノと同等であるので，(3.41) のように N_s，N_a の系としての記述も可能である．特にこの場合の特徴として，(3.37) より

$$\theta_\nu = \frac{\pi}{4} \tag{3.46}$$

なので N_s と N_a の間の "最大混合 (maximal mixing)" が実現することになり，ディラック・ニュートリノ ν_D は

$$\nu_D = \nu_L + \nu_R = \frac{N_s - iN_a}{\sqrt{2}} \tag{3.47}$$

と書かれることが分かる．これは例題 3.3 の解に現れる $\psi = \frac{N_s - iN_a}{\sqrt{2}}$ と同等の関係である．

ところで，2.7 節で議論したように，ニュートリノ振動が起きるための必要条件は世代間混合（フレーバー混合）があることである．すると一見，(3.46) に見られる N_s と N_a の間の最大混合により，ニュートリノ振動が大きな確率で可能であるように思われる．後述のように大気ニュートリノに関するニュートリノ振動においては関与する混合角 (θ_{23}) はほぼ $\pi/4$ で最大混合であるという事実を考えると大変興味深い．

しかし，実際にはディラック型の場合にはニュートリノ振動は起きない．それは，ニュートリノ振動が起きるためのもう一つの必要条件である，質量固有値の 2 乗差（ニュートリノ振動は，音波の「うなり」と物理的には同様の現象なので）がこの場合にはゼロであるからである：$m_s = m_a = m_D$．こうして，ディラック・ニュートリノの場合には，ニュートリノ振動は，2.7 節で議論したように，複数の世代が存在し，異なる世代間（フレーバー間）の混合があるときにのみ生じることになる．

しかし，この後で議論する，第 3 のタイプである "擬ディラック型ニュートリノ" の場合には，小さなマヨラナ質量のために N_s と N_a の間にわずかな質量差が生じるので，本当に 1 世代のみの場合であっても（ほぼ最大混合での）ニュートリノ振動が可能となる[3],[4]．

更に，理論的可能性としては，ニュートリノが質量を持たなくても，仮にニュートリノが磁気モーメントを持ち（電気的に中性であっても，例えば中性子は磁気モーメントを持つ），太陽や超新星の内部のような強い磁場中を運動する場合には 1 世代のみのディラック・ニュートリノの場合でも $\nu_L \to \nu_R$ というカイラリティーの変化する "ニュートリノ振動"（ν_L で存在する確率が時間的に振動するという意味で）が可能である[5],[6]．ν_R は弱い相互作用さえ持たず（持つのは微弱な重力相互作用のみ）その存在が確認できない "**ステライル・ニュートリノ (sterile neutrino)**" なので，検出器では太陽ニュートリノ等は減ってしまったように観測されることになる．

ニュートリノが電子等と同様なディラック・フェルミオンであると考えるのは自然であるし特に構わないが，このタイプを選択した場合の重大な理論的問題点は，他のフェルミオンとの差別化ができないことにある．つまり，ニュートリノの質量が他の荷電レプトンやクォークの質量に比べて極端に小さい理由が存在しない，ということである．この問題点の解法として提唱されているのが，次に第 2 のタイプとして紹介する "シーソー型" のニュートリノである．

3.2.3 シーソー型

第 2 の可能性として，今度はディラック質量よりずっと大きいマヨラナ質量が存在し，そのために二つの，大きく質量が異なるマヨラナ・ニュートリノ N_s，N_a が出現する場合を考えてみよう．

正確に言えば，二つのマヨラナ質量の内で m_L を勝手に大きくすることはできない．まず，左巻きニュートリノのマヨラナ質量項

$$-\frac{1}{2}m_L\overline{(\nu_L)^c}\nu_L + \text{h.c.} \tag{3.48}$$

がゲージ不変ではないことに注意しよう．それは，ν_L が **“弱アイソスピン”**（付録 A の標準模型の解説を参照）の 2 重項に属し ($I = \frac{1}{2}$) $I_3 = \frac{1}{2}$ という加算的量子数を持つため，(3.48) の演算子は $|\Delta I_3| = 1$ の変化を引き起こし，従って標準模型における弱アイソスピンのゲージ対称性である $\text{SU}(2)_L$ の不変性を持たないからである．逆に言えば，(3.48) の質量項をゲージ不変な形で実現しようとすると，荷電フェルミオンのディラック質量項がそうであるように，湯川結合に置き換えられる必要がある．ただし，その場合に導入するスカラー場は，標準模型のヒッグス場のような $\text{SU}(2)_L$ の 2 重項ではなく，$I = 1$ を持った $\text{SU}(2)_L$ の **3 重項 (triplet)** H_T である必要があり，m_L は，H_T の $I_3 = 1$ を持った成分の真空期待値により結果的に生じることになる（小節 3.3.1 も参照されたし）．

一方で，H_T の真空期待値 $\langle H_T \rangle$ は $\text{SU}(2)_L$ 対称性を（通常のヒッグス場の真空期待値と共に）自発的に破ってしまうが，ここで一つ問題が生じる．仮に $\langle H_T \rangle$ が支配的になると，それにより弱ゲージ・ボソンが得る質量に関しては ρ パラメター（付録 A を参照）

$$\rho \equiv \frac{M_W^2}{M_z^2 \cos^2\theta_W} \tag{3.49}$$

が 1 から大きくずれてしまい実測のデータ（$\rho = 1$ が良い近似で成り立つ）と矛盾するのである．従って，仮に H_T が導入される場合でも，その真空期待値は弱スケール M_W よりずっと小さい必要がある：$|\langle H_T \rangle| \ll M_W$．こうした理由から，簡単のために，3 重項のヒッグス場を導入しないで $m_L = 0$ として議論する場合も多い．なお，小節 3.3.1 で紹介される $\text{SU}(2)_L \times \text{SU}(2)_R \times \text{U}(1)_{B-L}$ というゲージ対称性に基づく標準模型を超える理論である **“左右対称模型** (left-right symmetric model)” では，以下で述べる “シーソー機構” を実現するために必然的に H_T が導入されるので，$|\langle H_T \rangle| \ll M_W$ を説明する機構が必要となる．

一方，右巻きニュートリノの持つマヨラナ質量である m_R については，ν_R が $\text{SU}(2)_L$ の 1 重項であるので，そのマヨラナ型質量項は明らかにゲージ不変であり，ヒッグス・スカラーの導入は必要とされない（少なくともゲージ対称性が標準模型と同じである限り．ちなみに，左右対称模型では $\text{SU}(2)_R$ に関す

る 3 重項を導入する必要がある）．ということで $SU(2)_L$ の自発的対称性の破れに関与しないので，m_R は特に小さくなる必要はなく，むしろ，標準模型における典型的な質量スケールである弱スケール M_W（付録 A の小節 A.5.2 参照）よりずっと大きいと考えるのが自然である．それは，すでに少し紹介した，m_R の存在とそれが大きいことを自然に説明することができる左右対称模型のような標準模型を超える理論に典型的な質量スケール（具体的には，そうした理論で予言される新粒子の質量のスケール）は当然 $SU(2)_L \times U(1)_Y$ 不変な物理量で与えられ，また M_W よりずっと大きい（だからこそ，その存在が現在見えていない）と考えられるからである．

以上のような考察に基づき，ここでは簡単のため $m_L = 0$ とし（従って H_T は導入しない），次のような階層性を想定することにする：

$$m_D \ll m_R. \tag{3.50}$$

すると (3.32) 式に現れる質量行列は

$$M_\nu = \begin{pmatrix} 0 & m_D \\ m_D & m_R \end{pmatrix}. \tag{3.51}$$

と単純化されるが，(3.50) の下では，この行列の（大きい方の）一つの固有値は明らかに

$$m_s \simeq m_R \tag{3.52}$$

と近似できるはずである．また，(3.51) の質量行列の行列式は $-m_D^2$ なので，その符号を変えた m_D^2 が二つの固有値の積になる（符号を変える理由は上述した）．よってもう一つの（小さい方の）固有値は

$$m_a \simeq \frac{m_D^2}{m_R} \ll m_D, \tag{3.53}$$

と近似される．もちろん，これらの固有値は (3.33)，(3.34) において $m_L = 0$ とし (3.50) を用いて近似しても得られる．

上述の固有値の間の関係式

$$m_s \cdot m_a \simeq m_D^2 \tag{3.54}$$

は，二つの固有値の幾何平均が m_D であることを言っているので，大きい方の $m_s \simeq m_R$ が，標準模型の場合のように弱スケールのヒッグス場の真空期待値で供給される m_D よりずっと大きくなると，もう一つの小さい方の固有値 m_a は m_D よりずっと小さくなる．m_D は電子のような荷電レプトンの質量と同程度と考えるのが自然であるので，このようにして，ニュートリノ特有のマヨラナ質量が許されるという性質に基づき，ニュートリノの質量，正確には軽い方の，ほぼ ν_L と見なしてよい質量固有状態 ν_a（(3.37) より，この場合 θ_ν は小さ

いので $N_a \simeq i\{\nu_L - (\nu_L)^c\}$) のマヨラナ質量が他の荷電フェルミオンの質量に比べてずっと小さいという実験事実を説明することが可能になるのである．一方が重くなると，もう一方が軽くなるということから，この機構は「**シーソー機構**」と呼ばれている[7]．ここでは，この機構に基づいて生成される 2 個の大きく質量の異なるマヨラナ・ニュートリノのタイプを「**シーソー型**」と称する．

上述のように，この場合二つの質量固有状態であるマヨラナ・ニュートリノ N_s，N_a は，θ_ν が小さいために，それぞれほぼ ν_R と ν_L のみからなる**マヨラナ・ニュートリノ**となる：

$$N_s \simeq \nu_R + (\nu_R)^c,$$
$$N_a \simeq i\{\nu_L - (\nu_L)^c\}. \tag{3.55}$$

N_s の方は，（重力を除き）相互作用をしないステライル・ニュートリノであり，またその質量が弱スケールよりずっと大きいために，実験的に到達可能な "低エネルギー" の世界とは "**離脱 (decoupling)**" して顔を出さない，と考えられる（単純化して言えば，重い粒子は有名な $E = mc^2$（自然単位系では $E = m$）の関係式より，低いエネルギーでは生成できない）．よって，弱い相互作用を有する "**アクティブ・ニュートリノ (active neutrino)**" である N_a のみが，素粒子に関する "低エネルギー有効理論 (low energy effective theory)" には現れることになる．よって，このシーソー型の場合には，純粋なディラック型の場合と同様，ニュートリノ振動が起きるためには世代間の混合が必要とされるのである．

ところで，$SU(2)_L$ 3 重項のヒッグス場を導入せず $m_L = 0$ としたにもかかわらず結果的には，ほぼ ν_L である N_a が，小さいながらマヨラナ質量 m_a を獲得したことになるが，上で議論したように ν_L のマヨラナ質量項は $SU(2)_L$ の 3 重項として振る舞うべきである．一方で我々は H_T を導入することはしなかった．一体何が起きているのであろうか．

一般に，ゲージ理論である以上，すべての物理量は，標準模型のヒッグス場 H を含むゲージ不変な演算子で記述できるはずである．その後，H を真空期待値で置き換えることで，例えばクォーク，レプトンや弱ゲージ・ボソンの質量といった，ゲージ対称性から禁止されていた物理量が結果的に表れると考えるのである．すると，考えられる可能性としては，H_T は導入されないものの，その代わりに H からなり，実質的に $I = 1$（3 重項）として振る舞う演算子が構成されているということである．その場合，3 重項を成すには 2 重項が少なくとも 2 個必要となるので，その演算子は最初から理論（ラグランジアン）に存在する質量次元 d が 4 以下の演算子（繰りこみ可能性を保証するために必要とされる条件である）では書けず，4 を超える高い質量次元を持った演算子になるはずである．

具体的には，次のような質量次元 $d = 5$ の演算子を，ヒッグス 2 重項

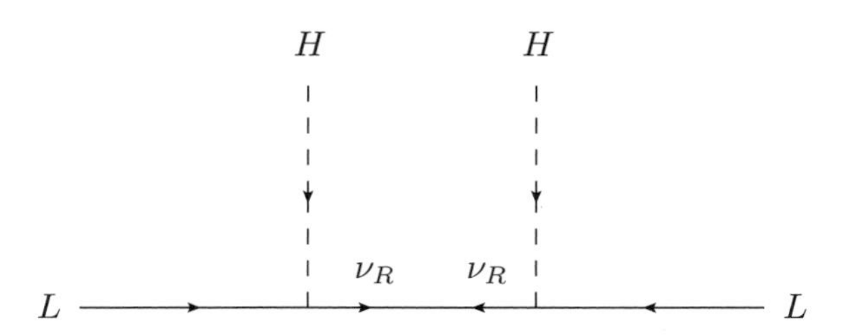

図 3.2　シーソー機構に関わる質量次元 5 の演算子を生成するファインマン・ダイアグラム．

$H = (\phi^+, \phi^0)^t$（t: 転置）およびレプトンの 2 重項 $L = (\nu_L, l_L)^t$（l: 荷電レプトン）を用いて書くことが可能である：

$$\frac{c_W}{M}\,(L^t \epsilon H) C (H^t \epsilon L). \tag{3.56}$$

ϵ は 2×2 の完全反対称テンソル，$C = i\gamma^0\gamma^2$ は荷電共役の行列である．この演算子は ν_L のマヨラナ質量項以外も含んだものであるが，L において ν_L を選択し，またヒッグス場 H をその真空期待値 $\langle H \rangle$ に置き換えると，結果的に ν_L のマヨラナ質量項が生成されるのである．M は質量の次元を持ったパラメターであるが，例えば左右対称模型のような BSM 理論に特有の質量スケールであり，$M \gg M_W$ であると解釈する．また，“ウィルソン係数” c_W は次元のない定数であるが，$c_W = f_D^2$（f_D: ディラック質量を与える湯川結合）とし，また $M = m_R$ とすると，ヒッグス場の中の ϕ^0 が真空期待値 $v/\sqrt{2}$ を持った後に，ν_L はマヨラナ質量 $\sim \frac{f_D^2 v^2}{m_R} \sim \frac{m_D^2}{m_R}$ を持つことになる（$m_D \sim f_D v$ であるが，これについては付録 A の小節 A.6.1 を参照）．これは (3.53) と一致している．

ファインマン・ダイアグラムを用いると，今考えている理論においては，この質量次元 5 の演算子は具体的には（ループの存在しない）樹木 (tree) レベルのダイアグラム，図 3.2 によって生成されることが分かる．ただし，中間状態の右巻きニュートリノの伝播子において矢印の向きが途中で変わるのは，マヨラナ質量により ν_R が $\overline{(\nu_R)}$ に変化することを表している．そのマヨラナ質量 m_R が大きいので伝搬子を（4 元運動量の項を無視して）$i/(-m_R)$ で近似をすると，これが (3.56) における $1/M$ を与えることになる（$M = m_R$）．また，2 個の相互作用頂点から f_D^2 が供給される．

今考えているシーソー機構の場合には，(3.56) のような演算子を持ち出さなくとも，(3.51) の質量行列 M_ν の対角化をすれば容易に質量固有値は得られる．では，こうした演算子を用いた解析を行う利点は何であろうか．それは，例えば次節で紹介するような，ニュートリノの小さなマヨラナ質量を説明することのできる BSM 理論が何かあったとすると，それがどのような理論であったとしても，標準模型のゲージ対称性を内包する限り，ν_L のマヨラナ質量項

は必ず (3.56) の演算子の形で記述できるはずであり，この演算子は想定するBSM 理論の詳細には依らない普遍的なものである点にある．

こうして一旦普遍的な演算子で置き換えて考えると，そこに現れる大きな質量スケール M は必ずしも m_R である必要はなく，何か弱スケールよりずっと大きなスケールでありさえすればよく，左巻きニュートリノのマヨラナ質量は，そのスケールの逆ベキ $\frac{1}{M}$ に比例して小さくなることになる．つまり，シーソー機構の本質は，標準模型には存在しない重い粒子（質量 M）の低エネルギーの世界における decoupling にある，と考えることができるのである．ここで述べた機構においては，重い粒子は右巻きニュートリノであり，直感的に言えば，左巻きニュートリノは右巻きニュートリノと組んでディラック質量を持ったものの，パートナーの右巻きニュートリノが大きなマヨラナ質量を持ってこの世界からの decoupling を起こしてしまうために，結果的に質量をほとんど持てなくなった，ということである（質量を持つためにはカイラル・パートナーが必要である）．ここで，この decoupling という言葉の意味について簡単に説明しよう．まず，直ぐに分かることは，エネルギーが低い世界ではエネルギー・運動量保存則から重い粒子を生成することは不可能であるということである（強力な加速器を作らないと重い新粒子を生成できないのはこのためである）．しかし量子論的な効果まで考慮すると注意が必要である．量子論特有の不確定性関係，例えば $\Delta t \cdot \Delta E \geq \frac{\hbar}{2}$ により，（エネルギー保存則に依り本来生成できない）重い粒子であっても瞬間的には生成されることが可能なのである．ファインマン・ダイアグラムの中間状態は一般にはこうした“仮想的な状態 (virtual state)”である．そのため重い粒子も量子効果を通じて低エネルギーの世界に寄与しそうであるが，実際には繰り込み可能な理論では，繰り込みを行った後には，全ての物理量に対する重い粒子の効果は，その大きな質量の逆べきで抑制される，という **decoupling 定理** (decoupling theorem) [8] が存在し，素朴に考えたように，重い粒子は低エネルギーの世界には痕跡を残さないとの結論でよいことになるのである．ただし，この定理は QED のようなゲージ対称性の自発的破れを持たないゲージ理論で証明されたものであるが，標準模型のような自発的対称性の破れのある理論では，この定理が成り立たない，non-decoupling 効果が存在し得ることも知られている．例えば，ρ パラメター（の 1 からのずれ）や「フレーバーを変える中性カレント過程」における重いトップクォークの寄与[9] などがその典型的な例である．

こうして考えてくると，演算子 (3.56) は必ずしも図 3.2 のファインマン・ダイアグラムから得られるとは限らないことになる．例えば小節 3.3.3 で議論するジー (Zee) による模型の場合には，この演算子は量子補正によるループ・ダイアグラムから得られる．また，樹木 (tree) レベルのファインマン・ダイアグラムでも，内線（中間状態）で交換される重い粒子の採り方で，以下のような，

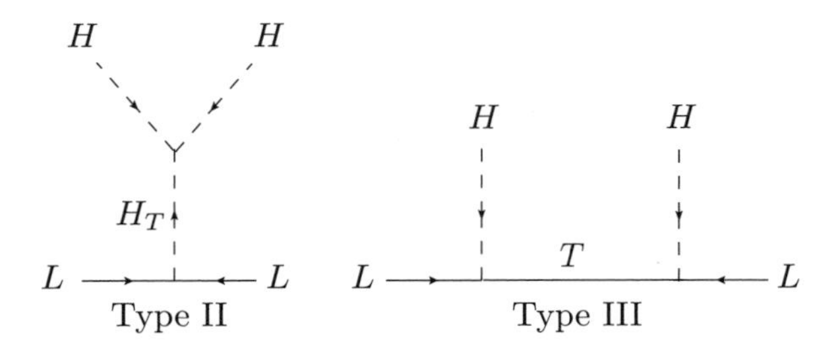

図 3.3　Type II，Type III シーソー機構を表すファインマン・ダイアグラム．

いわゆる **Type II シーソー機構**，および **Type III シーソー機構**という，上で述べたものとは異なるタイプのシーソー機構が理論的可能性として議論されている（上述の，元々提案されたシーソー機構は Type I と呼ばれている）：

・Type II : $SU(2)_L$ 3 重項のスカラー場 H_T（真空期待値は持たない）の交換．

・Type III : $SU(2)_L$ の随伴表現に属する 3 重項のマヨラナ・フェルミオン T（大きなマヨラナ質量を持つ）の交換．

Type II，Type III シーソー機構を表すファインマン・ダイアグラムは図 3.3 に見られる．L も H も $SU(2)_L$ 弱アイソスピンが $I = \frac{1}{2}$ の 2 重項であるが，これらの二つの場の積は（量子力学におけるスピンの合成と同じく）$I = 0$，1 の二つの可能性があることに着目すると，中間状態で交換されるフェルミオンとして，Type I のように $I = 0$ の場（右巻きニュートリノ）を採用することが可能であるが，Type III のように $I = 1$ の場（随伴表現に属するフェルミオン T）を採用することも可能なのであり，T の持つマヨラナ質量を大きくすれば decoupling が起きる．なお，Type II では，H_T そのものは真空期待値を持たないが，2 重項 H の真空期待値の 2 乗で実質的にその役目を果たすことになる．この場合も H_T を重くして decoupling を起こさせるのである．

3.2.4　擬ディラック型

第 3 の可能性として，シーソー型とは逆の極限，すなわちマヨラナ質量 m_L，m_R は存在するものの，それらが（どちらも）ディラック質量よりずっと小さい場合

$$m_R, m_L \ll m_D \tag{3.57}$$

を考えてみよう．この場合，マヨラナ質量は小さく，ニュートリノはほぼディラック・フェルミオンであると言えるので，「**擬ディラック・ニュートリノ** (pseudo Dirac neutrino)」と呼ばれる[10]．(3.37)，(3.57) より，ディラック型の場合同様，混合角はほぼ最大である：

$$\theta_\nu \simeq \frac{\pi}{4}. \tag{3.58}$$

しかし，純粋なディラック型の場合との重要な違いは，小さなマヨラナ質量によって，わずかながら質量固有値に差が生じるということである：

$$m_s^2 - m_a^2 \simeq 2m_D(m_R + m_L). \tag{3.59}$$

ディラック型の場合と違って，この質量の 2 乗差により，仮に 1 世代しか存在しなくても（ほぼ最大の混合角による）ニュートリノ振動が可能になるのである[3], [4].

ただし，この擬ディラック型ニュートリノ特有のニュートリノ振動は（1 世代模型でも可能なことからも分かるように），2.7 節で説明したような通常考えられているフレーバー（世代）の変化するニュートリノ振動 $\nu_{\alpha L} \to \nu_{\beta L}$ $(\alpha,\ \beta : e, \mu, \tau)$ とは違い，弱い相互作用を持つ active ニュートリノから弱い相互作用を持たない sterile ニュートリノ（正確にはその反粒子）への $\nu_L \to \bar{\nu}_R$ という振動（遷移）である．実際，(3.35)，(3.36) から分かるように，（ほぼ）最大角 $\theta_\nu = \frac{\pi}{4}$ で混ざるのは ν_L と $(\nu_R)^c$ である．ちょうど，ポンテコルボ (Pontecorvo) がクォーク・セクターの代表的フレーバーを変える中性カレント (FCNC) 過程である $K^0 \leftrightarrow \bar{K}^0$ 混合との類推で提唱した $\nu \leftrightarrow \bar{\nu}$ というニュートリノ振動と同様の振動である．擬ディラック・ニュートリノのニュートリノ振動に関するより詳しい議論については（最新の実験，観測データを説明する可能性についても），7.2 節および小節 8.2.2 を参照されたい．

3.3 小さなニュートリノ質量を説明する標準模型を超える理論

素粒子の標準模型では，ν_L のみ導入されカイラル・パートナーが存在しないので（また，厳密に言えばレプトン数の保存則も成り立つので），ニュートリノは質量を持つことはできない．しかしながら，理論的には，他の荷電フェルミオンは皆質量を有するのに対してニュートリノだけが質量を持たない理由は無く，早くから（牧・中川・坂田，またポンテコルボの指摘のように）ニュートリノ振動の可能性は考察されていた．更に，既に少し述べ，また 6 章で解説するように，観測事実においても，太陽ニュートリノ，大気ニュートリノの事象に異常（パズル）が発見され，これらのパズルの最も有力な理論的解法としてニュートリノ振動が議論されてきた．その後，スーパー・カミオカンデ実験における大気ニュートリノの ν_μ 事象の天頂角分布が，ν_μ がニュートリノ振動を起こしていると考えた場合の分布と見事に一致したことなどから，ニュートリノ振動の存在が確定的となり，その業績により梶田隆章博士がノーベル賞を受賞したのは記憶に新しい．

既に何度か述べているように，ニュートリノ振動を引き起こすためにはニュートリノに質量の差があることが必要条件となるので（厳密には，磁気モーメントを用いたシナリオのように，必ずしも質量差を必要としないニュートリノ振動のシナリオもあるが[6]，そうした可能性は別途議論する)，小さいながらゼロではないニュートリノ質量の存在は，今や揺るぎない事実であると考えられている．

すると，理論的に非常に重要な論点として，そうした小さなニュートリノ質量を自然に説明可能な，更に踏み込んで言えば，なぜニュートリノだけが他の（少なくとも同じ世代に属する）荷電フェルミオンの質量に比べて極端に小さい質量を持ち得るのかを自然に説明可能な理論（標準模型ではニュートリノは質量を持てないので，必然的に標準模型を超える (beyond the standard model, BSM) 理論になる）は存在するか，という論点が生じる．既に述べたシーソー機構のように，小さなニュートリノ質量を説明する機構は知られているものの，実際にそうした機構を具現化する BSM 理論はどのようなものか，また，シーソー機構以外の小さなニュートリノ質量を実現できる BSM 理論にはどのようなものが存在するか，という観点から，この節では三つのシナリオについて順次簡単にではあるが紹介する（その他にも色々な BSM シナリオが提唱されているが，比較的よく議論されるシナリオという見地，また筆者の見識の狭さから，ここでは限られたシナリオのみの紹介となっていることをご了解いただきたい)．

3.3.1 左右対称模型

前節で解説したシーソー機構は，なぜニュートリノのみが極端に軽いのかを自然に説明できるシナリオとして良く知られたものであるが，このシナリオを実現するには重い右巻きニュートリノ ν_R を理論に導入する必要がある（後に紹介するジー模型では ν_L のみで小さなニュートリノ質量を生成するが)．標準模型においても，他の荷電フェルミオンの場合と全く同様に，ν_R を $\mathrm{SU}(2)_L \times \mathrm{U}(1)_Y$ ゲージ変換の下で不変な 1 重項として導入し，ヒッグス場との湯川結合を通してニュートリノのディラック質量 m_D を生成することは直ちに可能であり，何ら問題は生じない．また，シーソー機構の鍵を握る ν_R の大きなマヨラナ質量 m_R をゲージ不変な質量項 $m_R \nu_R^2$（ν_R^2 は，荷電共役の行列 C を用いた $\nu_R^T C \nu_R$ を簡略化したもの）によって理論に導入することも容易にできる．標準模型では ν_R がゲージ群の 1 重項なので，このマヨラナ質量項の構成のために新たなスカラー場を導入する必要が無いのである．

しかし，一方において，パリティー対称性の破れた左右非対称な理論（“カイラルな理論” とも称される）である標準模型では，本来 ν_R を導入する必然性は無い．更に，ν_R のマヨラナ質量 m_R については，何らかの BSM 理論の質量スケールを反映していて標準模型に典型的な質量スケールである弱スケール M_W よりずっと大きいと期待されるものの，標準模型の枠組みに留まる限り，先験的にその大きさを決めることはできない．

そこで，この小節では，理論そのものは左右の対称性を有し，従って必然的に ν_L だけでなく ν_R も理論に導入される「**左右対称模型**[11]」を，シーソー機構を自然に採り入れられる理論の典型例として簡単に紹介する．この理論は，その名の通り左右の対称性，即ちパリティー (P) 対称性を有する理論であるが，一方で低エネルギーの世界では標準模型のようなカイラルな（左右非対称の）理論が実現しているので，パリティー対称性は，新規に導入されるスカラー場の，M_W よりずっと大きな真空期待値により高いエネルギー・スケールで自発的に破られるのであるが，大切なことは，この真空期待値から，ニュートリノの大きなマヨラナ質量 m_R も同時に生成される，ということである．つまり，この理論では，小さな**ニュートリノ質量の起源は P 対称性の最大限の破れ**にあることになるのである．また，この理論は次の小節で解説する SO(10) や，それより少し大きな対称性である例外群 E_6 といったゲージ対称性を持つ大統一理論（E_6 は超弦理論でもよく議論されるゲージ対称性である）にも内包され，それ自身魅力的な理論であると言えるものである．

具体的に理論を見て行こう．この理論の電弱統一理論の部分のゲージ対称性は $\mathrm{SU}(2)_L\times \mathrm{SU}(2)_R\times \mathrm{U}(1)_{B-L}$ という標準模型の $\mathrm{SU}(2)_L\times\mathrm{U}(1)_Y$ を少し拡張したものである．左右対称なので，$\mathrm{SU}(2)_L$ と並び，右巻きのクォークやレプトンに作用する $\mathrm{SU}(2)_R$ も同様に導入され，右巻きフェルミオンは，この群の 2 重項をなすようにペアを構成する．標準模型と同様に，クォーク，レプトンの電荷を再現するために $\mathrm{U}(1)_{B-L}$ も導入する必要がある．ここで下付き添字 $B-L$ の B，L はバリオン数とレプトン数を表す．標準模型の場合に重要な役割を演じる**中野・西島・ゲルマンの法則** $Q=I_3+\frac{Y}{2}$（付録 A を参照）は，この模型では左右対称な形で

$$Q=I_{3L}+I_{3R}+\frac{B-L}{2} \tag{3.60}$$

のように加算的量子数を用いて書けるので，U(1) 因子は $\mathrm{U}(1)_{B-L}$ と書くのが妥当なのである．ここで，I_{3L}（標準模型の場合の I_3 に対応），I_{3R} は，それぞれ $\mathrm{SU}(2)_L$，$\mathrm{SU}(2)_R$ の 3 番目の生成子の固有値であり，言わば左巻き，右巻きの "弱アイソスピン" の第 3 成分を表している．(3.60) が成立することは，例えば左巻きのクォーク，レプトンの 2 重項の電荷をチェックしてみると容易に分かる（この場合 $Q=I_{3L}+\frac{B-L}{2}$）．ということは，標準模型に登場する弱ハイパー・チャージ Y は，この理論では $Y=2I_{3R}+B-L$ に取って代わられることになる．なお，$\mathrm{U}(1)_{B-L}$ の対称性は，"レプトンを第 4 のカラーの状態" と見なし，三つのカラーを持ったクォークと一緒にして 4 重項を構成する形で強い相互作用の $\mathrm{SU}(3)_c$ 対称性を $\mathrm{SU}(4)_{PS}$ に拡張したパティ・サラム (Pati-Salam) に依る $\mathrm{SU}(4)_{PS}\times\mathrm{SU}(2)_L\times\mathrm{SU}(2)_R$ 模型[12]（上述の SO(10) 大統一理論に包含可能）において，$\mathrm{SU}(4)_{PS}$ がその部分群 $\mathrm{SU}(3)_c\times \mathrm{U}(1)_{B-L}$ に破れたものとして自然に出現することが知られている．

簡単のために世代構造を無視して，第 1 世代のみのクォーク，レプトンのゲージ群 $\mathrm{SU}(2)_L\times\mathrm{SU}(2)_R\times\mathrm{U}(1)_{B-L}$ に関する表現を，$(2,1,-1)$ のような記法で表すと（3 番目の -1 は $B-L$ を表す）次のようになる：

$$Q_L=\begin{pmatrix} u \\ d \end{pmatrix}_L \quad (2,1,\frac{1}{3}),\quad Q_R=\begin{pmatrix} u \\ d \end{pmatrix}_R \quad (1,2,\frac{1}{3}), \tag{3.61}$$

$$L_L=\begin{pmatrix} \nu_e \\ e \end{pmatrix}_L \quad (2,1,-1),\quad L_R=\begin{pmatrix} \nu_e \\ e \end{pmatrix}_R \quad (1,2,-1). \tag{3.62}$$

なお，カラーの自由度まできちんと考慮すると，1 世代分のフェルミオンは計 16 個 $(2\times2\times3+2\times2=16)$ のワイル・フェルミオンの自由度を持つことが分かるが，これは SO(10) のスピノール表現の次元 16 とぴったり一致している．これは，SO(10) 大統一理論に拡張して考えると 1 世代分のフェルミオンがたった一つの既約表現の下で統一される，という興味深い性質があることを示唆しているのである．

上述のように，標準模型はカイラルな理論であり，$\mathrm{SU}(2)_L$ のみ存在し $\mathrm{SU}(2)_R$ 対称性は存在しないが，拡張された左右対称模型の枠内で考えると，これは弱スケール M_W よりずっと高エネルギーの世界で，新たに導入されるスカラー場の大きな真空期待値によって $\mathrm{SU}(2)_R$ 対称性のみが自発的に破られ，その結果，弱スケールの世界では実効的にカイラルな（左右非対称の）理論が実現するのだ，と解釈される．模式的に対称性の破れを表現すると次のようになる：

$$\mathrm{SU}(2)_L\times\mathrm{SU}(2)_R\times\mathrm{U}(1)_{B-L} \quad\rightarrow\quad \mathrm{SU}(2)_L\times\mathrm{U}(1)_Y. \tag{3.63}$$

この自発的破れに関与するスカラー場は当然標準模型のゲージ変換の下で不変（1 重項）である必要があり（そうでないと M_W よりずっと大きなスケールで標準模型の対称性まで破れてしまう），一方，$\mathrm{SU}(2)_R$ 対称性を破る必要はあるから，この群の変換の下では変換する必要がある．この目的だけを達成するのであれば，真空期待値を持たせる新たに導入するスカラー場は，例えば $\mathrm{SU}(2)_R$ の 2 重項であってもよい．しかしながら，(3.63) の対称性の破れと同時に右巻きニュートリノに大きなマヨラナ質量 m_R を持たせることを考えると，$\mathrm{SU}(2)_R$ に関する 3 重項を導入する必要があることが分かる．これは，以前「シーソー型ニュートリノ」を議論した際に述べたように，ν_L のマヨラナ質量項を自発的対称性の破れにより生成するために $\mathrm{SU}(2)_L$ の 3 重項が必要であったのと同様の理由からである．

こうして，この理論のスカラー場のセクターは，以下のような表現の場で構成されることになる：

$$\Phi=\begin{pmatrix} \phi_1^0 & \phi_1^+ \\ \phi_2^- & \phi_2^0 \end{pmatrix} \quad (2,2,0), \tag{3.64}$$

$$\Delta_{L,R}=\begin{pmatrix} \delta_{L,R}^0 & \frac{1}{\sqrt{2}}\delta_{L,R}^+ \\ \frac{1}{\sqrt{2}}\delta_{L,R}^+ & \delta_{L,R}^{++} \end{pmatrix} \quad \Delta_L:(3,1,2),\quad \Delta_R:(1,3,2), \tag{3.65}$$

ここで $\Delta_{L,R}$ は $\mathrm{SU}(2)_{L,R}$ の 3 重項である．m_R を生成するために Δ_R が必要であるが，左右対称な理論なので Δ_L も導入する必要があることに注意しよう．$\delta^{++}_{L,R}$ は電荷 2 のスカラー場である．これは，レプトン数を 2 変える ($|\Delta L| = 2$) マヨラナ質量項に寄与するには $\Delta_{L,R}$ の $B-L$ が 2 である（正確にはクォークには結合しないので $B = 0$, $L = -2$）必要があるためである（$B - L = 0$ であれば電荷 2 の場は現れない）．

一方，Φ は標準模型のヒッグス 2 重項に対応するもので $B-L$ を持たず，左巻き，右巻きのクォーク，レプトンが $\mathrm{SU}(2)_L\times\ \mathrm{SU}(2)_R$ の下で $(2,1)$，$(1,2)$ 表現として変換するので，これらを結ぶゲージ不変な湯川結合を作るためには，$(2,2)$ 表現として振る舞う必要がある．標準模型（付録 A 参照）において，ヒッグス 2 重項 H と $\tilde{H}$ を横に並べ $\Phi = (H, \tilde{H})$ とすると，例えばヒッグスのポテンシャル項は $\mathrm{SU}(2)_L\times\ \mathrm{SU}(2)_R$ という，いわゆる "カストーディアル対称性 (custodial symmetry)" を持つことが知られているが（そのために ρ パラメターは 1 となる），ちょうどこれに対応する 2×2 行列の場だと考えてよい．

それぞれのスカラー場の真空期待値を

$$\langle\Phi\rangle = \frac{1}{\sqrt{2}}\begin{pmatrix} k_1 & 0 \\ 0 & k_2 \end{pmatrix}, \tag{3.66}$$

$$\langle\Delta_{L,R}\rangle = \frac{1}{\sqrt{2}}\begin{pmatrix} v_{L,R} & 0 \\ 0 & 0 \end{pmatrix} \tag{3.67}$$

と書くと，望ましい真空期待値の階層性は

$$v_L \ll k_{1,2} \ll v_R \tag{3.68}$$

である．$k_{1,2} \ll v_R$ は左右対称性（パリティー対称性）を弱スケールよりずっと大きなスケールで破り，同時にシーソー機構を有効にすべく m_R を大きくするために必要な条件である．また $v_L \ll k_{1,2}$ は，シーソー型ニュートリノについての説明の所で述べたように ρ パラメターが 1 から大きくずれないために必要である．

ニュートリノ質量に寄与するスカラー場とレプトンとの湯川相互作用は，（1 世代のみの場合に限定して）以下のように書かれる：

$$\begin{aligned}\mathcal{L}_Y = & -f\overline{(L_L)^c}\Delta_L L_L - g\overline{(L_R)^c}\Delta_R L_R \\ & - h\bar{L}_L\Phi L_R - h'\bar{L}_L\tilde{\Phi}L_R + \mathrm{h.c.}.\end{aligned} \tag{3.69}$$

ここで $\tilde{\Phi} = \sigma_2\Phi^*\sigma_2$ であり（標準模型でのヒッグス 2 重項 H に対する $\tilde{H} = i\sigma_2 H^*$ の操作に対応する），元の Φ と同じ表現 $(2,2,0)$ に属する．スカラー場が (3.66)，(3.67) の真空期待値を持つと，ニュートリノは以下のような 3 種類の質量を持つ：

$$m_D = \frac{1}{\sqrt{2}}(hk_1 + h'k_2),\ m_L = \frac{1}{\sqrt{2}}fv_L,\ m_R = \frac{1}{\sqrt{2}}gv_R. \tag{3.70}$$

なお，標準模型の場合のヒッグス場の真空期待値に相当する v は $v = \sqrt{k_1^2 + k_2^2}$ で与えられる．

前節の (3.52)，(3.53) のように，シーソー機構（厳密には Type I の）は，通常 $m_L = 0$ と仮定したときに $m_D \ll m_R$ の階層性の下で，小さい方の質量固有値が $\simeq \frac{m_D^2}{m_R}$ となることにより実現される．この模型では，(3.70) より，湯川結合 f，g，h，h' が皆同程度であっても，(3.68) より $k_{1,2} \ll v_R$ なので $m_D \ll m_R$ が自然に実現することになる．一方で $k_{1,2} \ll v_R$ は左右の対称性（P 対称性）が大きく破れる（v_R により $SU(2)_R$ ゲージ対称性は大きく破られる）ことを言っているので，小さなマヨラナ質量は，正にパリティー対称性の大きな破れの帰結である，と言えるのである．

しかし，ここで一つ注意が必要である．通常のシーソー機構の議論では $m_L = 0$ と仮定されるものの，左右対称模型である限り，m_R と並んで m_L も必然的に存在する．仮に v_L が $k_{1,2}$ と同程度だと v_L は m_L を直接的に与えるので，（湯川結合が皆同程度であるとすると）$m_L \sim m_D$ となってしまい，シーソー機構が機能しなくなってしまう．幸いなことに，真空期待値を計算するために，(3.68) の内の $k_{1,2} \ll v_R$ の階層性を仮定し，その下でスカラー場のポテンシャルの "最小化"（ポテンシャルが最小となる点を，偏微分を用いて求めること）を実行してみると，以下のような興味深い関係式が得られることが分かる（詳細は述べない）：

$$v_L v_R \sim k_1 k_2. \tag{3.71}$$

これはシーソー機構 $m_a m_s \sim m_D^2$ とよく似た関係式であることに注意しよう．実際，(3.71) において各真空期待値に対応する湯川結合をかけ合わせると，(3.70) より，(3.71) は $m_L m_R \sim m_D^2$ であることを表しており，いわば，スカラー場の真空期待値に関してもシーソー機構が働くことを示していて興味深い．こうして，m_L が存在してもマヨラナ・ニュートリノの小さい方の質量固有値は $\frac{m_D^2}{m_R}$ 程度になり，シーソー機構は相変わらず機能することが分かる．

3.3.2 SO(10) 大統一模型

標準模型のゲージ対称性は $SU(3)_c \times SU(2)_L \times U(1)_Y$ のように三つの独立な群の直積の形になっている．そのため，電磁相互作用と弱い相互作用は $SU(2)_L \times U(1)_Y$ のゲージ対称性である程度の統一的記述が成されているが（電弱統一理論），強い相互作用を記述する $SU(3)_c$ は $SU(2)_L \times U(1)_Y$ とは全く独立な対称性なので，例えば強い相互作用の（ゲージ）結合定数（相互作用の強さを表す）は電弱統一理論の方の結合定数とは全く独立であり，確かに（重力を除く）三つの相互作用を全て記述できてはいるものの，それらの真の統一理論という訳には行かない．しかし，これら三つの相互作用を真に統一することのできる**大統一理論 (Grand Unified Theory, GUT)** がずっと以前から提唱されている．これは前小節で議論した左右対称模型とは違うタイプの標準模型を超える (BSM) 理論である．

大統一理論においては真の統一を達成するために，ゲージ群としては（いくつかの部分群の直積の形では書けない）“単純群” を採用する．特に，ここで紹介する単純群 SO(10) をゲージ対称性とする SO(10) 大統一理論は，前の小節で議論した左右対称模型を内包しており（SO(10) ゲージ対称性の部分群として左右対称模型のゲージ対称性を含んでいる，という意味），従ってシーソー機構を自然に採り入れることができ，それによって小さなニュートリノ質量を実現することが可能な大統一理論の典型例であると言える．また，既に述べたが，群論によれば SO(10) は例外群 E_6 に包含され，更に E_6 は，重力を含めた全ての相互作用の統一理論である超弦理論から自然に導かれるものである，という意味でも興味深い理論である．

SO(10) 大統一理論 (GUT) の紹介に入る前に，GUT のひな形である SU(5) GUT について，ごく簡単に紹介しよう（SU(5) は SO(10) に内包される）．GUT の特徴的な性質について理解するにも役立つであろう．

まず，どのような BSM 模型であっても非常な成功をおさめ現在確立している標準模型を内包するような理論である必要がある（ちょうど相対性理論が古典力学を含み，ある極限で古典力学に帰着するように）．ゲージ理論であれば，これは GUT のゲージ群が，標準模型の $SU(3)_c\times SU(2)_L\times U(1)_Y$ を部分群として含む（単純）群に限定される必要があることを意味する．そうした要請を満たすように標準模型を必要最小限に拡張した，言わば GUT の “最小模型 (minimal model)” と言えるのが，ジョージ・グラショウ (Georgi-Glashow) により提案された「**SU(5) GUT**」である[13]．実はこの理論は，その予言する陽子崩壊の寿命がスーパー・カミオカンデ実験の実験データ等と矛盾するために（その最も単純なものは）既に排除されているのであるが，GUT のひな形としてその本質を理解するのに最適であるので，SO(10) GUT を議論する前に少し解説することにする．

では，SU(5) GUT はなぜ GUT の最小模型と言えるのであろうか．まず，群の階数 (rank) というものに着目しよう．階数とは群の変換の生成子の内で最大何個までが互いに可換なものとして採れるか，というその最大数を表すものである．互いに可換な行列は同時対角化が可能なので，群の既約表現であるそれぞれの多重項 (multiplet)（SU(2) ならば 2 重項 (doublet)，3 重項 (triplet)，等）の各成分は階数の数だけの互いに独立な “量子数”（生成子の固有値）の集合によって特徴付けられる．SU(n)（n: 2 以上の自然数）の階数を求めるのは容易である．この場合，生成子はトレースがゼロ（トレースレス，traceless）のエルミート行列である．互いに可換な行列は全て対角化できるが，$n\times n$ のエルミートな対角行列は当然 n 個の独立な実パラメター（対角成分）を含む．これにトレースレスの条件を課すと自由度が一つ減って $n-1$ 個の独立な実パラメターを持つことになる．こうして，SU(n) の階数は $n-1$ であることが分かる．また U(1) の階数は明らかに 1 である．こうして標準模型のゲージ群 SU(3)$_c\times$ SU(2)$_L\times$ U(1)$_Y$ の階数は $2+1+1=4$ ということになる．よって，標準模型を内包するためには，GUT のゲージ群の階数は 4 以上である必要がある．そこで，最小の可能性である階数 4 を持つ単純群を探すと SU(5)，O(8)，O(9)，Sp(8)，F_4 がある．この内で SU(5) のみが，その部分群である SU(3)$_c$ の 3 重項で，かつ SU(2)$_L$ の 2 重項（左巻きクォークの表現に対応）の複素表現を持つことが分かる．こうして，ジョージ・グラショウは SU(5) GUT を最小模型として選別したのである．

ゲージ群を決めると，理論にどのような既約表現の物質場（クォーク，レプトン，そしてスカラーの場）を導入するかを指定すれば，理論は基本的に決定される．そこで，簡単のため第 1 世代のみに限定して，SU(5) のどのような既約表現を導入すればクォークとレプトンの場を記述できるかについて考えてみよう．ある既約表現のメンバー（成分）は，ゲージ相互作用において互いに変換し得るが，ゲージ相互作用ではフェルミオンのカイラリティー（右巻き，左巻き）は変化しない（chirality flip は無い）ので，各既約表現の成分は全て同じカイラリティーに統一されている必要がある．SU(2)$_L$ 1 重項の右巻きフェルミオンについては C（荷電共役）変換によりカイラリティーを変えることで全てのフェルミオンを左巻きに統一して考えると，第 1 世代のフェルミオンは，$\alpha=1,2,3$ をカラーの自由度として，以下のような計 15 個のワイル・フェルミオンで構成されている：

$$
\begin{aligned}
&\begin{pmatrix} u^\alpha \\ d^\alpha \end{pmatrix},\ (u^\alpha)^c,\ (d^\alpha)^c, \\
&\begin{pmatrix} \nu_e \\ e^- \end{pmatrix},\ e^+.
\end{aligned}
\tag{3.72}
$$

一方で，SU(5) の既約表現の中で最も小さな表現は，当然基本表現である 5 表現（5 成分の複素ベクトル），あるいはその複素共役の $\bar{5}$ 表現である．SU(5) の全ての表現はこれらの直積により構成可能である（ちょうど量子力学において，スピン $\frac{1}{2}$ の波動関数（SU(2) の基本表現である 2 重項）をいくつか掛け算して任意の大きさのスピンを持つ波動関数を構成できるように）．例えば $5\otimes 5=10\oplus 15$．ここで 10 と 15 は，それぞれ二つの 5 表現の反対称的および対称的な積（組み合わせ）で構成できる．この 15 次元表現の中にちょうど上記の 15 個のワイル・フェルミオンを入れられるとよいが，実際にはうまく行かない．それは SU(5) の基本表現である 5 表現を (SU(3)$_C$，SU(2)$_L$) の表現で書いてみると $(3,1)+(1,2)$ となるので，15 次元表現は二つの $(3,1)$ の対称な直積，つまり $(6,1)$ を含むことになるが，クォークはカラー 3 重項に属し 6 重項ではないからである．

結局，第 1 世代のフェルミオンは

$$\bar{5} \oplus 10 \tag{3.73}$$

のように二つの既約表現に割り振る必要があることが分かる．具体的には $\bar{5}$ 表現は $(\bar{3},1)+(1,2)$（SU(2) の特殊性で $\bar{2}$ は 2 と同等である）と分解できるので，この表現（ψ と書こう）には右巻き d クォークの荷電共役および左巻きレプトンの $\mathrm{SU}(2)_L$ 2 重項を割り当てることになる：

$$\psi = \begin{pmatrix} (d^1)^c \\ (d^2)^c \\ (d^3)^c \\ e^- \\ -\nu_e \end{pmatrix}. \tag{3.74}$$

ここで，下の方の二つの成分については，標準模型に現れる左巻きの $\mathrm{SU}(2)_L$ の 2 重項 $(\nu_e, e^-)^t$（t: 転置）に 2 階の完全反対称テンソル $i\sigma_2$ を掛け算することで $\bar{2}$ のように振る舞うようにしてある（二つの 2 重項を反対称に組むと SU(2) 不変になることに注意）．

なお，一見 $(\bar{3},1)$ には右巻き u クォークの荷電共役を当てはめてもよいように思えるが，SU(5) の全ての生成子はトレースレスの行列で書けるので，（e を単位とする）電荷の演算子 Q についても同様で

$$\mathrm{Tr}\, Q = 0 \tag{3.75}$$

であり，各既約表現についてその成分を成す粒子の電荷の総和はゼロとなる必要がある．u クォークの荷電共役を $\bar{5}$ 表現に当てはめてしまうと電荷の総和は $3 \times (-\frac{2}{3}) + (-1) + 0 = -3$ となりゼロにならないのである．こうして d クォークの方が選ばれる．このように SU(5) GUT では $\mathrm{Tr}\, Q = 0$ から $|Q(e)| = 3|Q(d)|$ という「**電荷の量子化**」（基本単位の整数倍になるということ）と呼ばれる，標準模型では説明できない関係が自然に導かれる．

一方のフェルミオンの既約表現である 10 表現については，この表現は二つの 5 表現の反対称な積と同等なので $(\mathrm{SU}(3)_C, \mathrm{SU}(2)_L)$ の表現で分解すると $(\bar{3},1)+(3,2)+(1,1)$ となる（SU(3) については，SU(2) の場合とは異なり，基本表現である 3 表現の反対称な積は $\bar{3}$ として振る舞う．三つの 3 表現の完全反対称な積は SU(3) 不変であるからである）．よって，電荷の総和がゼロということとも考え合わせると，次のようにクォーク，レプトンが割り当てられることが分かる（10 表現は 2 階の反対称テンソルなので，5×5 の反対称行列 χ で表示する）：

$$\chi = \begin{pmatrix} 0 & (u^3)^c & -(u^2)^c & -u^1 & -d^1 \\ -(u^3)^c & 0 & (u^1)^c & -u^2 & -d^2 \\ (u^2)^c & -(u^1)^c & 0 & -u^3 & -d^3 \\ u^1 & u^2 & u^3 & 0 & -e^+ \\ d^1 & d^2 & d^3 & e^+ & 0 \end{pmatrix}. \tag{3.76}$$

標準模型では，クォークとレプトンはそれぞれ別の既約表現に属し混ざり合うことは無かったが，大統一理論 (GUT) の大きな特徴として，(3.74)，(3.76) に見られるように，クォークとレプトンが同一の既約表現の中に混在することになる．相互作用だけでなく，クォーク・レプトンも一つに統一される，とも言える．このために，GUT 特有のゲージ相互作用としてクォークをレプトンに遷移させるといった，バリオン数 B やレプトン数 L を保存しない相互作用が可能となるのである．

ちょうどこれに呼応するように，ゲージ理論では群の次元（独立な変換，生成子の数）だけのゲージ・ボソンが存在するが，SU(5) の次元は $5^2 - 1 = 24$ であるのに対し，標準模型のゲージ・ボソンの数は，グルーオンが 8 個，弱ゲージ・ボソンが $W^{\pm}$，Z の 3 個，それに光子 γ の計 12 個であるので，$24 - 12 = 12$ 個の標準模型には存在しないゲージ・ボソンが存在するはずである．このゲージ・ボソンは X，Y と呼ばれるもので（それぞれ 6 個ずつある），B，L を保存しない相互作用というのは，正にこれらのゲージ・ボソンを交換するファインマン・ダイアグラムに依るものである（標準模型には存在しない GUT 特有のカラーを帯びたヒッグス・ボソンの交換に依るものもあるが）．こうした B，L の保存則が破られる過程の典型が陽子崩壊である．標準模型では相互作用が B，L を保存し，一方で陽子はバリオンの中で最も軽いので陽子崩壊は起こりえないが，GUT ではこの保存則が壊れるので，陽子崩壊が一般に予言されるのである．詳しくは述べないが，SU(5) GUT での主たる崩壊モードは $p \to \pi^0 + e^+$ である．実際には，先に述べたように，SU(5) GUT の予言する寿命での陽子崩壊がスーパー・カミオカンデ実験等で観測されていないので（その最も単純な形の）SU(5) GUT は既に排除されている．

上で見たように，SU(5) 模型ではクォーク・レプトンをひとつの既約表現に完全に統一することはできないが，SU(5) より少し大きなゲージ群を持つ SO(10) GUT を考えると，一つの既約表現を用いて，シーソー機構実現のため必要な右巻きのニュートリノも含め，1 世代分の 16 個のクォーク・レプトンを全て統一的に記述することが可能になるのである．

そこで，いよいよ SO(10) GUT について紹介することにしよう．階数 4 の SU(5) GUT は陽子崩壊の寿命に関する予言が実験データと矛盾するという問題の他に，自発的ゲージ対称性の破れが無視できるような高エネルギー（実際には 10^{15} GeV といった）の世界でも，$\mathrm{SU}(3)_c$，$\mathrm{SU}(2)_L$，$\mathrm{U}(1)_Y$ の三つのゲージ結合定数が一致しない，という問題（GUT であれば三つの力の統一が実現すべきである）も抱えている．そこで，最小模型である SU(5) をもう少し拡張した GUT の可能性が考えられている．魅力的で有力な候補は階数を一つ上げた SO(10) GUT である．この模型では（詳しい解説は省略するが）大統一が成し遂げられるエネルギー（質量）スケールを十分大きくして，陽子崩壊の寿命を SU(5) の場合より長くしたり，三つのゲージ結合定数の統一も実現可能である．更に，既に述べたように左右対称模型を自然に含むことでシーソー機構を具現化できる模型にもなっているのである．なお，一つ補足すると，一般に群 SO(n) ($n \geq 2$) の階数は $[\frac{n}{2}]$ である（[ ] はガウス記号である）．これは容易に分かる．SO(n) は回転の成す集合であるが，回転はどの平面内（例えば x–y 平面内）の回転かで指定できる．n 次元空間の座標を $(x_1, x_2, \ldots, x_n)$ と書くと，そうした回転の生成子が可換であるためには，x_1–x_2 平面，x_3–x_4 平面，$\cdots$ のように互いに重複しない平面内での回転を取ってくる必要がある．そうした重複の無い平面の数がちょうど $[\frac{n}{2}]$ であり，それがこの群の階数に他ならないのである．例えば SO(3) であれば，重複しない平面は x–y 平面のように 1 個しか取れないので階数は 1 なのである．よって SO(10) の階数は $[\frac{10}{2}] = 5$ となり，SU(5) の場合の 4 より 1 だけ大きいことになる．

さて，本来 SO(10) は実 10 次元空間（とは言っても 10 次元時空を考えるというのではなく，ゲージ変換が作用する“内部空間”の話である）における回転の成す群であるから，その基本表現は 10 成分の実ベクトルである 10 表現である．一方で，例えば荷電粒子であるクォークの場は複素数である必要があり，一見 SO(10) GUT は機能しないように思われる．しかし，実は直交群 SO(n) にはスピノール表現と呼ばれる複素数の既約表現が存在するのである．スピノールという言葉で思い出した読者も居られるかもしれない．電子などのフェルミオンを記述する場は複素 4 成分のディラック・スピノールであるが，これは 4 次元時空におけるローレンツ変換の成す群である「ローレンツ群」SO(3, 1) の既約表現である．SO(3, 1) と書かれる理由は，4 次元時空はミンコフスキー空間で時間と空間座標では計量テンソルの符号が逆であるからであり，仮に 4 次元ユークリッド空間を考えたとするとローレンツ群に当たるのは単に 4 次元（ユークリッド）空間における回転群 SO(4) になるのである．これから類推されるように SO(n) にも複素数のベクトルである「スピノール表現」が存在するのである．ではその次元（スピノールの成分数）はいくつであるかというと，結論を先に述べると $2^{[\frac{n}{2}]}$ であり，$n = 4$ だとこれは 4 となって，確かにディラック・スピノールの次元と同じである．

なぜ $2^{[\frac{n}{2}]}$ となるのか考えてみよう．スピノールはそもそもスピン $\frac{1}{2}$ を持った粒子を記述するためのものである．非相対論的な 3 次元空間における量子力学では，スピン $\frac{1}{2}$ の粒子はパウリ・スピノールという 2 成分の複素ベクトル $(\psi_{\rm up}, \psi_{\rm down})$ で表される．これはスピンの z 成分 S_z の固有値が $\pm\frac{1}{2}$ を持つ上向き，下向きの状態に対応する二つの波動関数 $\psi_{\rm up}$，$\psi_{\rm down}$ が必要だからである．S_z は軌道角運動量でいえば L_z に対応するが，これは z 軸周りの回転，つまり x–y 平面内の回転の生成子でもある．よって，ユークリッド空間を 3 次元から n 次元に拡張すると，互いに独立な回転は SO(n) の階数と同じ $[\frac{n}{2}]$ 個あるので，互いに独立な S_z のようなスピン演算子も同数だけ存在する．するとスピノールの各成分は，階数だけの個数のそれぞれのスピン演算子の固有値により指定できる．一方，各スピン演算子の固有値は $\pm\frac{1}{2}$ の 2 通りであるので，$(\frac{1}{2}, \frac{1}{2}, -\frac{1}{2}, \ldots)$ のような $[\frac{n}{2}]$ 個の数の組み合わせでスピノールの各成分が指定されることになる．異なる組み合わせの場合の数は明らかに $2^{[\frac{n}{2}]}$ であり，これがちょうど SO(n) におけるスピノール表現の次元（スピノールの成分数）に他ならないのである．

すると SO(10) の場合のスピノール表現は $2^5 = 32$ 成分のベクトルになり，標準模型における 1 世代分のワイル・スピノールの数 15 の 2 倍以上になってしまう．しかし 10 次元は偶数次元なので，ちょうど 4 次元時空におけるワイル・スピノールのように γ_5 に対応する $\Gamma_{11} = i\Gamma_1\Gamma_2\cdots\Gamma_{10}$ という "カイラル演算子" の固有値の正負によってスピノールを二つに分解でき（右巻き，左巻きに対応），例えば固有値が正の方を採用すると，16 成分を持つスピノール表現が得られるのである．

この 16 成分のスピノール表現こそが，1 世代分のクォーク，レプトン全て，計 15 個分の左巻きフェルミオンを取り入れることができる既約表現なのであるが．それに加え，標準模型には存在しない右巻きニュートリノ ν_{eR} も加え，全部で 16 成分をなすのである．右巻きニュートリノも必然的に含まれるのは，SO(10) GUT が左右対称模型を包含する模型であることを考えると当然のことと言える．数学的には，群の包含関係は次のようである：

$$\begin{aligned} \mathrm{SO}(10) \;&\supset\; \mathrm{SU}(4)_{P.S.} \times \mathrm{SU}(2)_L \times \mathrm{SU}(2)_R \\ &\supset\; \mathrm{SU}(3)_c \times \mathrm{SU}(2)_L \times \mathrm{SU}(2)_R \times \mathrm{U}(1)_{B-L}. \end{aligned} \tag{3.77}$$

考えてみると，左右対称模型のゲージ群 $\mathrm{SU}(3)_c \times \mathrm{SU}(2)_L \times \mathrm{SU}(2)_R \times \mathrm{U}(1)_{B-L}$ の階数は 5 で，標準模型の階数 4 より大きいので，階数 4 のゲージ群を持つ SU(5) GUT ではこれを包含できないのは当たり前である．

こうして，SU(5) では実現できなかった，群の一つの既約表現である 16 次元表現にクォーク，レプトンの全てのフェルミオンを過不足なく取り入れ，フェルミオンの完全な統一を実現する美しい構造を持っていることが分かる：

$$16: \quad \begin{pmatrix} u^\alpha \\ d^\alpha \end{pmatrix}_L, \; \begin{pmatrix} \nu_e \\ e^- \end{pmatrix}_L, \quad \begin{pmatrix} u^\alpha \\ d^\alpha \end{pmatrix}_R, \; \begin{pmatrix} \nu_e \\ e^- \end{pmatrix}_R \quad (\alpha = 1, 2, 3). \tag{3.78}$$

ここでは，16 次元表現の成分を部分群 $\mathrm{SU}(2)_L \times \mathrm{SU}(2)_R$ の表現で分類していて，添字 L の付いたものは部分群 $\mathrm{SU}(2)_L$ の 2 重項として，R の付いたものは $\mathrm{SU}(2)_R$ の 2 重項として振る舞う．あるいは，例えば u^α と ν_e を一緒にして $(u^\alpha, \nu_e)^t$ として部分群 $\mathrm{SU}(4)_{P.S.}$ の基本表現として扱うことも可能である．

ところで，左右対称模型の場合には，右巻きニュートリノのマヨラナ質量項は，$\mathrm{SU}(2)_R$ の 3 重項として振る舞うスカラー場 Δ_R を導入し，このスカラー場との湯川結合を通して供給された．では，SO(10) GUT の場合には，どのような表現のスカラー場を導入する必要があるのであろうか．結論から言うと，

126 次元という大きな次元を持つ既約表現のスカラー場が必要となる．GUT にすることで一気にたくさんのスカラー場が必要とされることになる．

126 次元表現が必要になる理由を，簡単にではあるが説明しよう．フェルミオンの質量項はフェルミオンの場であるスピノールの 2 次式（2 次形式）でラグランジアンに現れるので，スピノールの 2 次形式が群のどのような既約表現に属するのかを知る必要がある．ちょうど大きさ $\frac{1}{2}$ の 2 個のスピンを合成してスピン 1 を構成できるように，4 次元時空では，ディラック・スピノール ψ の 2 次式で $V^\mu \equiv \bar{\psi}\gamma^\mu\psi$ というローレンツ・ベクトルとして振る舞うものを構成できる．実際，例えばスピン 1 のゲージ場 A_μ と縮約すればローレンツ不変量ができるので，V^μ がベクトルであることは明らかである．この 2 次形式は chirality flip の無いものなので，前節で用いたスピノールの 2 成分表示 (SL(2, C) の表現 2，$\bar{2}$ を用いた表示）で考えると，これを $2 \times \bar{2} = 4$ と表すことが可能である．表現の次元についても，$2 \times 2 = {}_4\mathrm{C}_1$ でつじつまが合っている．一方，chirality flip のある 2 次形式を考えると，スカラー，（反対称）テンソルとして振る舞う $\bar{\psi}\psi$，$\bar{\psi}\Sigma_{\mu\nu}\psi$ ($\Sigma^{\mu\nu} = \frac{i}{4}[\gamma^\mu, \gamma^\nu]$) となり，こちらは $2 \times 2 = 1 + 3$ と表され，次元についても同様で $2 \times 2 = {}_4\mathrm{C}_0 + \frac{1}{2} \cdot {}_4\mathrm{C}_2$ と書ける．ここでテンソルの次元の所で $\frac{1}{2}$ とあるのは，テンソルは，chirality に応じて “自己双対性 (self-duality)” あるいは “反自己双対性 (anti-self-duality)”，即ち $\Sigma_{\mu\nu} = \pm\frac{1}{2}\epsilon_{\mu\nu\kappa\lambda}\Sigma^{\kappa\lambda}$ の関係を持つために自由度が半分になるからである．数勘定がぴったり合うのは，二項係数についての関係式 $2^4 = \sum_{k=0}^{4} {}_4\mathrm{C}_k$（の半分）を考えると理解できる．

SO(10) のスピノール表現についても同様に考えると，以下の関係式が得られることが分かる：

$$
\begin{aligned}
&16 \times 16 = 10 + 120 + 126 \ (= {}_{10}\mathrm{C}_1 + {}_{10}\mathrm{C}_3 + \frac{1}{2} \cdot {}_{10}\mathrm{C}_5), \\
&16 \times \bar{16} = 1 + 45 + 210 \ (= {}_{10}\mathrm{C}_0 + {}_{10}\mathrm{C}_2 + {}_{10}\mathrm{C}_4).
\end{aligned} \tag{3.79}
$$

厳密には，4 次元時空の場合と SO(10) GUT の場合では，ミンコフスキー的かユークリッド的かの違いがあるので，SO(10) では chilality flip のある方がベクトルなどの表現に対応することになる．マヨラナ質量項は chilality flip がある方の 16×16 に含まれるが，$\mathrm{SU}(2)_R$ の 3 重項を含むものは 126 次元表現のみであることが分かる．そのため，ラグランジアンがゲージ不変であるためにはスカラー場として同じ 126 次元表現を導入する必要があるのである．

3.3.3 量子効果によるニュートリノ質量の生成

小さなニュートリノ質量を自然に導く機構としてよく議論されるシーソー機構 (Type I) が機能するためには，右巻きニュートリノ ν_R の存在が必須であるが，前節で見たように，この機構の本質的な部分は，左巻きニュートリノのマヨラナ質量を生成する質量次元 5 のゲージ不変な演算子 H^2L^2（正確に

は (3.56) に示された演算子）の係数が何らかの機構で抑制されることである．従って，ν_R を導入せず左巻きニュートリノ ν_L のみ存在する理論でも，理論的には ν_L の小さなマヨラナ質量を生成することは可能である．ただし，(3.56) はゲージ不変ではあるが，マヨラナ質量を生成することから当然ながらレプトン数を保存しない（$|\Delta L| = 2$）演算子である．よって，この演算子を得るためには，標準模型とは異なり，理論に何らかのレプトン数を保存しない相互作用が存在することが必要条件となる．

ここでは，こうしたことを実現する模型として，Type II，III とは違って tree（樹木）のファインマン・ダイアグラムではなく，ループ・ダイアグラムで表される量子効果によって小さなマヨラナ質量を生成する，A. Zee によって提案された“**ジー模型**”[14] を採り上げることにする．

このジー模型の特徴は，ゲージ対称性は標準模型のそれと全く同じで，また右巻きニュートリノも導入しないかわりに，$\mathrm{SU}(2)_L$ 1 重項で電荷 -1 のスカラー粒子 h^- が新粒子として導入されることである．また，レプトン数保存を破る相互作用を実現するために複数のヒッグス 2 重項 H^α（弱ハイパー・チャージ $Y = 1$ を持つ）が必要とされるが，ここでは簡単のため 2 個だけ導入することにする：$\alpha = 1, 2$.

新たに導入された h^- と左巻きレプトンの 2 重項 L は次のようなゲージ不変な湯川相互作用を持つ：

$$\mathcal{L}_{\text{Yukawa}} = f^{ab}\epsilon_{ij}\overline{(L_i^a)^c}L_j^b h^+ + \text{h.c.}. \tag{3.80}$$

ここで i，j は $\mathrm{SU}(2)_L$ 2 重項の要素を表し (i, $j = 1, 2$)，また a，b は世代を表す添字である．ニュートリノのフェルミ統計の帰結として係数は反対称性 $f^{ba} = -f^{ab}$ を持つので，ヒッグス 2 重項と同様に複数の世代が必要である．

h^- はヒッグス 2 重項 H^α とも 3 点相互作用を持つ：

$$\mathcal{L}_{\text{scalar}} = M_{\alpha\beta}\epsilon_{ij}H_i^\alpha H_j^\beta h + \text{h.c.}. \tag{3.81}$$

$M_{\alpha\beta}$ は質量次元 1 の係数であるが，これについても反対称性 $M_{\beta\alpha} = -M_{\alpha\beta}$ があるため $M_{\alpha\alpha} = 0$ となるので，ヒッグス 2 重項が複数必要になるというわけである．

レプトン数保存は，(3.80) と (3.81) の二つの相互作用が共存することによってのみ破られることが分かる．実際，(3.80) に着目すれば，h^- がレプトン数 -2 を荷うと考えれば，この相互作用でレプトン数は保存される．また，(3.81) に着目すれば，H^α は標準模型のヒッグス場と同様に荷電フェルミオンにディラック質量を供給するのでレプトン数を持たないと考え，h^- もレプトン数を荷わないとすれば，レプトン数は保存されることになる．要点は，両方が共存すると，h^- に一意的にレプトン数を付与することが不可能となることであり，これによりレプトン数保存が破られるのである．

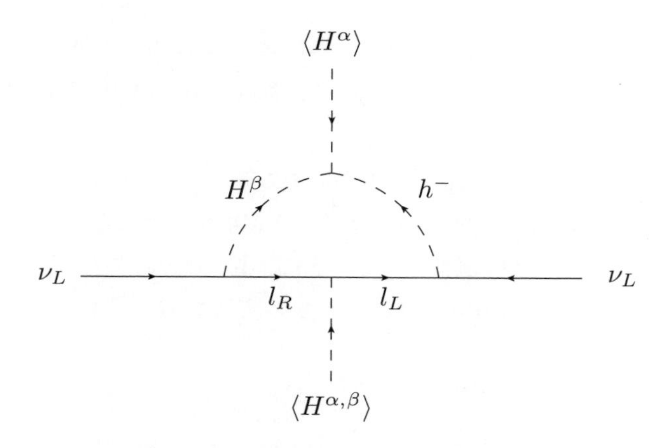

図 3.4　量子効果によるニュートリノのマヨラナ質量生成.

これから学ぶことは，マヨラナ質量を得ようとすると，これら両方の相互作用の関与が必須であるということである．実際，これらの相互作用が関与する図 3.4 の 1 ループのファインマン・ダイアグラムにより ν_L のマヨラナ質量が生成されることが分かる．ここで，l は荷電レプトンを表す．また $\alpha \neq \beta$. 生成されるマヨラナ質量項を $m_{ab}\nu_L^a \nu_L^b$ （ν_L^aは正確には$\overline{(\nu_L^a)^c}$）と書くと，このファインマン・ダイアグラムの計算から m_{ab} は次のように与えられる：

$$m_{ab} = f^{ab}(m_b^2 - m_a^2)\frac{M_{12}v_2}{v_1}F(m_h^2, m_H^2). \tag{3.82}$$

こうして得られる，m_{ab} を要素とする "質量行列" は対称行列である：$m_{ba} = m_{ab}$. なお関数は

$$F(x,y) \equiv \frac{1}{16\pi^2}\frac{\ln x - \ln y}{x - y} \tag{3.83}$$

で定義される．m_h は h^- の質量，m_H は自発的対称性の破れの後に物理的に残る二つのヒッグス 2 重項の中の荷電スカラー粒子の質量固有値である．新粒子である h^- の質量である m_h は，弱スケール程度の m_H よりずっと大きいものとする：$m_h^2 \gg m_H^2$. また m_a は a 番目の世代の荷電レプトンの質量であり，$v_{1,2}$ は二つのヒッグス 2 重項の真空期待値である．

(3.82) において $m_b^2 - m_a^2$ の因子が引き算で現れるのは，図 3.4 において，外線の左右のニュートリノのとり方に (ν_L^a, ν_L^b), (ν_L^b, ν_L^a) の 2 通りがあり，加えて f^{ab} の反対称性が効くからである．この因子のために $m_{aa} = 0$ となり，ニュートリノの質量行列は，対称行列ながら対角成分を持たないというのがこの模型の特徴的な予言である．

M_{ab} を m_H 程度とし，$v_1 \sim v_2$ とすると，左巻きニュートリノのマヨラナ質量は

$$m_{ab} \sim \frac{f^{ab}}{16\pi^2} m_H \frac{m_b^2 - m_a^2}{m_h^2} \tag{3.84}$$

であり，小さな比 $\frac{m_b^2-m_a^2}{m_h^2}$ および小さな湯川結合の因子 $\frac{f^{ab}}{16\pi^2}$ により強く抑制され，弱スケール M_W 程度の m_H よりずっと小さなニュートリノ質量が得られることとなる．

なお，図 3.4 において外線に，二つの左巻きニュートリノと共に，H^α，$H^{\alpha,\beta}$ という 2 個のヒッグス 2 重項が（それらの真空期待値 $\langle\cdots\rangle$ に置き換わっているが）現れていることに注意しよう．これは，このダイアグラムが正に，(3.56) に相当する質量次元 5 の演算子 H^2L^2 を生成していることを示しているのである．

第 4 章
ニュートリノ振動

ニュートリノ振動と呼ばれる現象の可能性は，理論的にはずっと以前から指摘されていたが，最初にポンテコルボが提唱したもの[15]は $\nu_L \to \bar{\nu}_R$ といったニュートリノが反ニュートリノに遷移するタイプのものであった．現在通常議論されるような $\nu_e \to \nu_\mu$ といった，レプトン・セクターにおけるフレーバー（世代）が変化するタイプのニュートリノ振動を最初に提唱したのは牧・中川・坂田であった[16]．2.7 節で説明したように，こうしたニュートリノ振動が生じるための必要十分条件は，ニュートリノが異なる質量固有値を持つこと（従って，標準模型の予言とは違ってニュートリノは質量を持つ必要がある)，また異なるフレーバー（世代）間の混合（フレーバー混合）が存在することである．各世代が完全に独立していてフレーバーが混ざらなければ，当然フレーバーが変化するニュートリノ振動は起きないが，フレーバー混合があっても，仮にニュートリノ質量が完全に同じで "縮退" していると，直感的に言えばフレーバーを区別する手立てがなく，フレーバー混合が物理的意味を成さないことになり，従ってニュートリノ振動は起きないのである．実際，例えば (2.26) を見ると，θ，Δm^2 のいずれか一方でもゼロとなるとニュートリノ振動 $\nu_e \to \nu_\mu$ の確率はゼロとなることが分かる．

4.1 ニュートリノの質量固有値とフレーバー混合

ニュートリノ振動を決定するニュートリノの質量固有値とフレーバー混合は，ニュートリノを表す場の 2 次形式であるニュートリノ質量項の "対角化" により得られる．これはちょうど例題 1.1 で連成振動子のポテンシャル項を対角化し独立な固有振動に分解したのと同じ考え方によるものであり，互いに独立な確定した質量を持つニュートリノの状態（これを**質量固有状態** (mass eigenstate) という）に分解するためである．

まず，ニュートリノに質量を与えるためには，標準模型で既に存在する左巻きニュートリノの（カイラル・）パートナーを必要とするが，前の章で解説した小さなニュートリノ質量を説明する理論の内でジー模型以外では，いずれの場合もパートナーとして右巻きニュートリノを必要とする．そこで，標準模型に 3 世代分の右巻きニュートリノを付加的に導入することにする．クォーク・セクターと同様に左巻きレプトンは $\mathrm{SU}(2)_L$ の 2 重項として，また右巻きレプトンは 1 重項として変換するものとする：

$$\begin{pmatrix} \nu_e \\ e \end{pmatrix}_L, \quad \begin{pmatrix} \nu_\mu \\ \mu \end{pmatrix}_L, \quad \begin{pmatrix} \nu_\tau \\ \tau \end{pmatrix}_L; \qquad \nu_{eR},\ \nu_{\mu R},\ \nu_{\tau R},\ e_R,\ \mu_R,\ \tau_R. \tag{4.1}$$

荷電レプトン e，μ，τ については既に質量行列は対角化され，右巻き，左巻きともに質量固有状態であると仮定する．例えば e は我々の原子を作る確定した質量（ほぼ 0.5 MeV）を持つ素粒子を表すということである．一方，例えば ν_e はベータ崩壊の際 e とペアで生成されるニュートリノという意味で ν_e と呼ばれるが，こうした弱い相互作用に参加する状態を，ニュートリノの**弱固有状態** (weak eigenstate) と言う．例えば，太陽の中心部で核融合により生成される「**太陽ニュートリノ**」は ν_e であり，これを地上で検出した際に，太陽中の核反応を記述する「標準太陽模型」の予言の半分以下の事象数しかないというのが「**太陽ニュートリノ問題**」であるが，これは地球に到達するまでに ν_e が ν_μ，ν_τ のような他のフレーバーに変化するニュートリノ振動が起きているからである，と考えられている．仮に ν_e が質量固有状態でもあるとすると，（それは自由ラグランジアンの固有状態であり）真空中を飛行中に他のニュートリノに変化することはありえないので，この事実は ν_e のようなニュートリノの弱固有状態と質量固有状態がずれていて，クォークのセクターと同様のフレーバー（世代間）混合が存在することを意味している．つまり，ニュートリノの質量項を ν_e，ν_μ，ν_τ の場の 2 次形式なので "質量行列" の形で書いた時に，質量行列は非対角行列になり，これを対角化することによって，ニュートリノの質量固有値，また質量固有状態とフレーバー混合（混合角，等）が決まることになる．ニュートリノの質量項がディラック型か，マヨラナ型かで対角化の様子が異なるので，以下それら二つの場合に分けて対角化を議論することにする．

4.1.1 ディラック型の場合

ニュートリノのタイプが，小節 3.2.2 で論じたようなディラック質量のみを持つ純粋なディラック型の場合には，その質量項はちょうどクォーク・セクターでの up タイプのクォークの場合と同様に，ν_L，ν_R のヒッグス 2 重項 H との湯川相互作用においてヒッグス場に真空期待値を与えることで生成され，弱固有状態 $(\nu_e,\ \nu_\mu,\ \nu_\tau)$ を基底とする 3×3 の質量行列 m_D を用いて

$$\mathcal{L}_m = -(m_D)_{\alpha\beta}\overline{\nu_{\alpha L}}\nu_{\beta R} + \mathrm{h.c.} \quad (\alpha,\ \beta = e,\ \mu,\ \tau) \tag{4.2}$$

と書ける（付録 A の A.6 節参照）．$(m_D)_{\alpha\beta}$ は質量行列 m_D の (α,β) 成分であり，またアインシュタインの記法に従って，重複する添字 α，β については和をとるものと理解する．

クォーク・セクターの場合と同様に，m_D は（一般に）異なる二つのユニタリー行列 U，V を用いた双ユニタリー (bi-unitary) 変換による対角化が可能である（付録 A の小節 A.6.2 参照）：

$$U^\dagger m_D V = \begin{pmatrix} m_1 & 0 & 0 \\ 0 & m_2 & 0 \\ 0 & 0 & m_3 \end{pmatrix}. \tag{4.3}$$

これらの質量固有値 m_1，m_2，m_3 を持った，ニュートリノの三つの質量固有状態をそれぞれ ν_1，ν_2，ν_3 で表すことにすると，(4.2) は

$$\mathcal{L}_m = -m_i \overline{\nu_{iL}} \nu_{iR} + \text{h.c.} \quad (i = 1, 2, 3) \tag{4.4}$$

のように対角化される．(4.2) と (4.4) を比べると分かるように，弱い相互作用に参加する左巻きの active な弱固有状態 ν_{eL}，$\nu_{\mu L}$，$\nu_{\tau L}$ は，左巻きの質量固有状態 ν_{1L}，ν_{2L}，ν_{3L} を用いて

$$\begin{pmatrix} \nu_{eL} \\ \nu_{\mu L} \\ \nu_{\tau L} \end{pmatrix} = U \cdot \begin{pmatrix} \nu_{1L} \\ \nu_{2L} \\ \nu_{3L} \end{pmatrix}, \tag{4.5}$$

のように 3×3 のユニタリー行列 U を使って表される．このユニタリー行列 U は，フレーバーの変わるニュートリノ振動の提唱者の名前を冠し「**牧・中川・坂田 (MNS) 行列**」（ポンテコルボの名前も入れ，**PMNS 行列**と呼ばれることもある）と呼ばれ，ちょうどクォーク・セクターにおける**小林・益川行列**に対応するものである．実際，ニュートリノの質量固有状態を用いて荷電カレントによる弱い相互作用の項を書いてみると

$$\mathcal{L}_c = \frac{g}{\sqrt{2}} \begin{pmatrix} \overline{e_L} & \overline{\mu_L} & \overline{\tau_L} \end{pmatrix} U \gamma_\mu \begin{pmatrix} \nu_{1L} \\ \nu_{2L} \\ \nu_{3L} \end{pmatrix} \cdot W^{-\mu} + \text{h.c.} \tag{4.6}$$

となるので，U が小林・益川行列に対応していることが分かる（付録 A の小節 A.6.2 参照）．

4.1.2　マヨラナ型の場合

次に，小節 3.2.3 で論じた，小さなニュートリノ質量を自然に説明することが可能なシーソー型のタイプのニュートリノの場合について考えてみよう．この場合には，

$$\begin{pmatrix} \nu_{eL} \\ \nu_{\mu L} \\ \nu_{\tau L} \\ (\nu_{eR})^c \\ (\nu_{\mu R})^c \\ (\nu_{\tau R})^c \end{pmatrix} \tag{4.7}$$

を基底とする，(3.32) を 3 世代の場合に拡張した 6×6 の質量行列を考える必要がある．この行列をディラック質量，2 種類のマヨラナ質量を表す m_D，m_L，m_R という三つの 3×3 行列を用いて

$$M_\nu = \begin{pmatrix} m_L & m_D^t \\ m_D & m_R^* \end{pmatrix}, \tag{4.8}$$

のように表してみる．1 世代の時に述べたように，質量行列 M_ν は複素対称行列であり，$m_L^t = m_L$，$m_R^t = m_R$ である．簡単のために，1 世代の場合と同様に $\mathrm{SU}(2)_L$ 3 重項のヒッグスは導入せず $m_L = 0$ としよう．m_D は上で議論したディラック型の場合と同じく，ヒッグス 2 重項との湯川結合から生じ，m_R はゲージ不変なマヨラナ質量項 $-(m_R)_{\alpha\beta}\overline{(\nu_{\alpha R})^c}\nu_{\beta R}$ で与えられる．証明はしないが，複素対称行列はユニタリー行列とその転置を左右から掛け算して対角化可能である．とは言え，6×6 行列の対角化は一般に複雑である．しかしシーソー型の場合には，ディラック質量より右巻きのマヨラナ質量の方がずっと大きく，m_D の各成分より m_R の各成分の方がずっと大きいものとしてよい．すると，左巻きニュートリノと右巻きニュートリノ（の反粒子）との混合角は 1 世代の場合と同様に小さいと考えられる．具体的には行列 $m_D^t m_R^{*-1}$ の各成分は 1 に比べ十分小さいと見なせるのである．そこで，次のようなユニタリー変換を行うことで，近似的に質量行列を“ブロック対角化”された形に持っていくことが可能である：

$$\begin{pmatrix} iI & -im_D^t m_R^{*-1} \\ m_R^{-1} m_D^* & I \end{pmatrix} M_\nu \begin{pmatrix} iI & m_D^\dagger m_R^{-1} \\ -im_R^{*-1} m_D & I \end{pmatrix}$$
$$\simeq \begin{pmatrix} m_D^t (m_R^*)^{-1} m_D & 0 \\ 0 & m_R^* \end{pmatrix}. \tag{4.9}$$

こうして，1 世代の場合と同様に，殆ど右巻きのニュートリノよりなる 3 個のマヨラナ・ニュートリノ（1 世代の場合の N_s に相当）は m_R の固有値である大きな三つのマヨラナ質量を得る．これらの重いニュートリノは，前章のシーソー機構の所で述べた decoupling 定理により，低エネルギー過程には現れないと考えてよい．一方の，殆ど左巻きの active なニュートリノよりなる 3 個のマヨラナ・ニュートリノ（1 世代の場合の N_a に相当）は，近似的に次のようなマヨラナ型の質量行列 $m_{\nu L}$ を持つことになる：

$$m_{\nu L} = m_D^t (m_R^*)^{-1} m_D. \tag{4.10}$$

直ぐ分かるように，この行列も再び対称行列なので，一つのユニタリー行列 U を用いて対角化可能である：

$$U^t m_{\nu L} U = \mathrm{diag}\,(m_1,\ m_2,\ m_3). \tag{4.11}$$

(4.11) はディラック型の場合の対角化 (4.3) とは少し違う．こうした違いは，左巻きニュートリノとカイラル・パートナーを組む右巻きの状態が，ディラック型の場合のように独立なワイル・フェルミオンであるか（従って (4.3) では V は U とは独立)，マヨラナ型の場合のように左巻きの反粒子であるか（従って (4.11) において U^t は U とは独立ではない）という違いから本質的に生じている．

しかし，ここで強調したいのは，通常想定されているニュートリノ振動実験においては，こうした違いは実質的には現れないということである．その本質的理由は，通常想定されている（実験で検出可能な）ニュートリノ振動はカイラリティーの変化しない（chirality flip の無い）$\nu_{eL} \to \nu_{\mu L}$ といった遷移であるからである．一般に，フェルミオン（質量 m）の伝播子は

$$\frac{i}{\not{p} - m} = \frac{i(\not{p} + m)}{p^2 - m^2} \tag{4.12}$$

と変形できる．分子において，$\not{p}$ に比例する部分が質量項を 1 種の相互作用項（言わば 2 点の "相互作用"）のように見なし，これを偶数回挿入した chirality flip の無いファインマン・ダイアグラムの総和（無限級数の和）を表すのに対して，m に比例する部分は，質量項を奇数回挿入した chirality flip の有るファインマン・ダイアグラムの総和を表す．このことからも分かる様に，実際には chirality flip の無いニュートリノ振動だけでなく chirality flip の有るニュートリノ振動も起きていることになる．では，なぜ chirality flip の有る方を考慮しないかと言うと，その理由は，上の伝搬子を見て分かるように，その遷移振幅がニュートリノの質量に比例し，従って遷移確率が非常に小さく抑制されるため（典型的には $\mathcal{O}(m^2/E^2)$ の抑制因子が働く)，そうしたニュートリノ振動は実質的に無視できるからである．

この議論から，左巻きから左巻きへの（active から active への）ニュートリノ振動を考えるのであれば，中間状態として現れる右巻きの状態の違い（独立なワイルか，自分自身の反粒子か）は外には一切見えて来ず，実質的な違いは生じないことになる（図 4.1 を参照)．実際，chirality flip の無いニュートリノ振動の場合には質量の偶数乗が寄与するので，その確率振幅に現れるのは質量行列そのものではなく，そのエルミート共役を掛け算して 2 次形式にしたものであると考えると，(4.11) より

$$m_{\nu L}^\dagger m_{\nu L} = U\ \mathrm{diag}(m_1^2, m_2^2, m_3^2)\ U^\dagger \tag{4.13}$$

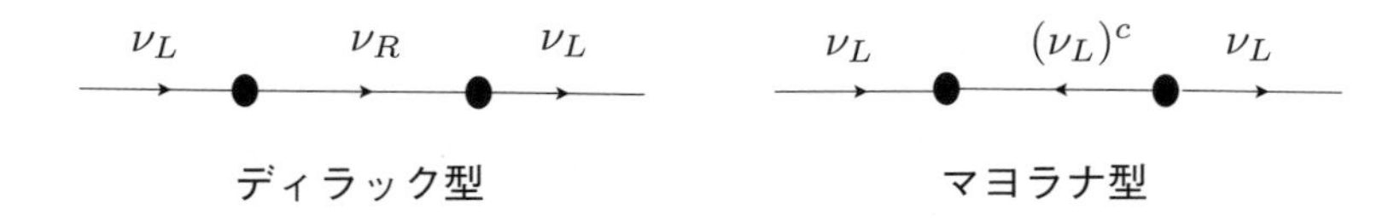

図 4.1　chirality flip の無いニュートリノ振動.

となるが，これはディラック型の場合の (4.3) から得られる

$$m_D m_D^\dagger = U \ \mathrm{diag}(m_1^2, m_2^2, m_3^2) \ U^\dagger \tag{4.14}$$

と全く同じ形になり，両者は区別がつかないことが確かめられる.

この簡単な考察から重要な物理的帰結が得られる．即ち，（フレーバーの変わるような）ニュートリノ振動の実験データからは，ニュートリノのタイプがディラック型なのかマヨラナ型なのかを決めることは実質的にできない，ということである．ニュートリノのタイプをはっきりさせるためには，chirality flip があり，従ってニュートリノのタイプに応じレプトン数が破れたり破れなかったりするような過程を選択するのが望ましい．その典型的な例は，先に議論したニュートリノを伴わない二重ベータ崩壊過程 (neutrinoless double beta decay) である．これは明らかにレプトン数の保存則を破る過程であり，ニュートリノがディラック型の場合には決して起こり得ないものである.

少し補足コメントをしよう．上でニュートリノ振動の実験データからはニュートリノがディラック型なのかマヨラナ型なのかを決めることはできない，と述べたが，正確には，ディラック型かシーソー型かの区別が付かないのである．どちらも $\nu_L \to \nu_L$ という chirality flip のないニュートリノ振動を予言するからである．しかし第 3 のタイプである擬ディラック型の場合には話が変わってくる．この場合には，3.2.4 節で述べたように，$\nu_L \to (\nu_R)^c\ (= \bar{\nu}_L)$ という chirality flip の無いニュートリノ振動が可能になる[3],[4]．振動後の状態 $\bar{\nu}_L$ は弱い相互作用を持たないステライル (sterile) 状態なので，active なニュートリノに遷移するディラック型およびシーソー型の場合とは明確に振動後の状態が異なり，これらのタイプとの区別が可能である．また，理論的にはニュートリノが質量を持たなくても chirality flip が生じ，従ってその確率が小さなニュートリノ質量による抑制を受けないような “ニュートリノ振動” も可能なのである．具体的には，太陽あるいは超新星といった内部に強い磁場のある天体中を磁気モーメントを有するニュートリノが走る場合に生じるスピン歳差である．この場合磁場によってスピンの向き，従ってヘリシティーが変わることが可能であるが，その確率は磁気モーメントと磁場の強さで決定されニュートリノ質量による抑制を受けない[5],[6]．更に踏み込んで考えると，ニュートリノがディラック型だと通常のスピン歳差になるので $\nu_L \to \nu_R$ というステライル状態への遷移になるが，シーソー型のマヨラナ・フェルミオンだ

とすると $\nu_L \to (\nu_L)^c$ $(= \bar{\nu}_R)$ という active な反ニュートリノへの遷移になり違いがある．更に，このマヨラナ型の場合には同じフレーバー間の遷移は自動的に禁止されるので（マヨラナ・フェルミオンは磁気モーメントを持てない），ニュートリノのフレーバーも変化するようなスピン歳差（スピン・フレーバー歳差 (Spin-Flavor Precession)）に必然的になる，という特徴がある．太陽ニュートリノだと active な $\bar{\nu}_{\mu R}$，$\bar{\nu}_{\tau R}$ への振動が起きることになる．更に後述の "物質効果" も考慮すると振動は共鳴的になる（共鳴的スピン・フレーバー歳差 (Resonant Spin-Flavor Precession, RSFP)）[6]．こうしたニュートリノ振動の可能性については 7.1，7.2 節や小節 8.2.2 で説明する．

4.2 真空中のニュートリノ振動

それでは，フレーバー混合により生じるニュートリノ振動に話を戻そう．例えば太陽ニュートリノのニュートリノ振動などを考える際には，後述のように太陽中の物質との弱い相互作用から生じる "物質効果" が重要となることが指摘されているが[17]，ここでは最も簡単な設定として物質の無い空間をニュートリノが（直線的に）運動する "真空中のニュートリノ振動" について考える．

前節で議論したように，通常の実験で観測しているのは正確に言えば chirality flip を伴わないニュートリノ振動である．従って，この場合（chirality flip のある磁場中のスピン歳差とは違い）スピンの自由度は重要ではなく，ニュートリノはフェルミオンではあるが，その運動方程式としては本来のディラック方程式の代わりに，スピンを持たないスカラー場の運動方程式であるクライン・ゴルドン方程式（(1.7) 参照）を用いて解析すればよいことになる．また，chirality flip を伴わないニュートリノ振動では，ニュートリノのタイプがディラック型かシーソー型かの判別はできないことも前節で見た．そこで，ここではニュートリノはディラック型と仮定することにしよう．

まず，質量固有状態である ν_i $(i = 1, 2, 3)$ の従うクライン・ゴルドン方程式（本来のディラック方程式から自動的に導かれるもので，これと矛盾するものではない）は

$$(\Box + m_i^2)\,\nu_i = 0 \tag{4.15}$$

である．この三つのニュートリノの運動量を $\vec{p}$ と揃えることにしても，質量は異なるので，それぞれのエネルギー E_i は異なることになる．よって，(4.15) の平面波解は

$$\nu_i = \mathrm{e}^{-ip_{i\mu}\cdot x^{\mu}} = \mathrm{e}^{-iE_i t} \cdot \mathrm{e}^{i\vec{p}\cdot\vec{x}} \tag{4.16}$$

と書ける．ここで，相対論的関係式から $E_i = \sqrt{p^2 + m_i^2}$ $(p = |\vec{p}|)$ である（正確には，これとは逆符号の負エネルギーを持った解も存在するが，そちら

は反ニュートリノを表すので，ここでは考慮しない)．2.7 節で述べたように，ニュートリノ振動が起きる理由は，波動で良く知られた現象との類推で直観的に理解できる．ν_e といった弱固有状態として生成されたニュートリノは (4.5) から分かるように $\nu_e = U_{ei}\nu_i$ のように三つの質量固有状態 ν_i の線形結合で表され（これがフレーバー混合と呼ばれるものである)，質量固有状態の重ね合わせの状態として生成されることになる．しかし，ν_i のエネルギー E_i は質量の違いから皆わずかに異なるので，それらの物質波の振動数もわずかに異なり，これら三つの ν_i の物質波が干渉して波動で良く知られた "うなり (beat)" に相当する現象が生じることになるのである．うなりとは，重ね合わされた波動の振動数の差の振動数で振幅がゆっくりと振動する現象であるが，一方で，量子力学では物質波の振幅（の絶対値 2 乗）は，その粒子の存在確率を表すので，生成されたニュートリノの存在確率が時間と共にゆっくりと振動することになるのである．これがニュートリノ振動と呼ばれるゆえんである．生成されたあるフレーバー（ν_e，ν_μ 等）のニュートリノは，他のフレーバーのニュートリノに変化したり，また元のフレーバーに戻ったりということを繰り返しながら空間を伝播する．(もちろん，音波におけるうなりの現象を扱う際の波は実数の場で表され，一方今考えている物質波は複素場ではあるが，現象の物理的な本質は同じである．)

しかし，ニュートリノの状態の時間発展を記述するハミルトニアンは当然エルミートなので，ニュートリノの存在確率の和は保存される（ユニタリティー）はずである．これも 2.7 節で述べたが，例えば 2 世代模型を考え，ν_e が ν_μ に遷移するニュートリノ振動が起きたとしても，ν_e と ν_μ の存在確率の和は時刻に依らず常に 1 に保たれることになる．

こうして，ニュートリノ振動の振動数はエネルギー固有値 E_i の差で決定されるはずなので，これに注目しよう．$E_i = \sqrt{\vec{p}^2 + m_i^2}$ において，ニュートリノは相対論的粒子（光速度に近いスピードで運動する粒子）なので，その質量が運動量の大きさに比べて十分小さいという近似 $p \gg m_i$ を用いると

$$E_i \simeq p + \frac{m_i^2}{2p} \simeq p + \frac{m_i^2}{2E} \tag{4.17}$$

と近似される．ここで $E \simeq p$ は三つのニュートリノの平均的なエネルギーと考えてよい．よって，ν_i，ν_j により生じる "うなり" の振動数は，

$$|E_i - E_j| = \frac{|\Delta m_{ij}^2|}{2E} \quad (\Delta m_{ij}^2 \equiv m_i^2 - m_j^2) \tag{4.18}$$

となる．よって，先に述べたように，ニュートリノ質量に縮退がある $(m_i = m_j)$ とニュートリノ振動は生じないことが分かる．

こうした基本的な考察に基づいて，具体的に三つのフレーバーのニュートリノが存在する 3 世代模型の枠内で，ニュートリノの弱固有状態（ベータ崩壊等の弱い相互作用で荷電レプトンとペアで生成される状態）に関する時間発展の

方程式を解いてみよう．まず，物質波において $\mathrm{e}^{-ipt}\cdot\mathrm{e}^{i\vec{p}\cdot\vec{x}}$ の因子はニュートリノの種類に依らない共通の因子（全体的位相因子 (overall phase)）なので，ニュートリノの存在確率には影響しない．そこで ν_i の物質波を $\nu_i(t)=e^{-i\frac{m_i^2}{2E}t}$ と単純化すると，これらは次の時間発展の方程式の解であると見なせる：

$$i\frac{d}{dt}\begin{pmatrix}\nu_1\\ \nu_2\\ \nu_3\end{pmatrix}=\begin{pmatrix}\frac{m_1^2}{2E} & 0 & 0\\ 0 & \frac{m_2^2}{2E} & 0\\ 0 & 0 & \frac{m_3^2}{2E}\end{pmatrix}\begin{pmatrix}\nu_1\\ \nu_2\\ \nu_3\end{pmatrix}. \tag{4.19}$$

次に，これを弱固有状態の物資波に関する時間発展の方程式に書き直したい．以下の例題 4.1 を考えてみよう．

例題 4.1　質量固有状態の物質波に関する時間発展の方程式 (4.19) を，(4.5)，(4.14) を用いた MNS 行列 U によるユニタリー変換を行って，弱固有状態の物資波 $(\nu_e(t),\nu_\mu(t),\nu_\tau(t))$ に関する時間発展の方程式に書き直しなさい．また，その微分方程式を解いて $(\nu_e(t),\nu_\mu(t),\nu_\tau(t))$ を初期条件 $(\nu_e(0),\nu_\mu(0),\nu_\tau(0))$ を用いて求めなさい．

解　(4.19) の両辺に左から U を掛け算し，(4.5)，(4.14) および $U^\dagger U=I$（I: 単位行列）を用いて弱固有状態における時間発展の方程式に書きなおすと

$$\begin{aligned}i\frac{d}{dt}\begin{pmatrix}\nu_e\\ \nu_\mu\\ \nu_\tau\end{pmatrix}&=\frac{1}{2E}U\cdot\begin{pmatrix}m_1^2 & 0 & 0\\ 0 & m_2^2 & 0\\ 0 & 0 & m_3^2\end{pmatrix}U^\dagger\begin{pmatrix}\nu_e\\ \nu_\mu\\ \nu_\tau\end{pmatrix}\\ &=\frac{1}{2E}\cdot m_D m_D^\dagger\cdot\begin{pmatrix}\nu_e\\ \nu_\mu\\ \nu_\tau\end{pmatrix}\end{aligned} \tag{4.20}$$

が得られる．

さて，この微分方程式の解は，次のように容易に求められる：

$$\begin{aligned}\begin{pmatrix}\nu_e(t)\\ \nu_\mu(t)\\ \nu_\tau(t)\end{pmatrix}&=\exp\left(-\frac{i}{2E}m_D m_D^\dagger t\right)\begin{pmatrix}\nu_e(0)\\ \nu_\mu(0)\\ \nu_\tau(0)\end{pmatrix}\\ &=U\begin{pmatrix}\mathrm{e}^{-i\frac{m_1^2}{2E}t} & 0 & 0\\ 0 & \mathrm{e}^{-i\frac{m_2^2}{2E}t} & 0\\ 0 & 0 & \mathrm{e}^{-i\frac{m_3^2}{2E}t}\end{pmatrix}U^\dagger\begin{pmatrix}\nu_e(0)\\ \nu_\mu(0)\\ \nu_\tau(0)\end{pmatrix}.\end{aligned} \tag{4.21}$$

ここで

$$\exp\left(-\frac{i}{2E}m_D m_D^\dagger t\right)=\exp\left(-\frac{i}{2E}Um_{\mathrm{diag}}^2U^\dagger t\right)$$

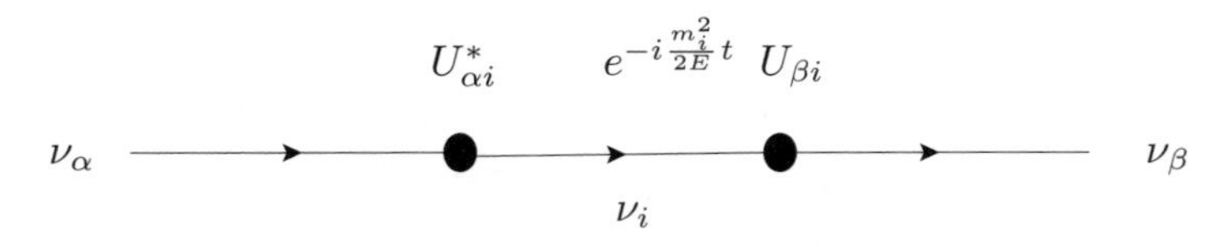

図 4.2　ニュートリノ振動 $\nu_\alpha \to \nu_\beta$ の確率振幅.

$$= U \exp\left(-\frac{i}{2E} m_{\text{diag}}^2 t\right) U^\dagger \quad (m_{\text{diag}}^2 = \text{diag}(m_1^2, m_2^2, m_3^2)) \tag{4.22}$$

といった関係式を用いた. □

ニュートリノが，時刻 $t=0$ において弱固有状態 ν_α $(\alpha = e, \mu, \tau)$ として生成されたとしよう．初期条件は $\nu_\alpha(0) = 1$（それ以外のフレーバーの物質波はゼロ）である．すると，時刻 t において ν_β として存在する確率振幅は (4.21) より $\nu_\beta(t) = \sum_i U_{\beta i}\ \mathrm{e}^{-i\frac{m_i^2}{2E}t}\ U^*_{\alpha i}$ となる．この確率振幅は，このような形式的な導出を経なくても直感的に容易に書き下すことができる．つまり，確率振幅は，ν_α で生成されたニュートリノの中に $U^*_{\alpha i}$ の割合で含まれている質量固有状態 ν_i が $\mathrm{e}^{-i\frac{\Delta m_i^2}{2E}t}$ で時間発展し，最後に $U_{\beta i}$ の割合で ν_β として検出される，と考え，これらの因子を掛け算すれば得られるのである（図 4.2 を参照). 2.7 節の図 2.6 は図 4.2 の 2 世代の場合に相当するものである．

こうして，ν_α として生成されたニュートリノが時間 t の後に ν_β として検出される確率を $P(\nu_\alpha \to \nu_\beta)$ と書くことにすると，

$$\begin{aligned} P(\nu_\alpha \to \nu_\beta) &= \left| \sum_i U_{\beta i}\ \mathrm{e}^{-i\frac{m_i^2}{2E}t}\ U^*_{\alpha i} \right|^2 \\ &= \left| \sum_i U_{\beta i}\ \mathrm{e}^{-i\frac{\Delta m_{i1}^2}{2E}t}\ U^*_{\alpha i} \right|^2 \end{aligned} \tag{4.23}$$

となる．m_i^2 を $\Delta m_{i1}^2 = m_i^2 - m_1^2$ で置き換える際，$\mathrm{e}^{-i\frac{m_i^2}{2E}t} = \mathrm{e}^{-i\frac{m_1^2}{2E}t}\mathrm{e}^{-i\frac{\Delta m_{i1}^2}{2E}t}$ とし，全体的位相因子 $\mathrm{e}^{-i\frac{m_1^2}{2E}t}$ を無視している．

この結果から，当初予想したように，ニュートリノ振動を得るには，U で記述されるフレーバー混合の存在と共に，明らかに Δm_{i1}^2 というニュートリノ質量の 2 乗差が必要とされることが分かる．実際，仮にニュートリノ質量が縮退していて $\Delta m_{21}^2 = \Delta m_{31}^2 = 0$ だとすると，$\alpha \neq \beta$ の場合には，U がユニタリー行列であるために $(UU^\dagger)_{\beta\alpha} = 0$ であることから $P(\nu_\alpha \to \nu_\beta) = 0$ となることが容易に分かる．また，予想したように，ニュートリノ振動の振動数は，“うなり” の振動数 $\frac{\Delta m_{i1}^2}{2E}$ になっていることも確認できる．

現実的な 3 世代模型の場合に (4.23) を具体的に MNS 行列 U の要素を用いて具体的に書き下そうとすると一般にかなり複雑になる．ここでは簡単の

ために 2 世代模型を仮定し，振動確率の式を簡単化してみよう．簡単化の理由は，一つはニュートリノ振動の本質を理解しやすくするためであるが，現実的にも二つの質量 2 乗差に，クォーク・セクターの質量階層性にならって $\Delta m_{21}^2 \ll \Delta m_{31}^2$ という階層性を仮定すると（特に断らない限り，この本では $m_1 < m_2 < m_3$ という，いわゆる**正常階層** (normal hierarchy) を仮定する)，例えば太陽ニュートリノの振動には Δm_{21}^2 が，一方で伝播する距離の短い大気ニュートリノの振動には Δm_{31}^2 が主に寄与する，といった役割分担が可能になり，そのため実質的に 2 世代模型の解析に（近似的に）帰着できるという事情もある．ただし，後述のように CP 対称性の破れといった 3 世代全ての関与が本質的である物理量については，こうした単純化は正当化できないので注意が必要である．

そこで，$\nu_\alpha = \nu_e, \nu_\mu$，また $\nu_i = \nu_1, \nu_2$ としよう．この場合，クォーク・セクターから学ぶようにユニタリー行列 U の位相因子は物理的に意味がないので（2 世代模型では CP 対称性は破れないということ)，U は一つの混合角（θ と書く）を持った直交行列となる：

$$U = \begin{pmatrix} \cos\theta & \sin\theta \\ -\sin\theta & \cos\theta \end{pmatrix}. \tag{4.24}$$

例えば $\nu_e \to \nu_\mu$ というニュートリノ振動の確率は (4.23) で $\alpha = e$，$\beta = \mu$ とし，唯一の質量 2 乗差 Δm_{21}^2 を Δm^2 と書くと

$$P(\nu_e \to \nu_\mu) = \sin^2 2\theta\ \sin^2\left(\frac{\Delta m^2}{4E}t\right) \tag{4.25}$$

となることが容易に分かる．予想通り $\theta = 0$ あるいは $\Delta m^2 = 0$ だと遷移確率が消えニュートリノ振動は起こらないことが分かる．(4.25) は先に求めた (2.26) と同一の式である．

また，ν_e で生成されたニュートリノが ν_e のままで検出される生き残り確率 (survival probability) は，$\alpha = \beta = e$ として

$$\begin{aligned} P(\nu_e \to \nu_e) &= \cos^4\theta + \sin^4\theta + 2\cos^2\theta\sin^2\theta\cos\left(\frac{\Delta m^2}{2E}t\right) \\ &= 1 - \sin^2 2\theta\ \sin^2\left(\frac{\Delta m^2}{4E}t\right) \end{aligned} \tag{4.26}$$

と求まる．これも (2.25) と同一である．

先に述べたように，ニュートリノ振動が起きても全てのニュートリノの存在確率の和は保存されるので，(4.25)，(4.26) から，当然ながら次のような確率保存の式が成立していることが確かめられる：

$$P(\nu_e \to \nu_e) + P(\nu_e \to \nu_\mu) = 1. \tag{4.27}$$

ここで，相対論的で局所的相互作用のみを持つ場の量子論で一般に成立す

る **CPT 定理**の帰結について少し考えてみよう．これは，いずれも離散的な変換である C（粒子・反粒子を入れ替える荷電共役）変換，P（空間座標の符号を反転させるパリティー）変換，T（時間軸を反転させる "時間反転 (time reversal)"）変換という 3 種類の変換を全て行う CPT 変換の下で，上述のような条件を満たす場の量子論は必ず不変で CPT 対称性を持っている，という定理である（定理の証明については述べない）．すると，世代数に関係なく，CPT 定理より一般に

$$P(\nu_\alpha \to \nu_\beta) = P(\bar{\nu}_\beta \to \bar{\nu}_\alpha) \tag{4.28}$$

が成立する．時間反転により α と β が入れ替わっていることに注意しよう．更に CP 対称性があると仮定すると

$$P(\nu_\alpha \to \nu_\beta) = P(\bar{\nu}_\alpha \to \bar{\nu}_\beta) \tag{4.29}$$

も得られる．一方，T 対称性があると

$$P(\nu_\alpha \to \nu_\beta) = P(\nu_\beta \to \nu_\alpha) \tag{4.30}$$

の関係が得られる．(4.30) は，(4.28) と (4.29) を組み合わせても得られるが，CPT 定理の下では CP 対称性と T 対称性は同等であるので，これは当然の結果である．

特に，簡単化された 2 世代模型の場合には (4.24) に見られるように混合行列に位相因子がないので CP 対称性が（従って T 対称性も）存在し，これら全ての関係が正確に成立することになる（ただし，後述の物質効果を考慮すると，物質の存在自身が CP 対称性を破るので，2 世代であってもこれらの関係は崩れることに注意が必要である）．この結果，T 対称性から

$$P(\nu_\mu \to \nu_e) = P(\nu_e \to \nu_\mu) \tag{4.31}$$

が言え，これに確率の保存則 ($P(\nu_e \to \nu_e) + P(\nu_e \to \nu_\mu) = 1$, $P(\nu_\mu \to \nu_\mu) + P(\nu_\mu \to \nu_e) = 1$) を組み合わせると，生き残り確率に関して

$$P(\nu_\mu \to \nu_\mu) = P(\nu_e \to \nu_e) \tag{4.32}$$

が成り立つことになる．

ところで，ニュートリノは非常に軽くほぼ光速度で運動するので，ニュートリノ振動の確率の表式，例えば (4.25) における t は，ニュートリノが生成される地点から検出される地点までの距離 L に置き換えても構わない．さて，現実的な状況下ではニュートリノ振動の波長（(4.25) の振動の場合には $\frac{4\pi E}{\Delta m^2}$）に比べて L の不定性の方がずっと大きいということが十分にあり得る．そのような場合には L，つまり t に関する平均をとる必要がある．このような時間平均をとった振動確率を一般に $\bar{P}$ で表すことにすると，2 世代模型の場合には

(4.25) および (4.26) より

$$\overline{P}(\nu_e \to \nu_\mu) = \frac{1}{2}\sin^2 2\theta, \tag{4.33}$$

$$\overline{P}(\nu_e \to \nu_e) = 1 - \frac{1}{2}\sin^2 2\theta \tag{4.34}$$

が得られる．仮にフレーバー混合角が“最大混合”である $\theta \simeq \pi/4$ という場合を考えると，(4.25) および (4.26) より分かるように遷移確率は最大になり，また逆に生き残り確率は t を調整すればいくらでも小さくできるのであるが，時間平均をとると (4.34) より生き残り確率については次のような下限が存在し，最大混合の場合であっても勝手に小さくすることはできないことになる：

$$\overline{P}(\nu_e \to \nu_e) \geq \frac{1}{2}. \tag{4.35}$$

この不等式は，任意の世代数の場合に一般化できる．以下の例題 4.2 を考えてみよう．

例題 4.2　世代数 N_g の場合に，ν_e の生き残り確率について次の不等式が成り立つことを示しなさい：

$$\overline{P}(\nu_e \to \nu_e) \geq \frac{1}{N_g}. \tag{4.36}$$

解　まず，世代数に関係なく一般に成り立つ (4.23) において時間平均をとると次の関係が得られる（ニュートリノ質量の縮退は無いものとする）：

$$\overline{P}(\nu_\alpha \to \nu_\beta) = \sum_i |U_{\beta i}|^2 |U_{\alpha i}|^2. \tag{4.37}$$

特に，生き残り確率に関しては

$$\overline{P}(\nu_\alpha \to \nu_\alpha) = \sum_i |U_{\alpha i}|^4 \tag{4.38}$$

が導かれる．ここで MNS 行列がユニタリー行列であることから来る $\sum_i |U_{\alpha i}|^2 = 1$ の関係式を 2 乗すると

$$\sum_i |U_{\alpha i}|^4 + 2\sum_{i<j} |U_{\alpha i}|^2 |U_{\alpha j}|^2 = 1 \tag{4.39}$$

が得られる．また次の自明な関係も成立する：

$$\sum_{i<j} (|U_{\alpha i}|^2 - |U_{\alpha j}|^2)^2 \geq 0. \tag{4.40}$$

これは

$$(N_g - 1)\left(\sum_i |U_{\alpha i}|^4\right) - 2\sum_{i<j} |U_{\alpha i}|^2 |U_{\alpha j}|^2 \geq 0 \tag{4.41}$$

と同等である．(4.41) と (4.39) の和をとると，求めたい不等式が得られる：

$$\overline{P}(\nu_\alpha \to \nu_\alpha) = \sum_i |U_{\alpha i}|^4 \geq \frac{1}{N_g}. \tag{4.42}$$

なお，この式で等号が成立するのは (4.40) において等号が成立する場合，即ち

$$|U_{\alpha 1}|^2 = |U_{\alpha 2}|^2 = \cdots = |U_{\alpha N_g}|^2 \tag{4.43}$$

が成立する場合である．これは，いわば全ての世代間の混合が “最大混合” になっている，という特別な場合に相当する．□

4.3 物質中の物質効果と共鳴的ニュートリノ振動

前節で，時間平均をとったニュートリノの生き残り確率が $1/N_g$（N_g: 世代数）より小さくなれないこと，またこの最小の生き残り確率 $1/N_g$ を実現するには最大混合 ($|U_{\alpha 1}|^2 = |U_{\alpha 2}|^2 = \cdots$) となるように世代間の混合角を微調整する必要があることを見た．一方で，太陽ニュートリノに関しては，デービス (R. Davis) 等による先駆的な実験のデータに依れば，太陽中の核融合反応を記述する理論である「標準太陽模型」の予言値の 1/3 あるいは 1/4 といった値まで，太陽ニュートリノ ν_e の事象数が減少していた．よって，現実的な 3 世代模型の場合を考えると，このデービス等による太陽ニュートリノのデータが示唆している 1/3 より小さな生き残り確率を説明することはできない．また 1/3 であっても最大混合実現のためのに不自然な微調整が必要とされる．

この問題を解決するために登場したのが，物質効果を用いた共鳴的ニュートリノ振動のシナリオである．これは，太陽（や超新星）の中心部のような高密度の物質中でのニュートリノの物質との相互作用（“物質効果”）に依る共鳴的ニュートリノ振動を用いて，仮に混合角 θ が小さくても $\nu_e \to \nu_\mu$ といったニュートリノ振動の遷移確率を十分大きくする（従って，生き残り確率を十分小さくする）ことが可能，というものである．このシナリオがミケエフ・スミルノフ (Mikheyev-Smirnov) およびウォルフェンシュタイン (Wolfenstein) によって提唱された，いわゆる「**MSW 効果**」である[17]．

太陽といった天体の内部に限らず，一般に物質中を運動するニュートリノは，周りの物質との弱い相互作用により，言わば電磁相互作用の時のクーロン・ポテンシャルに相当するようなポテンシャル・エネルギー $V(x)$（x はニュートリノの運動方向にとった位置座標）を得ることになる．これを “物質効果” と言う．大切なことは，実質的には，この物質効果を考慮すべきなのは電子ニュートリノ ν_e のみであるということである．$V(x)$ は ν_e のエネルギー，従って（量子力学の対応原理から）物質波の振動数を場所 x，従って，ほぼ光速度で運動するニュートリノにとっては時刻 t ($t \simeq x$) に依存する形で変化させることになる．一方で，物質効果を持たない他のニュートリノ，例えば 2 世代模型で考

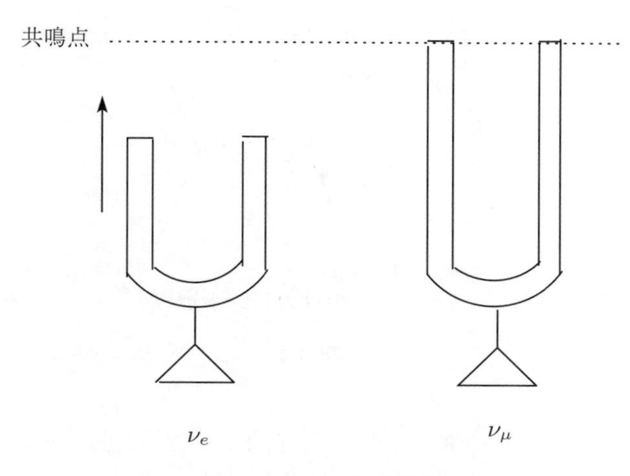

図 4.3　音叉の共鳴現象.

えると ν_μ の物質波の振動数は変化しないことになる．すると，ある時点において二つのニュートリノの物質波の振動数が一致し，一種の共鳴現象が起こることが期待できるのである[17]．ある時刻に生成された ν_e がこうした振動数の一致する "共鳴点" に到達すると，仮に世代間の混合角 θ が小さくとも，適当な条件が満たされる限り ν_e から ν_μ へのほぼ完全な遷移が可能になるのである．

楽器の調律に用いられる音叉（おんさ）を用いて直感的に上記の共鳴現象を理解することができる．図 4.3 のように二つの音叉があり，片方の音叉（ν_e の物質波の振動に対応）の長さは変化し得るものとする．最初，長さが変わる方の音叉のみが振動しているとする．その後，長さが徐々に長くなり，従って振動数が減少し，ある時点で二つの音叉の長さが一致する "共鳴点" に達したとする．すると，その音叉の振動が共鳴的にもう一つの振動していなかった音叉（ν_μ の物質波の振動に対応）に移ることが可能である．音叉の長さの変化が十分ゆっくりであれは，ほぼ完全な振動の移行が可能になる．長さの変化が速過ぎると振動の移行は不十分になるであろう．また，仮に共鳴点に達してもそこで音叉の長さが固定されると移ったはずの振動がまた自分に戻ったりで，二つの音叉は最終的に同じ振幅で振動するであろう．つまり完全な移行のためには音叉の長さが変化することも本質的に重要である．この共鳴現象によって振動が十分に移行するために必要な，音叉の長さがゆっくり変化すべしという条件が，「**断熱条件** (adiabaticity condition)」と呼ばれるものである．なおこの場合，ニュートリノ振動の場合の二つのニュートリノを混合させる θ に対応するのは，言わば音を伝える媒質である空気の存在であると考えればよいであろう．

上で述べた直感的な議論がニュートリノ振動の場合にも確かに成り立つことを，少し数式を用いて確認していこう．まず必要なのはポテンシャル・エネルギー $V(x)$ を求めることである．これはニュートリノが運動する際に周囲の物質との弱い相互作用によって生じる．まず，図 4.4 の左側に示した，ニュート

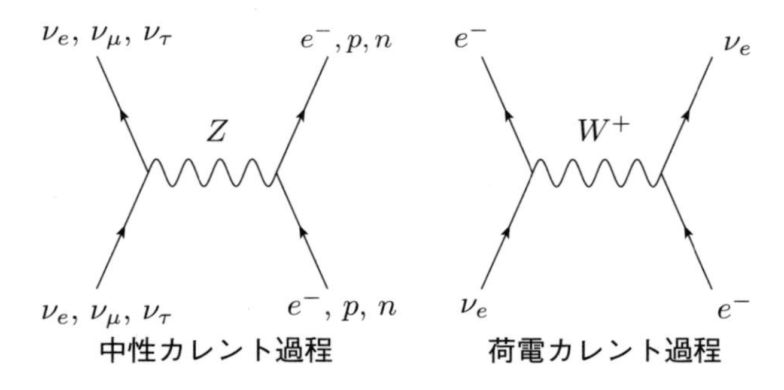

図 4.4　ニュートリノの物質との弱い相互作用.

リノが媒質中の電子，陽子，中性子と弱ゲージ・ボソン Z の交換により相互作用する中性カレント (neutral current) 過程により獲得するポテンシャル・エネルギー $V_n(t)$，従って物質波の振動数の変化は，明らかに ν_e，ν_μ，ν_τ の全てのニュートリノに対して同一のもので，その効果は $e^{-i\int_0^t V_n(t')dt'}$ のような全体的な位相因子を全てのニュートリノの物質波に与えることになるので（ニュートリノ振動は，音波の“うなり”と同様にニュートリノの物質波の振動数の違いにより生じるものなので)，この中性カレントによる物質効果はニュートリノ振動には効かない．よって，この中性カレントによる効果は無視することにする．

上で，実質的に電子ニュートリノ ν_e のみが物質効果を持つと述べたのは，ν_e だけが図 4.4 の右側に示すような媒質中の電子との弱ゲージ・ボソン W^+ を交換する荷電カレント過程 (charged current process) を付加的に持ち，それに依るポテンシャル・エネルギーを獲得するからである．この荷電カレント過程において，例えば太陽ニュートリノを想定すると，そのエネルギー・スケールは W^+ の質量に比べて十分に小さいので，ちょうどベータ崩壊に関するフェルミ理論の場合と全く同様に

$$\frac{G_F}{\sqrt{2}} \cdot \overline{\nu_e}\gamma_\mu(1-\gamma_5)e \cdot \overline{e}\gamma^\mu(1-\gamma_5)\nu_e \tag{4.44}$$

のように $(V-A)\times(V-A)$ 型（V はベクトル (vector) 型カレント，A は軸性ベクトル (axial vector) 型カレントの意）の 4 フェルミ相互作用の形で書ける．更に，フィルツ変換 (Fierz transformation) を用いると，$(V-A)\times(V-A)$ 型のままで始状態のニュートリノと電子を交換することが可能である：

$$\frac{G_F}{\sqrt{2}} \cdot \overline{\nu_e}\gamma_\mu(1-\gamma_5)\nu_e \cdot \overline{e}\gamma^\mu(1-\gamma_5)e. \tag{4.45}$$

このように，あたかも中性カレント過程による物質効果のように見なすことが可能なので，これからポテンシャル・エネルギーを導出することができるのである．

電磁相互作用を記述する理論である QED の場合を思い出すと，電子のクー

ロン・ポテンシャル $V(x)$ による相互作用項は $\overline{e}\gamma_0 e \cdot V(x)$（$e$: 電子を表す場）と書ける．同様に，(4.45) の 4 フェルミ相互作用は，左巻きニュートリノのクーロン型ポテンシャル $V_c(x)$（V_c の c は荷電カレントの効果であることを表す）との相互作用と見なすことができる：

$$\overline{\nu_{eL}}\gamma_0\nu_{eL} \cdot V_c(x). \tag{4.46}$$

ここで

$$V_c(x) = \sqrt{2}G_F N_e(x). \tag{4.47}$$

なお，$\nu_{eL} = L\nu_e$ $(L = \frac{1-\gamma_5}{2})$，また $\overline{e}\gamma^0 e$ は媒質である電子の（位置座標 x に依存した）数密度 $N_e(x)$ と同定されている．$\overline{e}\gamma^i e$ $(i = 1, 2, 3)$，$\overline{e}\gamma^\mu\gamma_5 e$ に比例した他の項も 4 フェルミ相互作用には存在する．しかし，これらは電子の速度やスピンの期待値に比例し，一方で媒質中の電子は静的で無偏極（スピンが特定の方向を向いていない）であると想定されるので，これらの寄与については無視することにする．こうして，ν_e のみが物質効果によるポテンシャル・エネルギー V_c を得て，その分だけ物質波のエネルギー，従って振動数が $E \to E + V_c$（E: 力を受けない自由粒子の場合のエネルギー）のように変更を受ける．

物質効果を考慮すると，弱固有状態 $(\nu_e, \nu_\mu, \nu_\tau)$ の基底での時間発展の方程式 (4.20) は次のものに修正される：

$$i\frac{d}{dt}\begin{pmatrix}\nu_e\\ \nu_\mu\\ \nu_\tau\end{pmatrix} = \left\{U\cdot\begin{pmatrix}0 & 0 & 0\\ 0 & \frac{\Delta m_{21}^2}{2E} & 0\\ 0 & 0 & \frac{\Delta m_{31}^2}{2E}\end{pmatrix}\cdot U^\dagger + \begin{pmatrix}a(t) & 0 & 0\\ 0 & 0 & 0\\ 0 & 0 & 0\end{pmatrix}\right\} \cdot\begin{pmatrix}\nu_e\\ \nu_\mu\\ \nu_\tau\end{pmatrix} \tag{4.48}$$

ここで，物質効果は V_c の代わりに $a(x) = \sqrt{2}G_F N_e(x)$（更に，ニュートリノはほぼ光速度で走るので $x \to t$ と変更）で記述されている．また，共通の位相に寄与する $m_1^2/2E$ を無視し，$m_i^2 \to \Delta m_{i1}^2$ の置き換えを行っている．

可能であれば，この 3 世代模型の枠組みの中での微分方程式を解くべきである．しかし，そもそも 3 世代模型で解いても解が少々複雑という面と共に，技術的にも $a(t)$ が t に依存しているので，この微分方程式を解析的に解くことは，$a(t)$ が何らかの特別な関数形を採らない限り無理である．しかし，幸い，次の節で議論するようにニュートリノの質量 2 乗差に $\Delta m_{21}^2 \ll \Delta m_{31}^2$ という階層性が存在する場合には，3 世代模型の問題を実質的に（近似的に）2 世代模型の問題に帰着させることが可能である．

そこで，ここでは一般的に $(\Delta m^2, \theta)$ という二つのパラメターのペアで記述される2世代模型の枠組みを仮定し，物質中の共鳴的ニュートリノ振動の特性について深く理解することを試みよう．(4.48) を2世代の場合に限定し，U として (4.24) を用い，また $\Delta m_{21}^2 \to \Delta m^2$ とし，行列の対角成分から，全体的な位相を与えるだけの $\frac{\Delta m^2}{2E}\sin^2\theta$ を引き算すると，

$$i\frac{d}{dt}\begin{pmatrix}\nu_e\\ \nu_\mu\end{pmatrix}=\begin{pmatrix}\sqrt{2}G_F N_e(t) & \frac{\Delta m^2}{4E}\sin 2\theta\\ \frac{\Delta m^2}{4E}\sin 2\theta & \frac{\Delta m^2}{2E}\cos 2\theta\end{pmatrix}\cdot\begin{pmatrix}\nu_e\\ \nu_\mu\end{pmatrix} \tag{4.49}$$

が得られる．ここで 2×2 行列の部分（“ハミルトニアン”）を $H(t)$ と書くと，一般には $N_e(t)$ が特別な関数形を採らない限りこの微分方程式を解析的に解くことはできない．しかし，$N_e(t)$ の時間変化が十分ゆっくり（その正確な意味は後で述べるが）である場合，つまり音叉の共鳴現象を用いた直感的説明の部分で述べた断熱条件が満たされる場合には解析的な解を良い近似で求めることができる．

これを数学的に具体的に示すために，$H(t)$ を対角化する様な基底，即ち時刻を t と固定した時のニュートリノの質量固有状態 ν_{m1}，ν_{m2} を考えよう．この状態へのユニタリー変換は

$$U_m(t)^\dagger H(t) U_m(t)=\begin{pmatrix}E_1(t) & 0\\ 0 & E_2(t)\end{pmatrix}, \tag{4.50}$$

$$\begin{pmatrix}\nu_e\\ \nu_\mu\end{pmatrix}=U_m(t)\cdot\begin{pmatrix}\nu_{m1}\\ \nu_{m2}\end{pmatrix}, \tag{4.51}$$

$$U_m(t)=\begin{pmatrix}\cos\theta_m(t) & \sin\theta_m(t)\\ -\sin\theta_m(t) & \cos\theta_m(t)\end{pmatrix}, \tag{4.52}$$

のように t に依存した角 $\theta_m(t)$ を持つユニタリー行列 $U_m(t)$ によって表される．ここで，

$$E_{1,2}(t)=\frac{1}{2}\left(\sqrt{2}G_F N_e(t)+\frac{\Delta m^2}{2E}\cos 2\theta \right. \\ \left. \pm\sqrt{\left(\sqrt{2}G_F N_e(t)-\frac{\Delta m^2}{2E}\cos 2\theta\right)^2+\left(\frac{\Delta m^2}{2E}\sin 2\theta\right)^2}\right), \tag{4.53}$$

$$\tan 2\theta_m=\frac{\frac{\Delta m^2}{2E}\sin 2\theta}{\frac{\Delta m^2}{2E}\cos 2\theta-\sqrt{2}G_F N_e(t)}. \tag{4.54}$$

直感的説明で用いた音叉の例の場合には，共鳴点は二つの音叉の長さ，従って振動数が一致する点であったが，同様にこの場合も共鳴点は $H(t)$ の二つの対角成分が一致する点，即ち

$$\sqrt{2}G_F N_e(t)=\frac{\Delta m^2}{2E}\cos 2\theta \tag{4.55}$$

が成立する時刻，またそれに対応する場所になる．共鳴点で片方の音叉の振動

が他方の音叉に乗り移るので，この場合もニュートリノ間の混合が最大になると直感的にも予想されるが，実際 (4.54) から分かるように，この時には

$$\theta_m = \frac{\pi}{4} \tag{4.56}$$

であり，予想通り最大混合が実現される．

さて，時間を固定して対角化した時の固有状態 ν_{m1}，ν_{m2} の基底で時間発展の方程式 (4.49) を書き直してみると，$a(t)$，従って θ_m が t 依存性を持つために，微分方程式にはその時間微分に比例した余分な項が現れ，微分方程式を完全に対角化することはできないことが分かる．少し計算すると，

$$i\frac{d}{dt}\begin{pmatrix} \nu_{m1} \\ \nu_{m2} \end{pmatrix} = \left\{\begin{pmatrix} E_1(t) & 0 \\ 0 & E_2(t) \end{pmatrix} + \begin{pmatrix} 0 & i\dot{\theta}_m \\ -i\dot{\theta}_m & 0 \end{pmatrix}\right\} \cdot \begin{pmatrix} \nu_{m1} \\ \nu_{m2} \end{pmatrix}. \tag{4.57}$$

ということは，一見，この基底に移っても何も利点は無さそうであるが，θ_m の時間変化がゆっくりで $\dot{\theta}_m$ が十分小さいのであれば，より正確にはこの非対角成分が二つの対角成分の差に比べて十分小さいという条件

$$|\dot{\theta}_m| \ll |E_2 - E_1| \tag{4.58}$$

が満たされれば非対角成分は近似的に無視できて（仮に右辺の行列を対角化しようとしても，その際の直交行列に現れる回転角はほぼゼロなので），(4.57) は解析的に容易に解くことができる．この条件こそ，先に述べた断熱条件に他ならない．特に (4.58) の条件は θ_m が最も急激に変わる共鳴点において最も厳しい条件となるはずなので，この条件式を共鳴点での条件に置き換えてよい．すると $|E_2 - E_1| = \frac{\Delta m^2}{2E}\sin 2\theta$ を用いて，

$$\text{断熱条件：}\quad \frac{\frac{d\log N_c}{dx}|_{\rm res}}{\tan 2\theta} \ll \frac{\Delta m^2 \sin 2\theta}{E} \tag{4.59}$$

となることが分かる．ここで $\dot{\theta}_m$ は共鳴点で評価される $\frac{d\log N_e}{dx}|_{\rm res}$ を用いて書き直されている（各自確かめて頂きたい）．

この条件の下，(4.57) は非対角成分を無視することで容易に解くことができる：

$$\nu_{m1}(t) = \exp\left(-i\int_0^t E_1(t')dt'\right) \cdot \nu_{m1}(0), \tag{4.60}$$

$$\nu_{m2}(t) = \exp\left(-i\int_0^t E_2(t')dt'\right) \cdot \nu_{m2}(0). \tag{4.61}$$

こうして，断熱条件が満たされる場合には，例えば ν_e の生き残り確率は

$$P(\nu_e \to \nu_e)$$

$$= \left|\cos\theta_m(t)\cos\theta_m(0)\,\exp\left(-i\int_0^t E_1(t')dt'\right)\right.$$
$$\left. +\ \sin\theta_m(t)\sin\theta_m(0)\,\exp\left(-i\int_0^t E_2(t')dt'\right)\right|^2 \tag{4.62}$$

と書ける．右辺 1 項目は，小さい方のエネルギー固有値 E_1（$E_1 < E_2$ と仮定する）を持つ ν_{m1} の寄与，2 項目は，大きい方のエネルギー固有値 E_2 を持つ ν_{m2} の寄与をそれぞれ表している．更に，太陽ニュートリノの場合のような，ニュートリノの生成場所の不定性（太陽は大きく，その中心部と言っても領域は広い）に主として起因する生成点から検出点までの距離 L，つまり t の不定性を考慮し t に関する時間平均をとると，この二つの項の間の干渉項は消え，時間平均をとった生き残り確率 $\overline{P}(\nu_e \to \nu_e)$ は次のような簡単な式で与えられる：

$$\overline{P}(\nu_e \to \nu_e) = \cos^2\theta_m(t)\cos^2\theta_m(0) + \sin^2\theta_m(t)\sin^2\theta_m(0). \tag{4.63}$$

物質効果を無視し，$N_e = 0$ 従って $\theta_m(t) = \theta_m(0) = \theta$ とすると，この式は真空中のニュートリノ振動の場合の (4.34) と当然のことながら一致することが分かる．

図 4.3 に示した音叉の共鳴現象との類推で太陽ニュートリノの共鳴的ニュートリノ振動を考えると，長さの変化し得る音叉に対応するのが太陽中心部で核融合反応により生成された ν_e である．太陽ニュートリノの生成時は ν_e のみが太陽中心の高密度の媒質から得る大きなポテンシャル・エネルギー（物質効果）により高い振動数で振動しており，短い音叉の状態に対応する．その後，太陽表面に向かって伝播すると共に物質効果の減少により，ちょうど音叉が長くなるのと同様に振動数が下がり，やがて，物質効果を持たない ν_μ に対応する一定の固有振動数を持つもう一つの音叉の振動数と一致する共鳴点に達すると，最大混合により ν_e の振動が ν_μ の振動に共鳴的に移行し，(4.59) の断熱条件が満たされると，真空中での "本来の" 混合角 θ が小さくても，ほぼ完全な ν_μ への遷移が実現することになるのである．

これは数式的にも確認できる．太陽中心では電子密度が大きいために ν_e は大きい方のエネルギー E_2 を持つ ν_2 と同定されるので $\theta_m(0) \simeq \frac{\pi}{2}$ である．一方で，太陽表面から出た直後では物質効果は無視できて $\theta_m(t) \simeq \theta$ となる．すると (4.63) は

$$\overline{P}(\nu_e \to \nu_e) \simeq \sin^2\theta \tag{4.64}$$

と非常に簡単な形に帰着する．これから，(4.34) の場合とは逆に，仮に θ が小さい場合であっても生き残り確率は十分小さくなり得ることが分かる．これは，音叉の例から予想されるような完全な共鳴的遷移が実際に可能であることを意味している．この機構が「MSW 効果」の本質である．

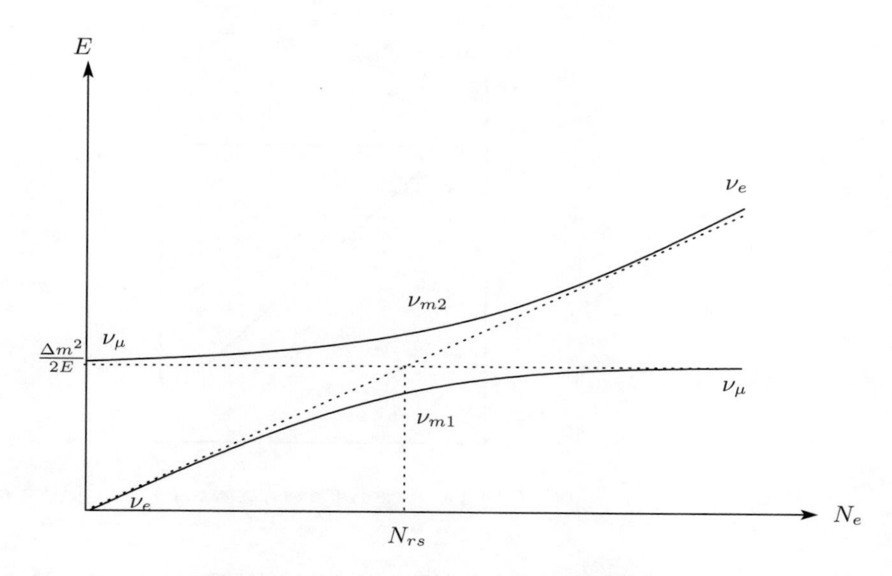

図 4.5　二つのニュートリノの間の共鳴的遷移.

この状況は，図 4.5 を見ると視覚的に分かる．この図で，二つの点線の直線は，(4.49) に現れるハミルトニアンの二つの対角成分を電子密度 N_e の関数として表したものである．ただし θ が小さい場合をここでは想定している．また二つの実線の曲線は N_e に依存した $E_{1,2}$（(4.53) 式）を表している．図に示されているように，大きい方のエネルギー E_2 を持った状態 ν_{m2} は，太陽中心で N_e が十分大きい時には ν_e とほぼ一致し，太陽表面の $N_e = 0$ の時には ν_μ にほぼ一致する．太陽中心で生成された ν_e は最初 E_2 の実線の曲線に沿って，つまりほぼ正の傾きを持った点線に沿って変化する．太陽表面に向かって走り次第に電子密度が下がると二つの点線が交差する（“レベル交差” (level crossing)）点，即ち共鳴点（その時の電子密度を N_{rs} とする）に達するが，断熱近似が良いとすると，ν_e は上側の E_2 を表す実線の曲線に沿って変化するので，今度は平行な点線の直線に沿って太陽表面に到着する．この時の状態は真空中でのエネルギー固有値が大きい方の ν_2 であるが，θ が小さければほぼ ν_μ に他ならない．こうして，ほぼ完全な $\nu_e \ \rightarrow \ \nu_\mu$ の遷移が可能になることが分かる．

しかしながら，断熱条件はいつも満たされるとは限らない．この条件が満たされない場合には，レベル交差において ν_{m1} と ν_{m2} の間の “ジャンプ” が起きて，水平な点線への遷移は起こらず，正の傾きを持った点線に沿って素通りしてしまって ν_μ への遷移は実現しないことになる．ちょうど音叉の例で，音叉の長さがあまりに急激に変化すると振動は他の音叉に乗り移れなくなるが，それと同様である．このジャンプの確率を一般的に解析的に求めることはできないが，共鳴点付近では N_e が線形の関数になる，といった仮定を用いるなどの手法で，これを見積もる定性的な議論がなされている．

その詳細はここでは述べないが，こうした解析的な手法を用いると，与えら

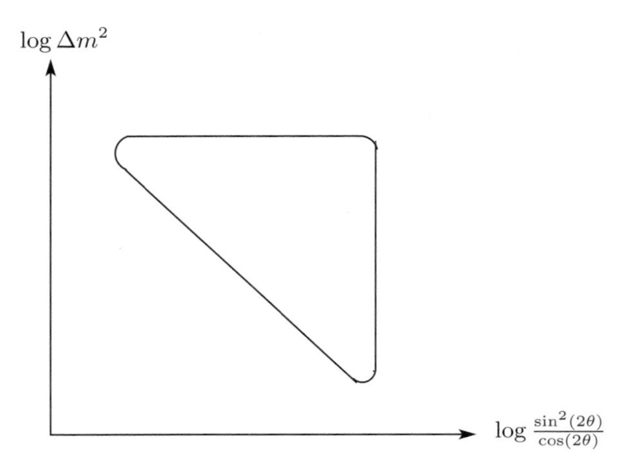

図 4.6　一定の生き残り確率を与える "MSW 三角形".

れた $N_e(x)$（太陽内部では，ほぼ指数関数的な振る舞いをすると思われている）に対して，ニュートリノのエネルギー E が与えられた時の ν_e の生き残り確率を二つのパラメター $(\theta, \Delta m^2)$ の関数として解析的に見積もることができる．これから逆に，生き残り確率についての実験データ（ニュートリノ振動が無いとした時の予言値に対する実測されたニュートリノ事象数の比）から $(\theta, \Delta m^2)$ のパラメターを表す 2 次元平面上で一つの曲線が得られることになる．

生き残り確率 $\overline{P}(\nu_e \to \nu_e)$ が $\frac{1}{2}$ より小さい場合には，その曲線は，図 4.6 に与えられるような（ほぼ）三角形（"MSW 三角形" とも呼ばれる）の形になる．ただし，この図では横軸は θ の代わりに $\frac{\sin^2 2\theta}{\cos 2\theta}$ であり両対数のグラフになっている．なお，$\frac{1}{2}$ より大きい場合には，ほぼ真空中のニュートリノ振動の表式 (4.34) から決まる θ が一定の垂直な直線になる．

生き残り確率が $\frac{1}{2}$ より小さい状況は真空中でのニュートリノ振動では起こり得ないので，共鳴的な振動の機構が働いているということになるが，三角形の 3 辺の物理的な意味は，それぞれ次のようにおおざっぱに解釈できる．まず，水平の辺は，これが示す Δm^2 以下でレベル交差が可能になり共鳴的な振動が起きる，という意味を持っている．垂直の辺は，レベル交差があり，断熱条件が満たされる場合の生き残り確率の式 $\overline{P}(\nu_e \to \nu_e) = \sin^2\theta$（(4.64) 式）から決まる直線に対応する．最後に対角線（傾いた辺）は，断熱条件が満たされない場合の，ジャンプの確率が一定の直線を表している．断熱条件 (4.59) からから分かるように，断熱条件が満たされる度合いは $\Delta m^2 \cdot \frac{\sin^2 2\theta}{\cos 2\theta}$ で決まり，対角線はこの量が一定という条件を両対数のグラフで表したものとして理解できる．

第 5 章

3 世代模型におけるニュートリノ振動

前章では，具体的なニュートリノ振動の確率の表式は，主に単純化された 2 世代の枠組みを仮定して与えられているが，現実には 3 世代存在するので，この章では現実的な 3 世代模型におけるニュートリノ振動について議論する．3 世代模型では，本来全てのニュートリノ振動の確率は独立な二つの質量の 2 乗差

$$\Delta m_{21}^2, \quad \Delta m_{31}^2, \tag{5.1}$$

および，クォークの場合の小林・益川行列[2]に対応する牧・中川・坂田 (MNS) 行列[16]

$$U = \begin{pmatrix} c_{12}c_{13} & s_{12}c_{13} & s_{13}e^{-i\delta} \\ -s_{12}c_{23} - c_{12}s_{23}s_{13}\mathrm{e}^{i\delta} & c_{12}c_{23} - s_{12}s_{23}s_{13}\mathrm{e}^{i\delta} & s_{23}c_{13} \\ s_{12}s_{23} - c_{12}c_{23}s_{13}\mathrm{e}^{i\delta} & -c_{12}s_{23} - s_{12}c_{23}s_{13}\mathrm{e}^{i\delta} & c_{23}c_{13} \end{pmatrix} \tag{5.2}$$

を記述する三つの混合角と一つの CP 位相

$$\theta_{12}, \quad \theta_{23}, \quad \theta_{13} \text{ および } \delta \tag{5.3}$$

の関数として表すべきものである．なお，(5.2) において s_{ij}，c_{ij} は，それぞれ $\sin\theta_{ij}$ および $\cos\theta_{ij}$ $(i, j = 1, 2, 3)$ を表す．

しかしながら，物質効果を考慮しない真空中のニュートリノ振動の場合でさえ，そうした確率を表す式は計 6 個のパラメターで記述されることになり，一般に結構複雑な式になる．そればかりでなく，実験データから振動の確率が分かっても，それで決定されるパラメターの可能な領域は 5 次元的な超曲面（6 個のパラメターに一つの条件が課されるので）で表され，そこから何らかの物理的帰結を導き出すのは容易なことではないであろう．更に，通常実験データから与えられるパラメターの許容範囲は $(\theta, \Delta m^2)$ のように 2 世代模型を想

定した二つのパラメターのみに関して与えられるが，それが 6 個のパラメターの内のどのパラメターに関する情報なのかはっきりしない．

幸いなことに，次章で述べるように大気ニュートリノ振動，太陽ニュートリノ振動に関与する質量の 2 乗差は，それぞれ $\Delta m^2_{\mathrm{atm}} \simeq 2.4 \times 10^{-3}\,\mathrm{eV}^2$，および $\Delta m^2_{\mathrm{solar}} \simeq 7.6 \times 10^{-5}\,\mathrm{eV}^2$ であることがスーパー・カミオカンデ実験などのデータから分かっており，明らかに地球サイズでの振動である大気ニュートリノ振動の方が太陽ニュートリノ振動に比べて振動の波長（周期と言ってもよい）が短い必要があるので（正常階層で $\Delta m^2_{21} < \Delta m^2_{31}$ として）

$$\Delta m^2_{31} = \Delta m^2_{\mathrm{atm}}, \quad \Delta m^2_{21} = \Delta m^2_{\mathrm{solar}} \tag{5.4}$$

と同定することにすると，

$$\Delta m^2_{21} \ll \Delta m^2_{31}, \tag{5.5}$$

という階層的構造があることが分かる．この階層性のおかげで，以下で説明するように，3 世代の場合のニュートリノ振動の解析を実質的に 2 世代の場合の解析に帰着させることが可能になる．また，これにより，それぞれの振動に関与するパラメターを同定し，実験データとの比較から，それらのパラメターに制限を与えることが直ちにできることになるのである．

5.1 3 世代模型における真空中のニュートリノ振動

こうした階層的な質量の 2 乗差 (5.5) の下でも，考えているニュートリノ振動において Δm^2_{21} と Δm^2_{31} の内のどちらが振動に主に関与しているかに依って，2 世代への還元公式も違うので，以下それぞれの場合に分けて議論する．

5.1.1 Δm^2_{31} による真空中のニュートリノ振動

まず，大きい方の質量の 2 乗差 Δm^2_{31} によって振動が支配される場合を考察しよう．この場合，小さい方の質量の 2 乗差 Δm^2_{21} は振動を起こすには小さ過ぎると考えられるので，これを無視することにする．正確には，このように扱えるのは以下の条件が満たされる実験の場合である：

$$\begin{aligned} \frac{\Delta m^2_{21}}{E} L &= 3.6 \times 10^{-2} \cdot \frac{\left(\frac{\Delta m^2_{21}}{7\times 10^{-5}\,\mathrm{eV}^2}\right)}{\left(\frac{E}{1\,\mathrm{GeV}}\right)} \left(\frac{L}{100\,\mathrm{km}}\right) \ll 1, \\ \frac{\Delta m^2_{31}}{E} L &= 1.0 \cdot \frac{\left(\frac{\Delta m^2_{31}}{2\times 10^{-3}\,\mathrm{eV}^2}\right)}{\left(\frac{E}{1\,\mathrm{GeV}}\right)} \left(\frac{L}{100\,\mathrm{km}}\right) \geq 1. \end{aligned} \tag{5.6}$$

ここで “基線 (baseline)” L は，ニュートリノが生成点から検出点までに運動する（“走る”）距離である．後で述べるスーパー・カミオカンデにおける**大気ニュートリノ振動**の実験（ただ，厳密には，この場合でも地球の物質との相互作用による物質効果は無視できない寄与を与えるが）や，地上での K2K や T2K といった，加速器で生成され 500 km 程度の長い距離を走るニュートリノを用いた，いわゆる "**長基線ニュートリノ振動** (long-baseline neutrino oscillation)" 実験などがこの場合に分類される．なお，スーパー・カミオカンデ検出器による大気ニュートリノ振動実験で得られた天頂角分布（神岡の真上の大気の位置を天頂角ゼロにとる）のデータによると，天頂角が $\frac{\pi}{2}$ の辺りからニュートリノ振動の効果が見え始める．これは L が実は地球サイズではなく，せいぜい数百キロメートル程度であることを示している．これが，K2K や T2K といった地上の長基線ニュートリノ振動実験で大気ニュートリノ振動の "追試" が可能である理由でもある．

そこで，一般的な表式 (4.23) において $\Delta m_{21}^2 = 0$ とすると，3 世代模型における $\nu_\alpha \to \nu_\beta$ というニュートリノ振動の確率は

$$P(\nu_\alpha \to \nu_\beta) = \left| \delta_{\alpha\beta} - U_{\beta 3} U_{\alpha 3}^* \left(1 - \mathrm{e}^{-i \frac{\Delta m_{31}^2}{2E} t} \right) \right|^2 \tag{5.7}$$

という簡単な表式で与えられる．ここで MNS 行列のユニタリー性から言える $\sum_i U_{\beta i} U_{\alpha i}^* = \delta_{\alpha\beta}$ を用いた．これから，例として大気ニュートリノ振動に関係するいくつかの表式を，MNS 行列 (5.2) の行列要素を用いて具体的に書き下すと以下のようである：

$$\begin{aligned} P(\nu_e \to \nu_e) &= 1 - 4(1 - |U_{e3}|^2)|U_{e3}|^2 \sin^2 \left(\frac{\Delta m_{31}^2}{4E} t \right) \\ &= 1 - \sin^2 2\theta_{13} \ \sin^2 \left(\frac{\Delta m_{31}^2}{4E} t \right) \simeq 1, \end{aligned} \tag{5.8}$$

$$\begin{aligned} P(\nu_\mu \to \nu_\tau) &= 4|U_{\mu 3}|^2 |U_{\tau 3}|^2 \sin^2 \left(\frac{\Delta m_{31}^2}{4E} t \right) \\ &= \sin^2 2\theta_{23} \cos^4 \theta_{13} \ \sin^2 \left(\frac{\Delta m_{31}^2}{4E} t \right) \\ &\simeq \sin^2 2\theta_{23} \ \sin^2 \left(\frac{\Delta m_{31}^2}{4E} t \right), \end{aligned} \tag{5.9}$$

$$\begin{aligned} P(\nu_\mu \to \nu_e) &= 4|U_{e3}|^2 |U_{\mu 3}|^2 \sin^2 \left(\frac{\Delta m_{31}^2}{4E} t \right) \\ &= \sin^2 2\theta_{13} \sin^2 \theta_{23} \ \sin^2 \left(\frac{\Delta m_{31}^2}{4E} t \right) \simeq 0. \end{aligned} \tag{5.10}$$

ここで，最後の近似式はいずれも比較的小さいことが知られている θ_{13} を無視した時のものである．次章で見るように，実際には θ_{13} は小さいもののゼロではないので，これらの近似式からのずれが存在し，例えば $\nu_\mu \to \nu_e$ のニュートリノ振動は，後述の T2K 実験で観測されている．

これらの結果から，ν_e は殆ど振動を起こさず，生き残り確率はほぼ 1 であるが，一方で ν_μ は振動を起こし，その振動先は ν_e ではなく，ほとんど ν_τ になる，という結論が得られる．後述のように，これは正に大気ニュートリノ振

動の実験データが示すことと一致する．また，$\nu_\mu \to \nu_\tau$ 振動の表式 (5.9) は，2 世代を想定した場合の表式 (4.25) において $\theta \to \theta_{23}$，$\Delta m^2 \to \Delta m^2_{31}$ の置き換えを行ったものになっている．よって，大気ニュートリノ振動実験から得られるデータは $(\theta_{23}, \Delta m^2_{31})$ というパラメターのペアに関する制限を与えるものである．

ただし，次節で議論するように，ニュートリノ振動における CP 対称性の破れに関して考える際には，(5.24)，(5.25) に見られるように，Δm^2_{21} や θ_{13} を無視すると CP 対称性の破れは消えてしまうので，上述のような単純化は正当化できず正確な取り扱いが必要とされる．

5.1.2 Δm^2_{21} による真空中のニュートリノ振動

今度は小さい方の質量 2 乗差 Δm^2_{21} によってニュートリノ振動が引き起こされる場合を議論する．この場合，大きい方の Δm^2_{31} による振動も当然存在するが，その振動は速過ぎるので時間平均をとって考えるべきである．すると，ゆっくり振動する Δm^2_{21} による振動との干渉項は消えるので，ν_3 は，言わば ν_1，ν_2 の系から decoupling を起こすことになる．具体的には，こうした扱いが可能なのは次の条件が成り立つ場合である：

$$\frac{\Delta m^2_{21}}{E} L = 7.2 \cdot \frac{\left(\frac{\Delta m^2_{21}}{7\times10^{-5}\,\mathrm{eV}^2}\right)}{\left(\frac{E}{5\,\mathrm{MeV}}\right)} \left(\frac{L}{100\,\mathrm{km}}\right) \geq 1,$$
$$\frac{\Delta m^2_{31}}{E} L = 2.0\times10^2 \cdot \frac{\left(\frac{\Delta m^2_{31}}{2\times10^{-3}\,\mathrm{eV}^2}\right)}{\left(\frac{E}{5\,\mathrm{MeV}}\right)} \left(\frac{L}{100\,\mathrm{km}}\right) \gg 1. \tag{5.11}$$

太陽ニュートリノ振動を地上で“追試”するという意味でも重要な実験である KamLAND 実験（神岡に検出器を置き，周辺の原子炉からの $\bar{\nu}_e$ を検出する実験）では，基線 L は大気ニュートリノ振動の場合よりは短いが，原子炉からのニュートリノ（正確には反ニュートリノ）なので，そのエネルギーが 1 MeV のオーダーで大気ニュートリノの場合（主に寄与するのは 1 GeV のオーダーのエネルギーを持つニュートリノ）よりずっと小さいので (5.11) の条件が満たされることになる．既に述べた様に太陽ニュートリノは Δm^2_{21} で振動しているので，KamLAND はその確認（追試）を地上で行える実験なのである．

ν_3 と ν_1，ν_2 の系との干渉効果を無視すると，一般的な表式 (4.23) は以下の式に帰着する：

$$P(\nu_\alpha \to \nu_\beta) = \left| \delta_{\alpha\beta} - U_{\beta3}U^*_{\alpha3} - U_{\beta2}U^*_{\alpha2}\left(1 - \mathrm{e}^{-i\frac{\Delta m^2_{21}}{2E}t}\right) \right|^2$$
$$+ |U_{\beta3}|^2 |U_{\alpha3}|^2. \tag{5.12}$$

KamLAND 実験で測定されたような生き残り確率の場合，即ち $\alpha = \beta$ の場合には，次のような 3 世代から 2 世代へ還元する表式が得られる：

$$P(\nu_\alpha \to \nu_\alpha) = (1 - |U_{\alpha 3}|^2)^2 \ P_{\text{eff}}(\nu_\alpha \to \nu_\alpha) + |U_{\alpha 3}|^4. \tag{5.13}$$

ここで P_{eff} は，実質的な 2 世代模型の枠組みでの生き残り確率と見なされるものであり

$$\begin{aligned} P_{\text{eff}}(\nu_\alpha \to \nu_\alpha) = 1 - 4\frac{|U_{\alpha 1}|^2 |U_{\alpha 2}|^2}{(|U_{\alpha 1}|^2 + |U_{\alpha 2}|^2)^2} \\ \times \sin^2\left(\frac{\Delta m_{21}^2}{4E} t\right) \end{aligned} \tag{5.14}$$

で与えられる．ここで $|U_{\alpha 1}|^2 + |U_{\alpha 2}|^2 + |U_{\alpha 3}|^2 = 1$ を用いている．(5.14) は，一般的な 2 世代の枠組みで得られた (4.26) において，$\sin^2\theta$ を $\frac{|U_{\alpha 2}|^2}{|U_{\alpha 1}|^2 + |U_{\alpha 2}|^2}$ で，また Δm^2 を Δm_{21}^2 で置き換えたものになっている．

例として ν_e の生き残り確率を考え S と書くと，MNS 行列の行列要素を具体的に混合角を用いて表すことで

$$S = \cos^4\theta_{13} \cdot S_{\text{eff}}(\theta_{12}, \Delta m_{21}^2) + \sin^4\theta_{13}, \tag{5.15}$$

が得られる．ここで実質的な 2 世代模型における ν_e の生き残り確率 S_{eff} は $(\theta_{12}, \Delta m_{21}^2)$ のパラメターのセットで表される：

$$S_{\text{eff}}(\theta_{12}, \Delta m_{21}^2) = 1 - \sin^2 2\theta_{12} \ \sin^2\left(\frac{\Delta m_{21}^2}{4E} t\right). \tag{5.16}$$

こうして，この場合にはニュートリノ振動に関与する混合角は θ_{12} に他ならないことが分かる．なお，(5.15)，(5.16) は KamLAND で検証された $\bar{\nu}_e$ の生き残り確率についても用いることができる（正確には，地球との物質効果が無視できる場合には）．それは，これらの表式は 2 世代模型に還元されたものであるので，CP 対称性の破れの効果は表れず，従ってニュートリノと反ニュートリノで違いが生じることは無いからである．

5.2 レプトン・セクターにおける CP 対称性の破れとニュートリノ振動

レプトン・セクターにおける CP 対称性の破れは，この宇宙においてなぜ物質だけが存在し反物質は存在しないのか，という宇宙論における大問題を解決するために福来・柳田両博士により提唱された有力なシナリオ[18]（「**福来・柳田のレプトン数生成の模型**」）において本質的に重要な役割を果たすこともあり，大きな関心を持たれている話題である．ここでは，レプトン・セクターでの CP 対称性の破れの典型例として，ニュートリノ振動におけるニュートリノと反ニュートリノの振動確率の差に焦点を当てて考えてみよう．（ただし，ニュートリノ振動での CP 対称性の破れに関与する位相因子と福来・柳田のシナリオで重要な CP 位相が直接的に関係するとは言えないが．）

2.6 節や付録 A での標準模型，特に小林・益川模型の紹介のところで述べたように，弱い相互作用におけるクォーク・セクターでの CP 対称性の破れを実現するためには，3 世代の存在が必要不可欠である．全く同様の議論が（少なくともニュートリノ質量がディラック型である限り）レプトン・セクターにおいても可能である．そうした観点からすると，前節で議論した様な Δm_{31}^2, Δm_{21}^2 の一方のみが（支配的に）振動に関与するという近似は，言わば 2 世代模型への還元を意味することでもあり，CP の破れを議論する際には適切ではなく，複雑であっても本来の正確な表式 (4.23) を用いて議論する必要がある．

ニュートリノ振動における CP 対称性の破れは，典型的にはニュートリノと反ニュートリノの振動確率の差に表れる．そこで **CP 非対称性** (CP asymmetry)

$$A_{\alpha\beta}^{CP} = P(\nu_\alpha \to \nu_\beta) - P(\bar{\nu}_\alpha \to \bar{\nu}_\beta) \tag{5.17}$$

を考えよう．CPT 定理より (4.28) が言えるので，これから CP 非対称性は次式で定義される時間反転 T に関する非対称性とも同等である：

$$A_{\alpha\beta}^{T} = P(\nu_\alpha \to \nu_\beta) - P(\nu_\beta \to \nu_\alpha). \tag{5.18}$$

すると，自明な関係式 $A_{\alpha\beta}^{T} = -A_{\beta\alpha}^{T}$ を用いると

$$A_{\alpha\beta}^{CP} = -A_{\beta\alpha}^{CP} \tag{5.19}$$

が言えるが，特にこれから $A_{\alpha\alpha}^{CP} = 0$，即ち

$$P(\nu_\alpha \to \nu_\alpha) = P(\bar{\nu}_\alpha \to \bar{\nu}_\alpha) \tag{5.20}$$

が帰結される．こうして，生き残り確率には CP 非対称性は現れず，フレーバーが変化する遷移確率においてのみ現れ得ることが分かる．

また，ニュートリノの存在確率の保存則から

$$\sum_{\beta=e,\mu,\tau} P(\nu_\alpha \to \nu_\beta) = \sum_{\beta=e,\mu,\tau} P(\bar{\nu}_\alpha \to \bar{\nu}_\beta) = 1 \tag{5.21}$$

が言えるが，これは $\sum_\beta A_{\alpha\beta}^{CP} = 0$ を意味し，$A_{\alpha\alpha}^{CP} = 0$ および $A_{\alpha\beta}^{CP} = -A_{\beta\alpha}^{CP}$ と合わせると，例えば $\alpha = e$ の場合には $A_{e\mu}^{CP} = A_{\tau e}^{CP}$ が言える．同様に，$\alpha = \mu$ とすると $A_{\mu\tau}^{CP} = A_{e\mu}^{CP}$．こうして 3 世代模型の特徴として

$$A_{e\mu}^{CP} = A_{\mu\tau}^{CP} = A_{\tau e}^{CP} \equiv A^{CP} \tag{5.22}$$

という興味深い関係が得られる．これは 3 世代では，独立な CP 非対称性は本質的に 1 種類だけである，という小林・益川理論で良く知られている事実に符合することである．また，クォーク・セクターでは CP の破れは**ヤールスコッグ・パラメター** (Jarlskog parameter) という唯一のパラメターで全て記述されることが知られているが，これと同様に，ニュートリノ振動における CP の破

れも，下でみるように，全てレプトン・セクターでのヤールスコッグ・パラメターに対応する物理量で記述されることが分かる．それでは，具体的に A^{CP} を求めることにしよう．以下の例題 5.1 を考えてみよう．

例題 5.1 ニュートリノ振動における CP 非対称性を表す唯一の物理量 A^{CP} ((5.22) で定義される）を，独立な二つの質量の 2 乗差，Δm_{21}^2，Δm_{31}^2 および MNS 行列の 4 つのパラメター θ_{12}，θ_{23}，θ_{13}，δ を用いて具体的に求めなさい．

解 まず，(4.23) より勝手な (α,β) に対して

$$\begin{aligned} A_{\alpha\beta}^{CP} &= P(\nu_\alpha \to \nu_\beta) - P(\bar{\nu}_\alpha \to \bar{\nu}_\beta) \\ &= -4\sum_{i<j} \mathrm{Im}\,(U_{\alpha i}U_{\beta i}^* U_{\beta j} U_{\alpha j}^*) \cdot \sin\left(\frac{\Delta m_{ij}^2}{2E}t\right) \end{aligned} \tag{5.23}$$

が得られる．ν を $\bar{\nu}$ に変更すると U の要素に複素共役が課されるので $A_{\alpha\beta}^{CP}$ は $J_{\alpha\beta,ij} \equiv \mathrm{Im}(U_{\alpha i}U_{\beta i}^* U_{\beta j}U_{\alpha j}^*)$ によって書かれることに注意しよう．ここで $J_{\beta\alpha,ij} = -J_{\alpha\beta,ij}$，$J_{\alpha\beta,ji} = -J_{\alpha\beta,ij}$ が成り立つことが直ぐ分かるので，$J_{\alpha\beta,ij}$ は $\alpha \neq \beta$ かつ $i \neq j$ の時にだけゼロではないことが分かる．更に，MNS 行列のユニタリー性から，$\alpha \neq \beta$ のとき $\sum_j J_{\alpha\beta,ij} = 0$ なので $J_{\alpha\beta,11} + J_{\alpha\beta,12} + J_{\alpha\beta,13} = J_{\alpha\beta,12} + J_{\alpha\beta,13} = 0$ が言え，これから $J_{\alpha\beta,12} = -J_{\alpha\beta,13}$ が導かれる．同様にして $J_{\alpha\beta,23} = -J_{\alpha\beta,21} = J_{\alpha\beta,12}$ が言えるので $J_{\alpha\beta,12} = -J_{\alpha\beta,13} = J_{\alpha\beta,23}$ となり，i，j の可能な全ての組み合わせに関し $J_{\alpha\beta,ij}$ は（符号を除き）同一であることが分かる．全く同様に，α，β の可能な全ての組み合わせに関しても $J_{\alpha\beta,ij}$ は（符号を除き）同一であることが分かるので，結局ゼロでない $J_{\alpha\beta,ij}$ は全ての $\alpha \neq \beta$，$i \neq j$ の組み合わせについて（符号を除き）同一であることが分かる．そこで $J \equiv J_{e\mu,12}$ と定義すると，この J はレプトン・セクターで，クォーク・セクターでのヤールスコッグ・パラメターに対応するものである．MNS 行列の表式 (5.2) を用いて具体的に計算すると

$$J = c_{12}s_{12}c_{23}s_{23}c_{13}^2 s_{13}s_\delta \tag{5.24}$$

となり，δ は CP を破る CP 位相である．$\alpha = e$，$\beta = \mu$ とし，上で述べた $J_{e\mu,12} = J_{e\mu,23} = J_{e\mu,31}$ の関係を用いると，最終的に求める表式

$$\begin{aligned} A^{CP} &= -4J\ \left\{\sin\left(\frac{\Delta m_{12}^2}{2E}t\right) + \sin\left(\frac{\Delta m_{23}^2}{2E}t\right) + \sin\left(\frac{\Delta m_{31}^2}{2E}t\right)\right\} \\ &= 16J\ \sin\left(\frac{\Delta m_{12}^2}{4E}t\right)\sin\left(\frac{\Delta m_{23}^2}{4E}t\right)\sin\left(\frac{\Delta m_{31}^2}{4E}t\right) \end{aligned} \tag{5.25}$$

が得られる．なお，右辺の 2 行目への変形では $\Delta m_{12}^2 + \Delta m_{23}^2 + \Delta m_{31}^2 = 0$ という自明な関係を用いた． □

(5.25) は，CP 対称性の破れが，次の何れか一つでも満たされると消えてしまうことを明確に示している：
(1) $\Delta m_{21}^2 = 0$ あるいは $\Delta m_{31}^2 = 0$，
(2) 混合角 θ_{ij} あるいは CP 位相 δ のいずれか一つでもゼロとなる，
(3) ニュートリノ振動の確率の時間平均をとる（$\sin\left(\frac{\Delta m_{ij}^2}{2E}t\right)$ の時間平均はゼロ）.

従って，CP 非対称性を検出しようとする実験においては Δm_{21}^2 は小さいからといって無視することはできない．更に，(2) から，CP 非対称性の大きさは最も小さな混合角 θ_{13} の大きさに敏感であり，これが小さいと（δ が大きくても）CP 非対称性は小さくなり，その測定は困難になるが，次章で述べるように，最新の実験データによると，θ_{13} の大きさが想定されていた範囲の中では比較的大きいことが分かってきている．なお，物質効果が無視できない場合には，ニュートリノと反ニュートリノでは物質効果に当然差があるので，それにより CP 非対称性に似た紛らわしい効果が生じてしまうので注意を要する．物質効果による寄与と，真の CP 非対称性による寄与とを分離する工夫が必要となるのである．

5.3 3 世代模型における物質中のニュートリノ振動

物質効果を採り入れた 3 世代模型の場合の時間発展の方程式 (4.48) は，前章で述べたように一般には解析的に解くことができず，仮に解けたとしてもその結果は複雑なものになる（物質効果の無い真空中でのニュートリノ振動の場合でも，既に見たように十分複雑である）.

しかし，太陽ニュートリノの場合のように物質効果が Δm_{31}^2 に比べて十分小さい場合，即ち

$$\frac{\Delta m_{21}^2}{2E},\ \sqrt{2}G_F N_e \ll \frac{\Delta m_{31}^2}{2E}, \tag{5.26}$$

の場合には，真空中の場合と同様に 3 世代から 2 世代への還元公式を導くことができる．ここでは ν_e の生き残り確率 S に注目しよう．物質効果の存在にもかかわらず，Δm_{12}^2 による真空中のニュートリノ振動の場合の (5.15) と同様な，次のような還元公式が得られることが知られている[19]：

$$S = \cos^4\theta_{13} \cdot S_{\text{eff}}(\theta_{12}, \Delta m_{21}^2; a_{\text{eff}}) + \sin^4\theta_{13}. \tag{5.27}$$

ここで，$S_{\text{eff}}(\theta_{12}, \Delta m_{21}^2; a_{\text{eff}})$ は，実質的な 2 世代模型の枠組みにおける共鳴的ニュートリノ振動による生き残り確率を表し，(4.49) においてハミルトニアンの混合角と質量 2 乗差を θ_{12}，Δm_{21}^2 とし，また物質効果 $a(x) = \sqrt{2}G_F N_e(x)$ を $a_{\text{eff}} \equiv \cos^2\theta_{13}\, a(x)$ という "実効的な物質効果" に置き換えて得られる微分方程式を解くことで得られる $\nu_e \to \nu_e$ の生き残り確率である.

ここでは，この還元公式の導出は行わないが，本質的な事は ν_3 は $\nu_{1,2}$ の系とのdecouplingを起こし，$\nu_{1,2}$ の部分系は実質的な2世代模型として解析可能だが，その部分系に現れる物質効果は $\cos^2\theta_{13}$ 倍に“薄められた”ものになる，ということである．

第 6 章
大気ニュートリノ異常，太陽ニュートリノ問題と長基線ニュートリノ振動実験

ニュートリノの提唱者パウリやフェルミはニュートリノの質量は小さくゼロと考えても矛盾しないと考えていた．その後の実験データからもニュートリノの質量は，もし存在したとしても他のフェルミオンのそれに比べて非常に小さいことが分かっていて，従ってその質量差も非常に小さいはずである．よって，ニュートリノ振動を観測するには，ニュートリノの生成点から検出点までの距離（基線）をかなり大きくとる必要があり，通常の実験施設内での検証は難しい．基線を長くとることのできる理想的な状況は，太陽や超新星といった天体起源のニュートリノ，あるいは大気ニュートリノといった地球規模の基線を実現できるニュートリノの観測実験である．

実は，太陽ニュートリノ，大気ニュートリノ（太陽，大気において生成されるニュートリノ）のいずれもがパズルを抱えている．即ち，いずれについても実験で検出されたニュートリノの事象数が予想される値より有意に小さいということが起きているのである．これらを「**太陽ニュートリノ問題**」，「**大気ニュートリノ異常**」と言う．以下で簡単に説明するように，いずれのパズルも，ニュートリノがそれぞれ異なる質量の 2 乗差によるニュートリノ振動を起こしているとすれば自然な形で解決される．

6.1 大気ニュートリノ異常

かねてより，宇宙から地球に向かってほぼ等方的に，**宇宙線**と呼ばれる高エネルギーの粒子（その実態はほとんどが陽子）が降り注いでいることが知られている．宇宙線が地球を取り巻く大気中の原子核とぶつかると，強い相互作用によりパイ中間子や K 中間子を生成するが，これらは直ちに弱い相互作用によって，例えば次のようにニュートリノを放出しながら順次崩壊する：

$$\pi^+ \to \mu^+ + \nu_\mu, \quad \mu^+ \to e^+ + \nu_e + \bar{\nu}_\mu. \tag{6.1}$$

このようにして大気中で生成されるニュートリノを「**大気ニュートリノ**」と言う．地球に降り注ぐ大気ニュートリノのフラックス（flux，単位時間，単位面積当たりに飛来する個数）の絶対値には不定性が存在するものの，フラックスの比 $(\nu_\mu+\bar{\nu}_\mu)/(\nu_e+\bar{\nu}_e)$（例えば ν_μ は ν_μ のフラックスを表すものとする）をとることで，そうした不定性は相当に軽減される．(6.1) の一連の崩壊から考えると，この比はほぼ 2 になると予想される．

しかしながら，スーパー・カミオカンデ (Super-Kamiokande) 実験は，測定された比 $(\nu_\mu+\bar{\nu}_\mu)_{\rm obs}/(\nu_e+\bar{\nu}_e)_{\rm obs}$ と，その予言値との比である "2 重比 (double ratio)" R が 1 から有意にずれていることを発見したのである：

$$R=\frac{(\nu_\mu+\bar{\nu}_\mu)_{\rm obs}/(\nu_e+\bar{\nu}_e)_{\rm obs}}{(\nu_\mu+\bar{\nu}_\mu)_{\rm pred}/(\nu_e+\bar{\nu}_e)_{\rm pred}}\sim 0.6. \tag{6.2}$$

これが，大気ニュートリノ異常と呼ばれるパズルである．

少し詳しく述べると，スーパー・カミオカンデ実験のデータによれば，測定された ν_μ の事象数が予言値より有意に小さいのに対し，ν_e の方の事象数はほぼ予言通りであったのである．よって，このパズルの自然な説明として考えられるのは，ν_e には何も起きないが，ν_μ だけ

$$\nu_\mu \ \rightarrow \ \nu_\tau \tag{6.3}$$

というニュートリノ振動を起こし，ν_τ は検出にかからない（かかり難い）ために ν_μ の事象数だけが予言値より減ってしまったように見える，ということである．これは，正に (5.8), (5.9) および (5.10) に与えられた，Δm^2_{21} と θ_{13} を小さいとして無視したときのニュートリノ振動の理論的予言とぴったり一致するものである．

更に，ニュートリノ振動が起きていることの，より直接的な証拠として有名な実験データとして，スーパー・カミオカンデは，大気ニュートリノの事象数の天頂角分布のデータを提供している（図 6.1）．天頂角は神岡の真上の方向をゼロ度とするもの（球面座標 (θ,φ) の θ に当たる角度）で，図 6.1 では天頂角を θ として $\cos\theta$ の関数として事象数をプロットしている．また，データ点に沿って引かれた実線はニュートリノ振動を仮定した時の，データ点に最適にフィットする分布を，また小さな箱型のヒストグラムは，振動が無い時に予想される分布を表している．図から分かる様に，ν_e の方の天頂角分布（図では "e-like" と示されている）はニュートリノ振動が無い時に予想される分布と良く一致しているのに対して，ν_μ の方 ("μ-like") の天頂角分布に関しては，天頂角ゼロ，つまり $\cos\theta=1$ の事象数は予想通りであるものの，$\cos\theta=0$ つまり $\theta=\frac{\pi}{2}$ の辺りからニュートリノ振動が無い時の予想に比べて事象数が減り出し，地球の反対側である $\theta=\pi$ $(\cos\theta=-1)$ では予想より顕著な減少が見られる．この事実は，神岡の真上の大気から飛来する場合にはニュートリノの走る距離（基線）が短くニュートリノ振動がほとんど起きないのに対し，真下

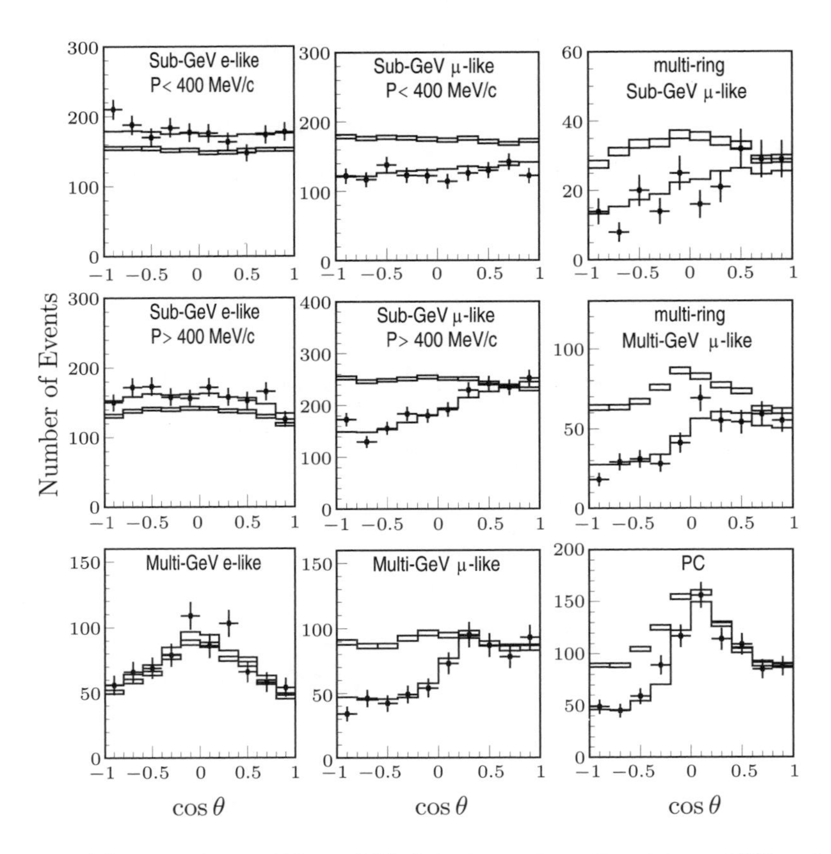

図 6.1 大気ニュートリノ事象の天頂角分布（スーパー・カミオカンデ実験のデータ[20]）.

（地球の反対側）の大気から来る場合には基線が長いためにニュートリノ振動の確率が大きくなるためである，と考えると自然に説明がつく．この実験を主導した梶田隆章博士は，ニュートリノ振動の存在を実験的に明白に示した業績により 2015 年のノーベル物理学賞を受賞している．

更に，$\theta = \frac{\pi}{2}$ 辺りから減少し出すことから，ニュートリノ振動の波長は（地球の半径よりずっと小さく）数百から 500 キロメートル程度であることも分かる．これが，K2K（KEK で生成された ν_μ を神岡に向けて照射しスーパー・カミオカンデにより検出）や，その後継実験である T2K（東海村から神岡）といった，加速器で生成されたニュートリノを用いた長基線ニュートリノ振動実験によって大気ニュートリノ振動の追試が可能である大きな理由である（ニュートリノのエネルギーが大気ニュートリノのそれと大差無いということも要因の一つであるが）．

こうした ν_μ 事象数の減少と，天頂角分布のデータから，スーパー・カミオカンデ実験のグループは，最も実験データとの整合性の良いパラメターのセットとして

$$\sin^2 2\theta_{23} = 1.00, \quad \Delta m_{31}^2 = 2.4 \times 10^{-3}\,\mathrm{eV}^2 \tag{6.4}$$

を得ている[21]．これは θ_{23} による混合が最大混合 ($\theta_{23} = \frac{\pi}{4}$) になっていることを意味し，フレーバー（世代間）混合が小さいクォーク・セクターとの対比が際立つ，大変興味深いレプトン・セクターの特徴である．ニュートリノ振動の存在は，実験的，あるいは観測的に標準模型を超える (BSM) 理論の必要性を明確に示す数少ない事実であることもあり，この大きなフレーバー混合が標準模型を超える物理に関する大きなヒントを与える可能性もある．

6.2 太陽ニュートリノ問題

天体起源のニュートリノの代表例は，太陽中心部で生成され地球に降り注ぐ「**太陽ニュートリノ**」である．良く知られているように，地上の生命は太陽が発する膨大な光のエネルギーで支えられているが，その源は，太陽中心部で起きている核融合反応である．核融合そのものは当然強い相互作用によるものであるが，同時に弱い相互作用も関与しているために，核反応はゆっくりと進み太陽は安定して輝くことができる．

太陽中心部での核融合反応は複雑な過程であるが，太陽エネルギーの大半を供給する一連の核反応は “p-p chain” と呼ばれる．その一連の反応の中から太陽ニュートリノの生成に関わる反応をいくつか抽出すると以下のようである：

$$\begin{aligned}
p + p &\rightarrow \mathrm{D} + e^+ + \nu_e, \quad \langle E_\nu \rangle = 0.26\,\mathrm{MeV}, \\
&\vdots \\
e^- + {}^7\mathrm{Be} &\rightarrow {}^7\mathrm{Li} + \nu_e, \quad E_\nu = 0.86\,\mathrm{MeV}, \\
&\vdots \\
{}^8\mathrm{B} &\rightarrow {}^8\mathrm{Be}^* + e^+ + \nu_e, \quad \langle E_\nu \rangle = 7.2\,\mathrm{MeV}, \\
&\vdots
\end{aligned} \tag{6.5}$$

ここで $\langle E_\nu \rangle$ は，放出されるニュートリノのエネルギーが一定値とはならない “連続スペクトル” の場合の平均エネルギーを表している．これら三つの反応で放出される太陽ニュートリノは，それぞれ pp，Be および B ニュートリノと呼ばれる．pp ニュートリノはエネルギーは低いために，スーパー・カミオカンデ (SK) やカナダの SNO (Sudbury Neutrino Observatory) 実験においてはこれを検出することができないが，太陽ニュートリノのフラックスの大半はこのニュートリノであり，また，（標準太陽模型による）そのフラックスの予言における理論的不定性も小さい．これに対し，Be，B ニュートリノは，より高いエネルギーを持っていてスーパー・カミカンデや SNO といった比較的高いエネルギー閾（しきい）値を持つ実験においても検出可能で重要な寄与をする．

これら一連の反応をまとめると，太陽中で起きている正味の核融合反応は

$$2e^- + 4p \;\to\; {}^4\mathrm{He} + 2\nu_e + \gamma\,(26.73\,\mathrm{MeV}) \tag{6.6}$$

のように書け，4 個の陽子が融合して，ヘリウム原子核が生成され，これに伴って 2 個の ν_e が放出される過程である．ニュートリノが放出されるということはベータ崩壊と同様の荷電カレントによる弱い相互作用が関与していることを端的に物語っている．ただし，ベータ崩壊とは違い，放出されるのは $\bar{\nu}_e$ ではなく ν_e である．

こうして太陽の中心部で生成された太陽ニュートリノは，周りの媒質とほとんど相互作用することなく（物質効果はニュートリノ振動においては重要ではあるが微弱である）直ちに太陽を離れて地球に降り注ぐ．これを検出する "太陽ニュートリノ実験" はデービス (R. Davis) 等によって創始されたが，その実験は四塩化炭素を用い，その中の塩素の原子核が，飛来する太陽ニュートリノによって，荷電カレント相互作用を通してアルゴンの原子核に変化することで得られるアルゴンを定期的に回収してニュートリノ事象数を決める，という "放射化学的 (radio-chemical)" 実験であった．しかし，これだとリアルタイムの検出ではなく，また飛来するニュートリノの方向を特定することもできないので，太陽から来たニュートリノであることを直接確認することはかなわない．

対して，より最近のスーパー・カミオカンデ (SK) や SNO 実験では，ニュートリノと検出装置の中の電子との弾性散乱（図 4.4 の左側に示されているような中性カレント過程による）により電子が水中を（水中での）光速度を超える速さで走ることで生じるチェレンコフ光を用いてニュートリノ事象を検出しているので（SNO ではニュートリノと重水素原子核 d との散乱過程も用いている），リアルタイムの実験が可能であり，また散乱された電子が，入射するニュートリノの方向とほぼ同方向に跳ね飛ばされる確率が高いことからニュートリノの方向も同定できるので，確かに太陽の方向から飛来しているニュートリノであることを確認することも可能である．

太陽ニュートリノ実験としては，初期の塩素を用いた放射化学的実験，SK や SNO の他にもガリウムを用いた放射化学的実験である SAGE，GNO (GALLEX) 等があるが，ここではそれらの詳細は述べない．それぞれの実験は，核融合反応を含めた太陽のモデルである Bahcall 等による "**標準太陽模型** (Standard Solar Model)" による予言値より有意に小さな太陽ニュートリノの事象数を報告している．これが太陽ニュートリノに関する重大なパズルである「**太陽ニュートリノ問題**」と呼ばれるものである．

上述の太陽ニュートリノ実験のデータは ν_e の生き残り確率が 1/2 以下であることを示している．従って，これをニュートリノ振動を用いて説明しようとすると物質中の共鳴的振動を必要とするので，各実験データから図 4.6 に示したような「MSW 三角形」が許されるパラメターの領域として（実験的エラーに

よる幅を伴って）それぞれ得られる．それらの重複部分が実際に許されるパラメターの領域であるが，大ざっぱに言えば，それは三角形の右上の頂点の辺りの領域となる．そのため，そうしたパラメターのセットによる太陽ニュートリノ問題の解法は「**大角度 (large mixing angle, LMA) 解**」と呼ばれる．具体的にはLMA解におけるパラメターのセットは以下のような範囲にある[22]：

$$\Delta m^2_{21} = 7.59^{+0.20}_{-0.21} \times 10^{-5}\ \mathrm{eV}^2, \tag{6.7}$$

$$\tan^2\theta_{12} = 0.457^{+0.041}_{-0.028}. \tag{6.8}$$

しかしながら，太陽ニュートリノの事象数が標準太陽模型から計算される予言値より小さいというだけでは，仮に標準太陽模型による予言値が下がればパズルは消滅することになる．実際，太陽ニュートリノのフラックスの大半を担う pp ニュートリノのフラックスは太陽定数を用いてほぼ不定性無く決められるが，SK や SNO 実験が主に検出している B ニュートリノのフラックスは太陽中心部の温度の変化に敏感で，標準太陽模型による予言値にもそれなりの不定性が在る．更に，太陽ニュートリノ ν_e が地球に到達するまでに減少したことが確実な事実であると分かったとしても，それが ν_μ，ν_τ へのニュートリノ振動によるもの，との断言はできない．

こうした論点に関して，興味深いことがある．標準太陽模型の詳細に依らずに SK と SNO 実験のデータのみから実際に $\nu_e \to \nu_\mu$，ν_τ の遷移が起きていることを示すことが可能なのである．SNO 実験の特徴は，太陽ニュートリノの検出を行うのに，次のような 3 種類の散乱過程を用いているということである：

$$\text{荷電カレント (CC) 過程：}\quad \nu_e + d \ \to\ e^- + p + p, \tag{6.9}$$

$$\text{中性カレント (NC) 過程：}\quad \nu_x + d \ \to\ \nu_x + n + p, \tag{6.10}$$

$$\text{弾性散乱 (ES) 過程：}\quad \nu_x + e^- \ \to\ \nu_x + e^-. \tag{6.11}$$

つまり，SK と同様の太陽ニュートリノの電子との弾性散乱 (ES) 過程の他に，重水素の原子核 d との荷電カレント (CC)，中性カレント (NC) 過程を用いた検出も可能なのである．ここで注目すべきは，CC 過程の場合に反応に関与するのは ν_e のみであるのに対し，NC 過程，ES 過程には全てのフレーバーのニュートリノ (ν_e，ν_μ，ν_τ) が関与できる，ということである．そのため ν_x と表記した次第である ($x = e,\ \mu,\ \tau$)．散乱断面積については NC 過程では全てのニュートリノのフレーバーに対して同じであるので，ニュートリノ振動が起きたとしても，この NC 過程による事象数をカウントすれば，それから全てのフレーバーのニュートリノのフラックス，即ち，（確率の保存則から）ニュートリノ振動が無いと仮定した時の地上でのフラックスを，理論的不定性を持つ標準太陽模型に頼ることなく実験データから決定することが可能なのである．なお，ES 過程については，この過程そのものはフレーバーに依らない普遍的

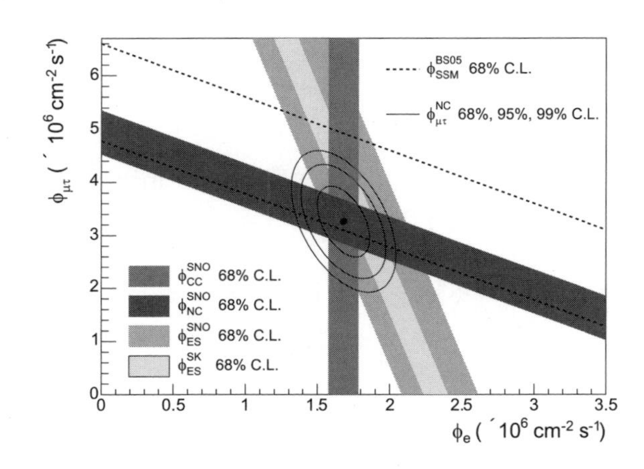

図 6.2　3 種類の散乱過程のデータを用いた (ϕ_e, $\phi_{\mu\tau}$) の決定[25].

なものであるが，この場合には，物質効果の説明の所で述べた様に ν_e のみが（電子との）荷電カレント過程からの付加的な寄与を持ち，そのために電子との散乱の散乱断面積は ν_μ，ν_τ の場合よりも大きくなる．このために，ニュートリノ振動が起きていると，ES に依る事象数は振動が無いと仮定したときより小さくなるはずであり，実際の SK のデータにおいても事象数の減少が起きている．

SNO 実験から得られた，それぞれの散乱過程を用いて決定された太陽ニュートリノのフラックス ϕ は以下の通りである[23]：

$$\phi_{\rm CC} = 1.67^{+0.05}_{-0.04}({\rm stat.})^{+0.07}_{-0.08}({\rm syst.}) \times 10^6\ {\rm cm^{-2}s^{-1}}, \tag{6.12}$$

$$\phi_{\rm NC} = 5.54^{+0.33}_{-0.31}({\rm stat.})^{+0.36}_{-0.34}({\rm syst.}) \times 10^6\ {\rm cm^{-2}s^{-1}}, \tag{6.13}$$

$$\phi_{\rm ES} = 1.77^{+0.25}_{-0.21}({\rm stat.})^{+0.09}_{-0.10}({\rm syst.}) \times 10^6\ {\rm cm^{-2}s^{-1}}. \tag{6.14}$$

これから，明らかに $\phi_{\rm CC} < \phi_{\rm NC}$ であり，ニュートリノ振動が起きていることが明確に示されたことになる．それぞれの中心値をとって見積もると

$$\frac{\phi_{\rm CC}}{\phi_{\rm NC}} = \frac{{\rm flux}(\nu_e)}{{\rm flux}(\nu_e + \nu_\mu + \nu_\tau)} \simeq 0.301 \tag{6.15}$$

となり，ν_e の生き残り確率が 0.3 程度であることが分かる．

更に，上記の 3 種類の過程から得られたフラックス全てを用いて，ν_e のフラックス ϕ_e およびそれ以外の ν_μ，ν_τ を合わせたフラックス $\phi_{\mu\tau}$ を図 6.2 のように，実験の誤差（帯で表示）を考慮しながら決定することができる．例えば，$\phi_{\rm CC} = \phi_e$，$\phi_{\rm NC} = \phi_e + \phi_{\mu\tau}$ なので，それぞれのデータから垂直，および傾き -1 の直線状の帯が得られる．ただし，$\phi_{\rm ES}$ については，SK のデータの方が高精度であるので ($\phi_{\rm ES} = (2.36 \pm 0.07) \times 10^6\ {\rm cm^{-2}s^{-1}}$ [24])，これを用いた帯状の領域を併せて表示している．

3 種類の帯の共通部分から

$$\phi_{\mu\tau} = 3.41^{+0.45}_{-0.45}(\text{stat.})^{+48}_{-0.45}(\text{syst.}) \times 10^6\ \text{cm}^{-2}\text{s}^{-1} \tag{6.16}$$

が得られる．これから ν_μ，ν_τ のフラックスは 5.3 σ の統計的有意性でゼロではないことになり，フレーバーの変わるニュートリノ振動の明確な証拠を与えているものとして重要な成果であると理解されている．

こうした実験の他に，KamLAND 実験と呼ばれる実験の貢献も重要である．これは，周辺に存在する原子炉から発生する（反）電子ニュートリノを神岡鉱山跡地に置かれた 1000 トンの液体シンチレーターの検出器で測定し，太陽ニュートリノ問題の解である LMA 解の成否を地上の実験で確認するものである．この実験から，太陽ニュートリノ問題の LMA 解のパラメターから期待されるものと良い一致を見せる $\bar{\nu}_e$ の事象数の減少，および生き残り確率の L/E（L は基線の長さ）依存性のデータが得られた．こうしたことから，LMA 解が太陽ニュートリノ問題の解として広く受け入れられているが，SK, SNO 実験でのエネルギー閾値より低いエネルギー領域の太陽ニュートリノに関するデータには LMA 解と矛盾する兆候（確定したものではないようであるが）があることも議論されており，一筋縄では行かない可能性もあり得る．

6.3 長基線ニュートリノ振動実験 (K2K，T2K)

前節まで太陽や大気といった所から飛来する，自然が作り出すニュートリノの観測実験について解説したが，この節では地上で加速器を用いて人工的に生成されたニュートリノを用いた実験について簡単にではあるが解説しよう．基線（ニュートリノが生成されてから観測されるまでに走る距離，baseline）については，（ニュートリノのエネルギーに依るものの）加速器で生成される 1 GeV 程度のエネルギーのニュートリノについては，大気ニュートリノに関する解説の際に少し言及したように，粗く言って数百 km 程度の基線がないと十分なニュートリノ振動が得られないので（(5.6) 式を参照），必然的に長基線 (long baseline) のニュートリノ振動実験となる．そのようなサイズの実験室はどこにも存在しないが，ニュートリノを生成する実験施設とそれを観測する実験施設を数百 km 離すという大胆な発想の実験を日本が世界に先駆けて始めた．K2K 実験，その後継である T2K 実験である．生成地点は茨城県のつくば市，あるいは東海村であり，観測地点はいずれの場合も，既に何度か登場しているスーパー・カミオカンデのある神岡町である．こうした実験の特徴は，人工的に生成されたニュートリノを用いるため，良くコントロールされた状況下で色々な物理量の精密な測定が可能であり，大気ニュートリノ振動の追試実験という側面もあるが，それと同時に，大気ニュートリノを用いた実験などでは得られなかった付加的，相補的な情報が得られる，ということかと思う．以下，これらの実験について簡単に紹介しよう．

6.3.1 K2K 実験

K2K 実験は KEK（茨城県つくば市の高エネルギー加速器研究機構）の加速器を用いて生成されたニュートリノビームを岐阜県飛騨市神岡町にある 5 万トンの水チェレンコフ検出器，スーパー・カミオカンデに向けて照射し，ニュートリノの事象を測定する実験である．K2K とは，KEK to (2) Kamioka との意味で名づけられた．つくば市から神岡町まで約 250 km の長基線実験である．KEK の陽子加速器 (KEK-PS) で 12 GeV まで加速された陽子を標的にぶつけると，ちょうど宇宙線が大気にぶつかった時のようにパイ中間子 $\pi^{\pm}$ などを生成する．例えば π^+ は $\pi^+ \to \mu^+ + \nu_\mu$ のように崩壊し ν_μ を大量に生成する．素朴な疑問は $\pi^+ \to e^+ + \nu_e$ は起きないのであろうか，ということである．ファインマン・ダイアグラムを描けば，両者共に可能のように思える．実は $\pi^+ \to e^+ + \nu_e$ も起きているのであるが，その崩壊の確率は ν_μ への崩壊の場合に比べ $(\frac{m_e}{m_\mu})^2 \sim (\frac{1}{200})^2 \simeq 3 \times 10^{-5}$ の因子で抑制されるのである（その理由を考えてみて頂きたい）．μ^+ の崩壊 $\mu^+ \to e^+ + \nu_e + \bar{\nu}_\mu$ により生成される ν_e もあるが，μ^+ は寿命が比較的長いため，その多くは地中で止まりニュートリノのビームには寄与しない．こうした理由で，ニュートリノ・ビームの約 90% は ν_μ である．

例えば，光の強さは光源からの距離の 2 乗に反比例して減衰する．250 km 走ってニュートリノのフラックスが減少し過ぎないようにするためには，KEK から発せられるビームを非常な精度で神岡の方向に揃える必要がある．そのために，この実験では，標的にて生成された π^+ を，ホーンと呼ばれる領域で強力な電磁石による磁場を用いて集め収束する工夫をしている．ホーンを流れる電流の方向を逆転させ磁場の極性を逆にすれば π^- を集め収束することも可能であるので，$\bar{\nu}_\mu$ のビームを作ることも可能である．こうした手法により，次に紹介する T2K 実験での $P(\nu_\mu \to \nu_\tau) - P(\bar{\nu}_\mu \to \bar{\nu}_\tau)$ といった CP 非対称性の検証実験が可能になる．

さて，K2K 実験の大きな目的は大気ニュートリノ振動の追試であった．つまり，大気ニュートリノに関する実験データから得られたパラメターのペア $\sin^2 2\theta_{23} = 1.00$，$\Delta m^2_{31} = 2.4 \times 10^{-3}\,\mathrm{eV}^2$（(6.4) 式参照）から予言される ν_μ の生き残り確率 $P(\nu_\mu \to \nu_\mu)$ が地上での実験（とは言え，地球は丸いので，途中でニュートリノは地中を走るが）でも得られることを確かめることが主目的の一つであった．なお，こうした生き残り確率を調べる実験のことを（ν_μ がどれだけ消滅したかを見る実験との意味で）「**disappearance 実験**」と言う．1999 年から 2004 年の K2K 実験の全データによると観測された ν_μ 事象数は 112 であったが，一方，ニュートリノ振動が無いと仮定した時の期待される事象数は 158 であった（もちろん，それぞれ実験誤差を伴うが）．これらが無矛盾である確率は 6×10^{-4} であり，大気ニュートリノで起きていたような ν_μ が減少する現象が，確かに地上実験においても起きていることが確かめられたこ

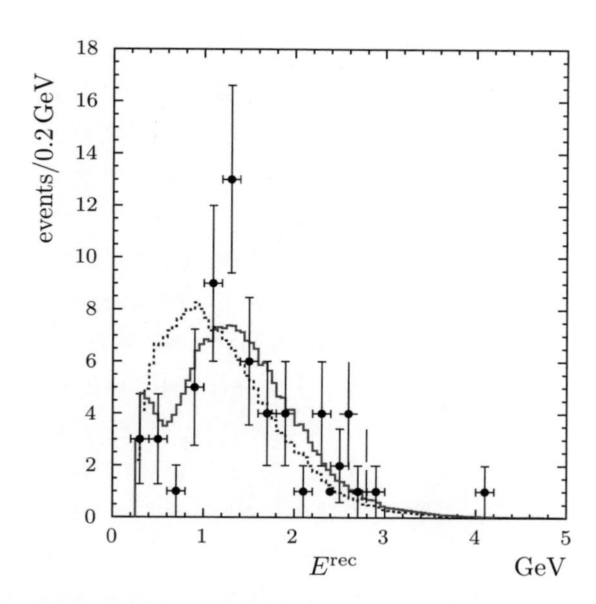

図 6.3　K2K 実験から得られた ν_μ 事象のエネルギー分布．点が観測データ．実線の曲線（点線の曲線）が振動がある（無い）場合の予測値[26]．

とになる．

更に，こうした大気ニュートリノ振動の追試といった意味合いに加え，天頂角が大きく従って基線が長いときの大気ニュートリノ ν_μ の事象の減少が，確かにフレーバーの変わる $P(\nu_\mu \to \nu_\tau)$ といったニュートリノ振動によるものであることを確かめることも，K2K 実験の重要な使命であった．基線が長くなったときに事象が減るという事実のみだと，例えばニュートリノが走っている間に崩壊するといったシナリオも否定できない．そうした目的のために，この実験では ν_μ 事象数のエネルギー分布を測定し，上述のパラメターのペアにより予言される生き残り確率 $P(\nu_\mu \to \nu_\mu)$ のエネルギー依存性と一致するかどうかの検証を行っている．K2K 実験から得られた ν_μ 事象のエネルギー分布が図 6.3 に示されている．実験誤差を表すバーを伴った点は観測されたデータである．実線の曲線はニュートリノ振動がある場合のエネルギー分布（事象数のエネルギー依存性）を，一方，点線の曲線は振動が無い場合の予測値である．図から分かるように，実測されたデータは，ニュートリノ振動があるとした場合の分布と良い整合性を持っていることが分かる．上記の事象数の減少のデータと合わせると，ニュートリノが変化していないと仮定した場合の，それがデータと無矛盾である確率は更に下がって 1.5×10^{-5} となる．こうして，ν_μ がニュートリノ振動を起こしていることがますます確かなものになった次第である．

6.3.2 T2K 実験

ν_μ がフレーバーの変わるニュートリノ振動を起こしているとすると，それを直接的に確かめる良い方法は，変化した後の ν_e や ν_τ を検出することである．こうした実験は（別のフレーバーが出現するという意味で）「**appearance 実験**」と呼ばれる．

まず，大気ニュートリノの実験データを思い出そう．大気ニュートリノの内，ν_e については，その事象数はニュートリノ振動が無いとした場合の予想値と整合性が良いが，(5.8) 式に見られるように，これは θ_{13} が小さいと考えると説明可能である．一方，θ_{13} が小さいとすると，(5.9)，(5.10) より，ν_μ はほとんど ν_τ に変化（遷移）し，ν_e に遷移する確率は小さいと予想される．

従って $\nu_\mu \to \nu_e$ といった高い精度を要する appearance 実験を行うためには，より大きな強度のニュートリノ・ビームを用意する必要があるが，それを実現したのが **T2K 実験**である．この実験の名前は Tokai to (2) Kamioka から来ている．KEK と日本原子力研究開発機構が共同で作った，茨城県東海村にある大強度陽子加速器施設 J-PARC (Japan Proton Accelerator Complex) の加速器は K2K 実験の時の KEK-PS の約 100 倍のパワーを持つもので，この加速器からの陽子を用いて大強度のニュートリノ・ビームを実現したのである．スーパー・カミオカンデまでの基線は，今度は 295 km である．

T2K 実験は 2010 年に始まり，2011 年には $\nu_\mu \to \nu_e$ の振動の候補となる 6 事象を検出した．このモードのニュートリノ振動が無いとすると，元のニュートリノ・ビーム中に混ざっている ν_e の寄与を考慮しても 1.5 事象しか検出されないはずであり，これにより 99.3 % の信頼度で ν_e へのニュートリノ振動を発見したことになる．これにより，小さいと思われていた θ_{13} が 10° 程度であることも分かった．当初予想されていたよりは大きな角度で，この発見は大きな驚きであった．更に，2013 年には 28 個の ν_e 事象を観測し，その発見を確かなものとした．なお，θ_{13} については，原子炉からの反ニュートリノを用いた中国，韓国，フランスの実験である Daya Bay，RENO，double Chooz 実験により，より高い精度で決定されている．最新の値は

$$\sin^2\theta_{13} = (2.18 \pm 0.07) \times 10^{-2} \tag{6.17}$$

である[27]．

当初の予想より大きめの θ_{13} というのは，レプトン・セクターでの CP 対称性の破れ，特にニュートリノ振動における CP 対称性の破れを検証する上で朗報であった．というのも，ニュートリノ振動における CP 対称性の破れの指標である，CP 非対称性 $A^{CP}_{\alpha\beta} = P(\nu_\alpha \to \nu_\beta) - P(\bar{\nu}_\alpha \to \bar{\nu}_\beta)$（(5.17) 式参照）は当然のことながら，CP 対称性の破れを表す CP 位相 δ の sin に比例する（仮に $\delta = 0$ で CP 対称性がある場合には A^{CP} もゼロとなるように）が，5.2 節の (5.24)，(5.25) に見るように，それだけではなく $\sin\theta_{13}$ にも比例するからであ

る．比較的大きな θ_{13} は比較的大きな CP 非対称性を予言することになり，その検証の難しさが少し軽減されるのである．なお，T2K 実験では，この CP 非対称性を検証する際に必要な ν_μ のビームと $\bar{\nu}_\mu$ のビームの切り替えは，K2K 実験のところで述べたように，荷電パイ中間子 $\pi^\pm$ の方向をそろえ収束させるためのホーン領域での電磁石に流れる電流の向きを変え，磁場の極性を反転させることにより可能である．

クォーク・セクターにおいて，B 中間子のシステムでの CP 非対称性に関する KEK などの B-factory における検証実験が，標準模型，特に小林・益川理論の確立に大きく寄与したように，レプトン・セクターにおける A^{CP} の検証は，標準模型を超える (BSM) 理論を探る上で重要なものである．近い将来，確定的な結果が得られることを期待したい．

第 7 章
フレーバー混合以外のニュートリノ振動のシナリオ

5 章，6 章では，3 世代模型の枠組みでのフレーバー混合に依るフレーバーの変化する $\nu_{\alpha L} \to \nu_{\beta L}$ $(\alpha, \beta = e, \mu, \tau)$ という active な状態間のニュートリノ振動，また，それを用いたいくつかのパズルの解法について議論した．このフレーバーが変わるタイプのニュートリノ振動は，太陽ニュートリノ問題，大気ニュートリノ異常といったパズルを上手く解決する．しかし，一方で，こうしたニュートリノ振動は chirality flip を伴わないもので，そのために，4 章で解説したように，その実験データからニュートリノがディラック型かシーソー型かという基本的な疑問に答えることは，残念ながらできない．また，3 世代の枠組みでのフレーバー混合によるニュートリノ振動では説明が難しい実験データの存在も指摘されている．そこで，この章では，通常議論されるフレーバー混合以外のニュートリノ振動のシナリオのいくつかの可能性について解説する．

7.1 共鳴的スピン・フレーバー歳差

上で述べたように，これまで主として解説してきたニュートリノ振動は chirality flip を伴わないものであるために，ニュートリノのタイプがディラック型かシーソー型かという非常に基本的かつ重要な疑問に答えることができない．

実際には chirality flip のある $\nu_L \to \nu_R$（ディラック型の場合）あるいはレプトン数保存を破る $(|\Delta L| = 2)$ $\nu_L \to \bar{\nu}_R$（シーソー型の場合）という振動も同時に起きてはいるので，これを確認できれば，それによってニュートリノのタイプの特定が原理的には可能である．しかしながら，chirality flip は質量項により生じるものなので，これらの振動確率は $(\frac{m_\nu}{E})^2$ という因子で小さなニュートリノ質量により強く抑制され，現実的には，そうした振動現象の観測は不可能と言える．

しかし，理論的には，chirality flip を伴うものの，$(\frac{m_\nu}{E})^2$ という因子で抑制されず，従ってニュートリノのタイプを判別できる可能性のあるニュートリノ振動があり得る．磁場中でのスピン歳差によるニュートリノ振動である（スピン歳差には質量は直接関与することは無い）．また，chirality flip を伴わないものの，active から sterile 状態という新しいタイプの振動も別の可能性である．小節 3.2.4 で議論した，ニュートリノの "第 3 のタイプ" である擬ディラック・ニュートリノの場合のニュートリノ振動（7.2 節，小節 8.2.2 も参照されたし）などがこれに相当する[3],[4]．こうした，フレーバー混合以外の機構によるニュートリノ振動は，太陽ニュートリノ問題，大気ニュートリノ異常といったパズルの，少なくとも主たる解法とはなり得ないことが議論されているが，一方で，3 世代の枠組みでのフレーバー混合によるニュートリノ振動のみでは説明が難しい実験データの存在も指摘されており，通常とは違うタイプで，ディラックかマヨラナかといったニュートリノのタイプを特定できる可能性を有する新奇のニュートリノ振動について考察してみるのも意味があるものと考える．

そこで，この節では，まず**共鳴的スピン・フレーバー歳差** (Resonant Spin-Flavor Precession (RSFP))[6]のシナリオについて簡単に解説しよう．このシナリオも，元はやはり実験から示唆されたパズルの解として考案されたものである．先に述べたように，太陽ニュートリノの観測を最初に始めたのは R. Davis（小柴昌俊博士と共に，ニュートリノ天文学を創始した業績でノーベル物理学賞を受賞）とそのグループであったが，彼らは興味深い主張をした．得られた太陽ニュートリノの事象数が太陽の黒点数と反相関の関係にあるというのである．つまり，黒点数が多い時には事象数が減少し，黒点数が少ないと事象数が増加する傾向があるというのである．

太陽の黒点数は太陽活動（磁気的活動）の指標であり 11 年周期で変化することが以前より知られている．黒点数が多い時は太陽の対流層中の磁場の強度が大きいと思われている．通常のフレーバーの変わるニュートリノ振動は外部磁場に影響されることはないので，上述の反相関が事実だとすると，通常のシナリオではそれを説明することはできない．このパズルの解としてオークン・ボローシン・ビソツキー (Okun-Voloshin-Vysotsky (OVV)) が提唱したのは[5]，ニュートリノ（このシナリオではディラック型ニュートリノを想定している）が磁気モーメントを持っている（つまり小さな磁石のようになっている）と考え，対流層の磁場中をニュートリノが通過する際に，進行方向に垂直な（トロイダル）磁場の影響で**スピン歳差**を起こし，進行方向と逆向きであったニュートリノのスピン・ベクトル（太陽ニュートリノは左巻きとして生成される）が進行方向と同じ方向に回転する，というシナリオである．進行方向と同じ方向のスピンを持つということは右巻きのニュートリノで，弱い相互作用をしない sterile 状態なので検出を免れ，そのために太陽ニュートリノが減ってしまったように見える，というのである．スピン歳差の確率は当然磁場が強くなれば大

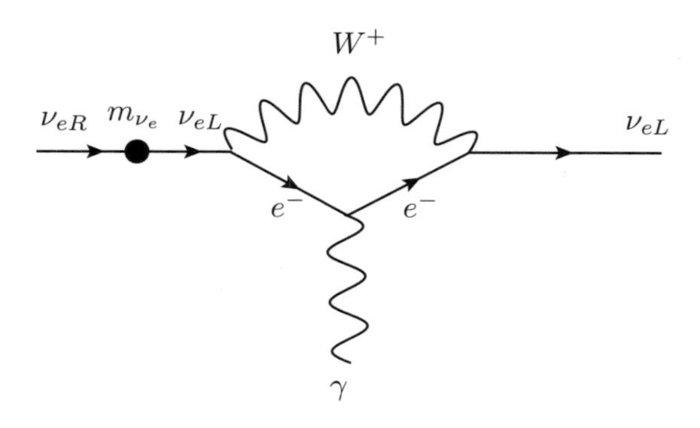

図 7.1 右巻きニュートリノを導入した標準模型における量子効果によるニュートリノ磁気モーメントの生成．黒丸はニュートリノ質量の挿入を表す．

きくなるので，上述の反相関が説明できるというわけである．

重要なことは，この歳差 $\nu_{eL} \to \nu_{eR}$ は chirality flip のある過程ではあるが，その確率は $(\frac{m_\nu}{E})^2$ の抑制を受けないということである．スピン歳差はニュートリノのスピンと磁場との結合，即ち相対論的な形で書くと

$$\mu\,(\bar{\nu}_R \Sigma_{\mu\nu} \nu_L) \cdot F^{\mu\nu} + \text{h.c.} \tag{7.1}$$

という相互作用に起源を持つからである．ここで μ はニュートリノの磁気モーメントを表している．

ところで，電荷を持たないニュートリノがそもそも“磁石”になり得るのであろうか．確かに，古典物理の範疇では電気的に中性ゆえに磁気モーメントは持てないが，量子論的な効果（量子補正）を考慮すれば原理的には持つことが可能である．例えば，中性子は磁気モーメントを持つことが古くから知られている．$n \to p\pi^- \to n$ のように，量子論特有の不確定性原理により中性子が瞬間的に陽子と荷電パイ中間子のペア（仮想状態）に遷移し，また中性子に戻るという過程が可能であるが，ここで“中間状態”の p や π^- は電磁相互作用により光子と結合できるので，実効的に中性子が光子との相互作用項を獲得できることになり，そこから $\bar{n}\Sigma_{\mu\nu} n \cdot F^{\mu\nu}$（$n$ は中性子の場）といった磁気モーメントの項が生じるのである．ただし，原理的に可能であっても，実際の理論で磁気モーメントの生成が可能かは別問題である．まず，標準模型では ν_R が存在せず，従って（正確には，更にレプトン数の保存則もあるので）ニュートリノの磁気モーメントは生成されない．そこで，標準模型に ν_R を導入したとすると図 7.1 のようなファインマン・ダイアグラムから磁気モーメントが

$$|\mu| = \frac{3eG_F m_{\nu_e}}{8\sqrt{2}\pi^2} \simeq 3 \times 10^{-19} \left(\frac{m_{\nu_e}}{1\,\text{eV}}\right) \mu_B \tag{7.2}$$

のように生成される[28]．ここで $\mu_B = \frac{e}{2m_e}$ は電子のボーア磁子 (Bohr magneton) である．この結果において重要なことは磁気モーメントが小さなニュートリノ質量に比例するということであるが，これは当然の帰結である．磁気

モーメントの相互作用項 (7.1) は，質量項と同様にニュートリノの chirality flip を伴うものである（スピン歳差を考えれば当然であるが）．しかし図 7.1 を見ると分かるように，標準模型の弱い相互作用（荷電カレントによる）にはニュートリノの左巻き状態のみが参加するので，chirality flip を引き起こすためにはニュートリノ質量 m_{ν_e} が関与せざるを得ないのである（こうした事情は，例えば左右対称模型では変わるが）．よって仮に $m_{\nu_e} = 1\,\mathrm{eV}$ としても $|\mu| \sim 3 \times 10^{-19}\mu_B$ であり，OVV シナリオが機能する（太陽ニュートリノの減少を説明することができる）ために必要な $10^{-10}\mu_B$ といったオーダーの大きさには程遠い値である．逆に言えば，このシナリオは必然的に標準模型を超える (BSM) 理論を要請することになるのである．この点に関しては後程また少し考えてみたい．

さて，OVV シナリオの話に戻ると，このシナリオには少々問題がある．MSW 効果の所で解説したように，太陽ニュートリノの伝搬において物質効果は重要な役割を果たすが，この物質効果によりスピン歳差が妨げられる傾向があるのである．仮に物質効果は存在しないとすると，スピン歳差による一種のニュートリノ振動 $\nu_{eL} \to \nu_{eR}$ の確率は，量子力学で良く知られているように

$$P(\nu_{eL} \to \nu_{eR}) = \sin^2(\mu B t) \tag{7.3}$$

となり（B は磁場の強さ），上述のように，ニュートリノ質量に依る抑制因子も無く，$\mu \sim 10^{-10}\mu_B$ といった十分な磁気モーメントさえ実現できれば（ちなみに，太陽中の対流層での B は $1\,\mathrm{kG}$ 程度と考えられている），このシナリオは機能することになる．しかし，物質効果を考慮すると，重要なことは active である ν_{eL} は物質効果を受けるのに対し，sterile である ν_{eR} の方は物質効果を受けず，そのために，同一の質量を有するにもかかわらず，両者のエネルギーの間にギャップが生まれ，歳差が起きにくくなるのである．これを実際に計算で確かめてみよう．まず ν_{eL}，ν_{eR} の基底（ここでは第 1 世代しか考えていないので，ν_e，ν_μ といったフレーバーの基底ではないことに注意）での時間発展の方程式を考えると

$$i\frac{d}{dt}\begin{pmatrix} \nu_{eR} \\ \nu_{eL} \end{pmatrix} = \begin{pmatrix} 0 & \mu B \\ \mu B & a_{\nu_e}(t) \end{pmatrix}\begin{pmatrix} \nu_{eR} \\ \nu_{eL} \end{pmatrix} \tag{7.4}$$

である．右辺で質量からの寄与は共通の位相因子を与えるだけなので無視している．$a_{\nu_e}(t)$ は ν_{eL} が受ける物質効果を表すが，MSW 効果の場合とは違って，ν_{eR} は一切弱い相互作用を持たないので，それとの物質効果の差異を考える際には，荷電カレントのみならず中性カレントからの寄与も取り入れる必要があることに注意しよう：

$$a_{\nu_e} = \frac{G_F}{\sqrt{2}}(2N_e - N_n). \tag{7.5}$$

右辺1項目がMSW効果の場合と同じ荷電カレントの寄与，2項目がMSWの場合には無い中性カレントの寄与である（N_e，N_n は時間に依存する電子，中性子の数密度を表す）．また，太陽中の物質は電気的に中性なので $N_e = N_p$（N_p：陽子の数密度）という関係を用いている．a_{ν_e} が時間に依存するため (7.4) を解析的に解くことは一般にできないが，簡単のために a_{ν_e} を定数と見なすと，(7.4) は容易に解けて

$$P(\nu_{eL} \to \nu_{eR}) = \frac{(2\mu B)^2}{a_{\nu_e}^2 + (2\mu B)^2} \sin^2\left(\frac{\sqrt{a_{\nu_e}^2 + (2\mu B)^2}}{2} t\right) \tag{7.6}$$

となる．$a_{\nu_e} = 0$ とすると (7.3) 式に帰着する．これから，振動確率は $\frac{(2\mu B)^2}{a_{\nu_e}^2+(2\mu B)^2}$ で上限が与えられるので，確かに a_{ν_e} が大きいと振動が抑えられることが分かる．

こうした問題点を解決するのが共鳴的スピン・フレーバー歳差 (RSFP) のシナリオである[6]．そのアイデアは簡単である．$\nu_{eL} \to \nu_{eR}$ のような振動では物質効果は遷移する状態間のエネルギーにギャップを生じさせるだけであるが，$\nu_{eL} \to \nu_{\mu R}$ といった，スピンだけでなくフレーバーも変化する"スピン・フレーバー"歳差を考えると，ν_e と ν_μ の間の質量差によるエネルギー・ギャップが物質効果により相殺され，ある時点でギャップがなくなり共鳴現象が起きると期待できる．すると，MSW効果の場合と同様に，MSW効果の時の混合 θ に相当する μB が小さくても十分なスピン・フレーバー歳差が可能になる．これが共鳴的スピン・フレーバー歳差 (RSFP) である．

7.1.1 ディラック型のRSFP

まずは，OVVシナリオの場合のように，ニュートリノがディラック型としてRSFPシナリオの要点について解説する．簡単のために2世代模型の枠内で $\nu_{eL} \to \nu_{\mu R}$ の振動について考えよう．今度は ν_{eL}，$\nu_{\mu L}$，ν_{eR}，$\nu_{\mu R}$ の基底で時間発展の方程式を考えると

$$i\frac{d}{dt}\begin{pmatrix} \nu_{eL} \\ \nu_{\mu L} \\ \nu_{eR} \\ \nu_{\mu R} \end{pmatrix}$$

$$= \begin{pmatrix} \frac{\Delta m^2}{2E}\sin^2\theta + a_{\nu_e} & \frac{\Delta m^2}{4E}\sin 2\theta & \mu_{ee}^* B & \mu_{\mu e}^* B \\ \frac{\Delta m^2}{4E}\sin 2\theta & \frac{\Delta m^2}{2E}\cos^2\theta + a_{\nu_\mu} & \mu_{e\mu}^* B & \mu_{\mu\mu}^* B \\ \mu_{ee} B & \mu_{e\mu} B & 0 & 0 \\ \mu_{\mu e} B & \mu_{\mu\mu} B & 0 & \frac{\Delta m^2}{2E} \end{pmatrix} \begin{pmatrix} \nu_{eL} \\ \nu_{\mu L} \\ \nu_{eR} \\ \nu_{\mu R} \end{pmatrix} \tag{7.7}$$

となる．ここで a_{ν_e} は (7.5) 式で与えられ，また

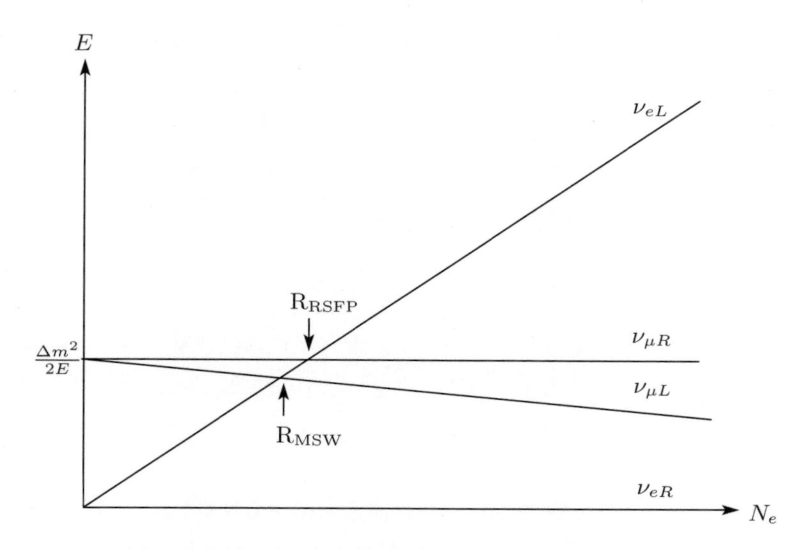

図 7.2　右巻きも入った 2 世代のニュートリノの共鳴現象.

$$a_{\nu_\mu} = -\frac{G_F}{\sqrt{2}} N_n \tag{7.8}$$

であり，中性カレントのみから寄与を受ける．なお，上式の 4×4 行列の右下の 2×2 行列は対角化されているが，これは ν_{eR}, $\nu_{\mu R}$ は質量固有状態であると見なしているからである.

共鳴現象を解析するために，(7.7) 式の 4×4 行列の 4 つの対角成分を N_e の関数として図示すると図 7.2 のようになる．ただし，ここでは太陽の対流層における $N_n \simeq \frac{1}{6} N_e$ という近似を用いている．この図で $\mathrm{R_{MSW}}$ は MSW 効果における ν_{eL} と $\nu_{\mu L}$ の間の共鳴点を，$\mathrm{R_{RSFP}}$ は RSFP シナリオ特有の ν_{eL} と $\nu_{\mu R}$ の間の共鳴点を表している．太陽中心部の N_e の大きなところで生成された太陽ニュートリノは，外側に飛行するに連れて図 7.2 の ν_{eL} の線に沿って左に移動し，まず共鳴点 $\mathrm{R_{RSFP}}$ に到達し，$\nu_{eL} \to \nu_{\mu R}$ という共鳴的なスピン・フレーバー歳差が実現することになる．もちろん，この RSFP が実現するためには，4×4 行列において ν_{eL} と $\nu_{\mu R}$ を結ぶ非対角成分である “遷移型の磁気モーメント” $\mu_{\mu e}$ が必要とされる.

7.1.2　マヨラナ型の RSFP

この前の小節で紹介したディラック型ニュートリノの共鳴的スピン・フレーバー歳差 (RSFP) では遷移型の磁気モーメント $\mu_{\mu e}$ が必要とされるが，もちろん普通の μ_{ee} といった ν_e 自身の磁気モーメントも可能であり，遷移型を入れる必然性は無い．しかし，シーソー型のように，ニュートリノがマヨラナ・フェルミオンの場合には事情が大きく異なる．マヨラナ・フェルミオンは自分自身の磁気モーメントを持てず，遷移型の磁気モーメントしか持つことができないのである．本質的なことは，粒子を反粒子に変換すると電荷と同様に磁気モーメントもその符号を変えるが，一方でマヨラナ粒子は自分自身の反粒子でもあるから，磁気モーメントを持つとすると矛盾するのである．

具体的には，マヨラナ型の場合の磁気モーメントは，ν_R の代わりに $(\nu_L)^c$ を用いて

$$\mu_{\alpha\beta}\overline{(\nu_{\alpha L})^c}\Sigma_{\mu\nu}\nu_{\beta L} + \text{h.c.} \ \ (\alpha,\, \beta = e,\, \mu,\, \tau) \tag{7.9}$$

のように書かれるが，ガンマ行列の性質（とフェルミオン場の反交換性）を用いると $\overline{(\nu_{\alpha L})^c}\Sigma_{\mu\nu}\nu_{\beta L} = -\overline{(\nu_{\beta L})^c}\Sigma_{\mu\nu}\nu_{\alpha L}$ が言えるため，磁気モーメントは

$$\mu_{\alpha\beta} = -\mu_{\beta\alpha} \tag{7.10}$$

というフレーバーの添字に関する反対称性を持つことになる．これから明らかに $\mu_{\alpha\alpha} = 0$ が結論付けられる．つまり自分自身の磁気モーメントは持てないことになる．こうしてマヨラナ型ニュートリノについては，遷移型磁気モーメントというのは人為的に導入されるというのではなく必然的なものになるのである．

$\nu_R \to (\nu_L)^c$ という変更にともない，時間発展の方程式も (7.7) 式とは異なるものとなり，従って $\mathrm{R_{MSW}}$ の位置は変化しないものの，ν_{eL} と $(\nu_{\mu L})^c$（$\bar{\nu}_{\mu R}$ と書くことにしよう）の間の共鳴点 $\mathrm{R_{RSFP}}$ の位置はディラック型の場合とは異なる．本質的なことは，ディラック型の場合には振動先は sterile ニュートリノであるのに対し，マヨラナ型の場合は active な反ニュートリノ $\bar{\nu}_{\mu R}$ である，ということである．$\bar{\nu}_{\mu R}$ を検出できれば，初めてニュートリノのマヨラナ性を示し，ディラックかマヨラナかという疑問に答えることができることになる．

マヨラナ型ニュートリノの RSFP の場合には，太陽中心で生成された太陽ニュートリノは，まず $\mathrm{R_{RSFP}}$ の共鳴点に達し $\nu_{eL} \to \bar{\nu}_{\mu R}$ の振動が実現することになる．更に θ によるフレーバー混合により $\bar{\nu}_{\mu R} \to \bar{\nu}_{eR}$ の振動が起こり，正味 $\nu_{eL} \to \bar{\nu}_{eR}$ という振動も可能である．$\bar{\nu}_{eR}$ は電子と大きな弾性散乱の断面積を持つので，このシナリオの検証がし易い面があるが，今のところ，太陽から反ニュートリノが飛来しているという事実は確認されていない．また，太陽ニュートリノ振動の追試として有名な KamLAND 実験のデータは，MSW の LMA 解から期待されるものと整合するものであり，強い磁場の存在しない地上の実験で太陽ニュートリノと同様の振動が起きていることになるので，RSFP は少なくとも太陽ニュートリノの主たる振動モードではないことが分かっている．

しかし，RSFP は 10^{12} G といった極めて強い磁場の状況下での超新星爆発の際のニュートリノ放出過程で重要な役割を演じる可能性がある．更に，ごく最近，暗黒物質（ダークマター）直接探索実験において世界最高感度を持つ XENON1T 実験（イタリアのグランサッソ国立研究所 (INFN, Laboratori

Nazionali del Gran Sasso）の地下研究所において 2016 年より稼働を始め，2018 年まで実施された実験）で得られた観測データに，予想していなかった過剰な事象が見つかったとの興味深い発表があった．低エネルギーで散乱された電子の事象が予想される事象数を超えており，その過剰な事象のピークが 2.5 keV 辺りにあるということであるが，その解釈の有力な候補として磁気モーメントを持った太陽ニュートリノが飛来した可能性が考えられている．つまり，ここで議論した RSFP シナリオによりこのデータを説明できる可能性があることになる[29]．ニュートリノの磁気モーメントと結合する光子が電子との間で交換され，それによりニュートリノと電子の間の弾性散乱が起きる過程を考えると，光子の伝搬子が $\frac{1}{q^2}$（q_μ は光子の 4 元運動量）に比例するために，散乱確率が低エネルギーでピークを持つからである．

この節の最後に，小さなニュートリノ質量と $10^{-10}\mu_B$ といった "十分大きな" 磁気モーメントを同時に説明できる標準模型を超える (BSM) 理論の可能性について，ごく簡単にコメントしよう．ニュートリノの質量項も磁気モーメントの項も，どちらも chirality flip を伴うという共通点を持つので，右巻きニュートリノを加えた標準模型の場合のように磁気モーメントがニュートリノ質量に比例するのは，ある意味で自然なこととも言える．よって，どのような機構で m_ν に比例しない磁気モーメントを実現するか，というのが重要な論点となる．先に述べた左右対称模型は一つの可能性であり，この模型では右巻きニュートリノも荷電カレントによるゲージ相互作用を持つために磁気モーメントはニュートリノ質量に比例するのではなく，荷電レプトンの質量に比例する．その意味では部分的に問題は解決するが，残念ながら，この模型の予言する磁気モーメントは，標準模型の予言よりはだいぶ大きくはなるものの，まだ十分な磁気モーメントを与えるには至らない．

一つ興味深いことがある．ニュートリノのマヨラナ型の質量項を (7.9) に倣って

$$m_{\alpha\beta}\overline{(\nu_{\alpha L})^c}\nu_{\beta L} + \text{h.c.} \quad (\alpha, \beta = e, \mu, \tau) \tag{7.11}$$

と書くと，再びガンマ行列の性質を用いて $\overline{(\nu_{\alpha L})^c}\nu_{\beta L} = \overline{(\nu_{\beta L})^c}\nu_{\alpha L}$，従って

$$m_{\alpha\beta} = m_{\beta\alpha} \tag{7.12}$$

が言える．質量はフレーバーの添字に関して対称であるのに対し，磁気モーメントの方は反対称という性質があるのである．

そこで，2 世代模型の枠組みで $\mathrm{SU}(2)_H$ という "水平方向" の対称性 (horizontal symmetry) の概念を導入しよう．水平方向とは，標準模型で $\mathrm{SU}(2)_L$ の 2 重項 (doublet) を並べると，同じ電荷で世代の違うフェルミオンは水平に並ぶことになるからである．つまり $\mathrm{SU}(2)_H$ 対称性とは世代間の SU(2) 変換の下での不変性であり，$(\nu_e, \nu_\mu)^t$ の 2 重項が $\mathrm{SU}(2)_H$ の基本表現として振る舞

うことになる．すると，フレーバーの添字に関して反対称である磁気モーメント $\mu_{\alpha\beta}$ $(\alpha, \beta = e, \mu)$ は $\mathrm{SU}(2)_H$ 変換の下で不変な 1 重項，一方，フレーバーの添字に関して対称な質量 $m_{\alpha\beta}$ は $\mathrm{SU}(2)_H$ の 3 重項として振る舞うことになる．よって，$\mathrm{SU}(2)_H$ を理論の対称性として保持する模型を構成できれば，$\mathrm{SU}(2)_H$ 不変でないニュートリノ質量は禁止されるのに対して，$\mathrm{SU}(2)_H$ 不変な磁気モーメントは許されることになる．こうして，小さなニュートリノ質量によって抑制されることなく，十分な大きさのニュートリノ磁気モーメントを生成できることが期待される．そうしたアイデアに基づく模型が既にいくつか議論されている[29], [30]．

7.2 sterile ニュートリノの導入

この章の初めで述べたように．3 世代の枠組みでのフレーバー混合によるニュートリノ振動では説明ができない，あるいは説明が難しい複数の実験データの存在が指摘されている．列挙すると以下の通りである．

(a) LSND 実験

ニュートリノ振動の探索実験である，米国ロスアラモス研究所での LSND (Liquid Scintillator Neutrino Detector) 実験では，衝突標的の所でパイ中間子を生成するが，π^- の内の多くは標的中の原子核に吸収されてしまうので，π^+，またその崩壊で生じる μ^+ から生成されるニュートリノを用いる．特に $\bar{\nu}_\mu \to \bar{\nu}_e$ という appearance 振動の実験を $\bar{\nu}_e + p \to e^+ + n$ という "逆ベータ崩壊" を $\bar{\nu}_e$ の検出手法として用いて行った結果，その実験データが $87.9 \pm 22.4 \pm 6.0$ 個の，背景事象からの過剰事象（背景事象では説明できない事象）の存在を示していることを発表している．$\frac{E}{L} \sim 1\,\mathrm{eV}^2$ に対応するニュートリノ振動 $\bar{\nu}_\mu \to \bar{\nu}_e$ の証拠を発見したとの主張である．なお，ここで E，L はニュートリノのエネルギーおよびニュートリノの生成点から観測点までの距離（基線）である．例えば (2.26) 式 $P(\nu_e \to \nu_\mu) = \sin^2 2\theta \sin^2(\frac{\Delta m^2}{4E} t)$ より，$t \to L$ と置き換えると，ニュートリノ振動が十分に起きるための条件は $\frac{\Delta m^2}{E} L \sim 1$ となり，これから $\frac{E}{L} \sim 1\,\mathrm{eV}^2$ は $\Delta m^2 \sim 1\,\mathrm{eV}^2$ であることを意味する．つまり，LSND の実験データは $\Delta m^2 \sim 1\,\mathrm{eV}^2$ という，太陽ニュートリノ振動，大気ニュートリノ振動で必要とされる質量の 2 乗差よりずっと大きな，独立した質量の 2 乗差が新たに必要とされることを述べていることになるのである．3 世代の枠組みでは当然独立な質量の 2 乗差は二つしか無いので，これは，明確に三つのニュートリノに加え新たに軽いニュートリノの状態を理論に加える必要性があることを主張していることになる．

これの追試実験と言える Rutherford Appleton Laboratory における KARMEN 実験では過剰事象は検出されず，LSND 実験から望ましいとされた質量の 2 乗差，混合角の（2 次元的な）パラメター領域の内のかなりの部分が排除されているが，一方で米国の Fermi National Laboratory (FNAL) で遂行された MiniBooNE 実験は LSND から示唆されるパラメター領域に感度のある appearance 実験を行い，ν_e，$\bar{\nu}_e$ の両方を合わせて 460.5 ± 99.0 個の過剰事象を検出したことを発表している．しかし，LSND も MiniBooNE も，共に一か所のみに測定器を置いた実験なので，複数の場所，即ち異なる基線で検出を行うといった更なる追試実験（FNAL での SBN 実験，日本の J-PARC での JSNS 実験）が LSND 実験の発見した "異常事象" の真偽に決着をつけるべく計画されている．

(b) ガリウムを用いた太陽ニュートリノ実験

ロシアの SAGE，イタリアの GALLEX/GNO という，ガリウムを用いた比較的低エネルギーのニュートリノに感度がある太陽ニュートリノ実験の双方から，予想より幾分小さな事象数を測定したとの報告がある．この減少は，$\Delta m^2 \geq 1\,\mathrm{eV}^2$ による ν_e の振動によるものとの解釈が可能であることが指摘されている．

(c) 原子炉ニュートリノにおける "異常"

原子炉から発せられるニュートリノのフラックスに関する，原子核物理学からの新しい計算結果が発表され，それを用いてニュートリノ事象数を予言すると，短基線の原子炉実験の結果より数% 大きくなることが指摘されている．これを受け入れるとすると，ニュートリノ振動による減少確率は大きめになる必要が生じるが，これも $\Delta m^2 \sim 1\,\mathrm{eV}^2$ を持ったニュートリノ振動によるものと解釈可能であることが議論されている．実験，理論計算の両面で更なる検証が行われている．

上記の三つのいずれも $\Delta m^2 \sim 1\,\mathrm{eV}^2$ 程度の質量の 2 乗差によるニュートリノ振動で説明可能との指摘は興味深いものである．ここでは，特に LSND 実験のデータに基づき，いかにそれを他のニュートリノ振動のデータと整合性をとりながら説明するか，という観点で考えてみることにする．

既に述べたように，LSND のデータを説明するには，三つの軽いニュートリノ以外に新たに軽いニュートリノを取り入れる必要がある．しかしながら，一方で CERN の実験で得られた Z ボソンの全崩壊幅から検出可能な荷電粒子からなる終状態への崩壊幅を差っ引いた "見えない崩壊幅" を用いて割り出したニュートリノの種類の数は 3 であることも分かっている．よって，新たに導入するニュートリノは Z ボソンと結合せず弱相互作用さえも持たず，重力以外の相互作用を持たない，いわゆる**ステライル・ニュートリノ (sterile neutrino)** である必要がある．sterile 状態は右巻きニュートリノと量子数的には同一であるが，三つの質量固有値 m_i $(i = 1, 2, 3)$ とは異なる固有値を持つ状態である必要があるので，とりあえず右巻きニュートリノとは独立な状態と考えておくことにする．（ただし，下で触れる擬ディラック型のニュートリ

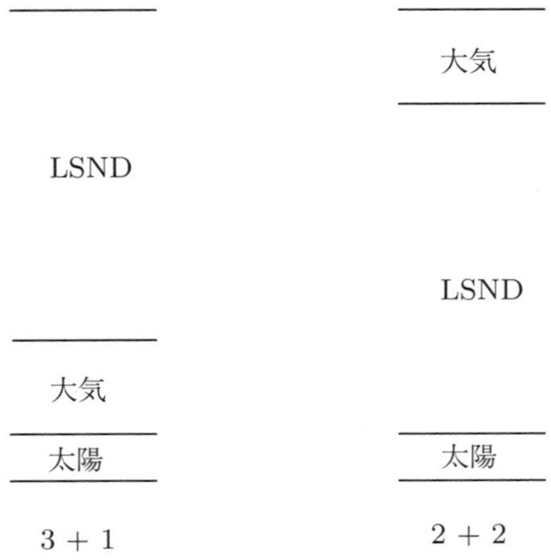

LSND

大気

太陽

3 + 1

大気

LSND

太陽

2 + 2

図 7.3　3 + 1 模型，2 + 2 模型における 4 つの質量固有値の階層性.

ノの場合には，ディラック型の場合とは異なり左巻き，右巻きニュートリノの間の質量の縮退は無くなるので，右巻きニュートリノが sterile ニュートリノとなり得る.）

1 番簡単な枠組みとして，弱い相互作用を持つ active な三つの左巻きニュートリノ（ν_{eL}，$\nu_{\mu L}$，$\nu_{\tau L}$）に第 4 の状態として左巻きの sterile ニュートリノ ν_s を導入し，4 つの異なる質量固有値 m_1，m_2，m_3，m_4 を持つ 4 つのマヨラナ・ニュートリノを構成するとする（ディラック型であっても議論の本質は変更を受けないが）. 上記の 4 つの状態と質量固有状態 ν_i $(i = 1,2,3,4)$ の間の関係は 4×4 のユニタリー行列 V を用いて

$$\begin{pmatrix} \nu_e \\ \nu_\mu \\ \nu_\tau \\ \nu_s \end{pmatrix}_L = V \begin{pmatrix} \nu_1 \\ \nu_2 \\ \nu_3 \\ \nu_4 \end{pmatrix}_L \tag{7.13}$$

で与えられるとする. 図 7.3 に示すように，質量固有値の階層的構造の違いにより，3 + 1 模型と 2 + 2 模型の二つのタイプに大別される. 実際には，例えば 3 + 1 模型でも太陽ニュートリノ，大気ニュートリノに関与する質量差の上下関係の違い（いわゆる正常階層と逆階層の違い）により異なるシナリオも可能ではあるが，ここでは図 7.3 の二つの場合のみを考察する. なお，図において「太陽」,「大気」また「LSND」は，それぞれ太陽ニュートリノ，大気ニュートリノまた LSND 実験におけるニュートリノ振動に寄与する質量差を表している.

7.2.1　2 + 2 模型

さて，まず 2+2 模型（図 7.3 の右側）について考えてみよう. この場合，太

陽ニュートリノ振動，大気ニュートリノ振動に寄与する，m_1，m_2 および m_3，m_4 の二つのペアが LSND に関与する 1 eV 程度の質量差で大きく引き離されている構造を持つ．この場合，最大の固有値 m_4 を持つ状態は主にステライル状態の ν_s だと考えると，大気ニュートリノ振動は，active ニュートリノから sterile ニュートリノへの $\nu_\mu \to \nu_s$ といった振動になる．図 7.3 の右側で「太陽」と「大気」を入れ替えることも可能であり，その場合には太陽ニュートリノの振動が $\nu_e \to \nu_s$ という sterile 状態への振動になる．

しかしながら，太陽ニュートリノ振動に関しては active から active への振動ではなく，active から sterile への振動の場合には，スーパー・カミオカンデ実験におけるニュートリノと電子との弾性散乱の事象数が減少することになるはずであるが，実験ではそのような減少は見られず，active な状態への振動と考えたときの予想と矛盾しないので，sterile 状態への振動は，少なくとも主な太陽ニュートリノ振動の要因とはなり得ないことになる．

また，大気ニュートリノの振動に関しては，終状態が active か sterile かで，地球から受ける物質効果は異なるはずである．具体的には，active なニュートリノは少なくとも Z ボソンを交換する中性カレント過程からの寄与である物質効果を持つが，sterile の場合には一切物質効果を持たないという違いが生じる．スーパー・カミオカンデ実験のデータは active な状態への遷移とした場合と整合性の良いものなので，ここでも sterile 状態への振動は，少なくとも主な大気ニュートリノ振動の要因とはなり得ない．

7.2.2　3 + 1 模型

こうした 2 + 2 模型における問題点を克服すべく，次に，三つの active なニュートリノが互いに接近した質量固有値を持ち，これらと sterile 状態が 1 eV 程度の質量差で大きく引き離された構造を持つ 3 + 1 模型の場合（図 7.3 の左側）を考察する．この場合，三つの状態については，ほぼ通常の 3 世代模型と同じ質量スペクトルを持つので，太陽ニュートリノ，大気ニュートリノのニュートリノ振動に関しては，これまで議論してきた active から active への振動として説明可能である．

よって，主な問題は，LSND のような加速器から生成されたニュートリノの短基線ニュートリノ振動が説明可能かという問題になる．LSND でのニュートリノ振動の状況に対応する $\frac{E}{L} \sim 1\,\mathrm{eV}^2$ の場合を想定すると，この場合には Δm^2_{21}，Δm^2_{31} による振動は無視できるので $\Delta m^2_{21} \simeq \Delta m^2_{31} \simeq 0$ とすると，例えば $\bar{\nu}_\mu \to \bar{\nu}_e$ の appearance の確率は

$$
\begin{aligned}
&P(\bar{\nu}_\mu \to \bar{\nu}_e) \\
&= \left| V_{\mu 1} V^*_{e1} + V_{\mu 2} V^*_{e2} \mathrm{e}^{i \frac{\Delta m^2_{21}}{2E} t} + V_{\mu 3} V^*_{e3} \mathrm{e}^{i \frac{\Delta m^2_{31}}{2E} t} + V_{\mu 4} V^*_{e4} \mathrm{e}^{i \frac{\Delta m^2_{41}}{2E} t} \right|^2
\end{aligned}
$$

$$\simeq \left| V_{\mu 1}V_{e1}^* + V_{\mu 2}V_{e2}^* + V_{\mu 3}V_{e3}^* + V_{\mu 4}V_{e4}^* \mathrm{e}^{i\frac{\Delta m_{41}^2}{2E}t} \right|^2$$
$$= |V_{\mu 4}|^2 |V_{e4}|^2 \left| 1 - \mathrm{e}^{i\frac{\Delta m_{41}^2}{2E}t} \right|^2 \simeq 2|V_{\mu 4}|^2|V_{e4}|^2 \left\{ 1 - \cos\left(\frac{\Delta m_{41}^2}{2E} t \right) \right\}$$
$$= \sin^2 2\theta_{\mu e} \sin^2 \left(\frac{\Delta m_{41}^2}{4E} t \right) \tag{7.14}$$

となる．ここで行列 V のユニタリティー $V_{\mu 1}V_{e1}^* + V_{\mu 2}V_{e2}^* + V_{\mu 3}V_{e3}^* = -V_{\mu 4}V_{e4}^*$ を用いた．また，最後の行において，振動項の振幅の部分を

$$\sin^2 2\theta_{\mu e} \equiv 4|V_{\mu 4}|^2|V_{e4}|^2 \tag{7.15}$$

とした．(7.14) は，$\nu_{1,2,3}$ がほぼ縮退した状態で言わば一つの状態のように見なせて，残りの ν_4 との 2 世代模型の時の振動確率のように書ける，ということを述べている．

同様に，生き残りの確率については

$$P(\nu_\mu \to \nu_\mu) \simeq 1 - \sin^2 2\theta_{\mu\mu} \sin^2 \left(\frac{\Delta m_{41}^2}{4E} t \right), \tag{7.16}$$
$$P(\bar{\nu}_e \to \bar{\nu}_e) \simeq 1 - \sin^2 2\theta_{ee} \sin^2 \left(\frac{\Delta m_{41}^2}{4E} t \right). \tag{7.17}$$

ここで

$$\sin^2 2\theta_{\mu\mu} \equiv 4|V_{\mu 4}|^2(1 - |V_{\mu 4}|^2), \quad \sin^2 2\theta_{ee} \equiv 4|V_{e4}|^2(1 - |V_{e4}|^2) \tag{7.18}$$

と定義した．

さて，3 + 1 模型では太陽ニュートリノ，大気ニュートリノの振動に関しては，active な 3 世代ニュートリノによる振動で上手く説明可能なのであるから，ν_4 はこれらのニュートリノ振動に干渉しない方が望ましい．よって $|V_{\mu 4}|$, $|V_{e4}|$ は小さい必要がある．実際，例えば大気ニュートリノ振動や T2K のような長基線ニュートリノ振動を想定すると，振動に主に関与するのは Δm_{31}^2 なので，$\Delta m_{21}^2 \simeq 0$ とし，また $\Delta m_{41}^2 \gg \Delta m_{31}^2$ より，振動項 $\mathrm{e}^{i\frac{\Delta m_{4i}^2}{2E}t}$ $(i = 1, 2, 3)$ の時間平均をゼロと近似すると，ν_μ の生き残り確率は

$$P(\nu_\mu \to \nu_\mu) \simeq 1 - 4(1 - |V_{\mu 3}|^2 - |V_{\mu 4}|^2)|V_{\mu 3}|^2 \sin^2 \left(\frac{\Delta m_{31}^2}{4E} t \right)$$
$$-2|V_{\mu 4}|^2(1 - |V_{\mu 4}|^2) \tag{7.19}$$

で与えられる．大気ニュートリノは，ほぼ最大混合のニュートリノ振動を起こすことが知られているので，(7.19) における振動項の振幅 $4(1 - |V_{\mu 3}|^2 - |V_{\mu 4}|^2)|V_{\mu 3}|^2$ はほぼ 1 である必要がある．これから $|V_{\mu 4}|^2$ は小さくなくてはならないことが分かる．実際，$|V_{\mu 4}|^2 = 0$ とすると，(7.19) は (5.8) に帰着する（ただし μ と e の違いはあるが）．

そこで，$|V_{\mu 4}|^2$, $|V_{e4}|^2$ が小さいとして (7.18) を

$$\sin^2 2\theta_{\mu\mu} \simeq 4|V_{\mu 4}|^2, \quad \sin^2 2\theta_{ee} \simeq 4|V_{e4}|^2$$

と近似すると，以下の関係式が得られる：

$$4\sin^2 2\theta_{\mu e} \simeq \sin^2 2\theta_{\mu\mu} \sin^2 2\theta_{ee}. \tag{7.20}$$

左辺は (7.14) に見られるように LSND のような appearance 実験に，右辺は (7.16)，(7.17) に見られるように disappearance 実験に関係するが，両者の間には "緊張関係" が存在する．即ち，短基線の加速器ニュートリノ，原子炉ニュートリノの振動実験では disappearance の報告は無く，従って $\sin^2 2\theta_{\mu\mu}$，$\sin^2 2\theta_{ee}$ は共に十分小さくあるべきであるが，一方において，LSND は appearance を確認しているので $\sin^2 2\theta_{\mu e}$ は小さくなれない，という緊張関係があるのである．こうして，$3+1$ 模型であっても，太陽ニュートリノ観測（や KamLAND 実験），大気ニュートリノ観測（や長基線ニュートリノ実験）も含めた全てのニュートリノ振動に関するデータを同時に説明するのは難しく，4.7 σ の統計的有意性で，この模型に依る説明は不可との解析も成されている．

この問題を解決する可能性としては，sterile 状態を増やして $3+n$ 模型 $(n = 2, 3, \ldots)$ のように拡張する可能性が直ぐ考えられる．しかし，sterile 状態の，軽い 3 世代のニュートリノ振動への関与を小さくし，同時に上述の短基線実験における緊張関係を解決するのは難しいとの側面は同じなので，実際に解決が可能かは自明ではない．ただし，n を 2 以上にすると，新たな特徴として，短基線のニュートリノ振動においても CP 対称性の破れを採り入れることが可能になることは注目に値する．既に言及したように (7.14) は，あたかも 2 世代模型の場合の振動確率のように書けているので，CP 対称性の破れを取り入れることができないが，大きな質量の 2 乗差が複数存在するのであれば，ちょうど 3 世代模型で CP 対称性が破れ得るように，CP の破れの効果を取り入れることが可能なのである．すると，例えばであるが，ν_μ，$\bar{\nu}_e$ の disappearance を押さえつつ，$\bar{\nu}_\mu \to \bar{\nu}_e$ の appearance を大きくし (7.20) の緊張関係を回避する可能性が生じることになる．

なお，小節 3.2.4 で解説した擬ディラック型ニュートリノのシナリオでは，右巻きニュートリノ 3 個が軽い状態として登場するので $n = 3$ の場合に相当するとも言えるが，この場合には，ほぼ質量の縮退したマヨラナ・ニュートリノのペアが 3 組登場するので，$3+3$ と言うより $2+2+2$ 模型と言うべきものである．従って，$2+2$ 模型の抱える問題点は引き継ぐことになる．

第 8 章
宇宙からのニュートリノ

これまでは，地球の周りの大気や，少し離れてもせいぜい太陽で生成されたニュートリノ，あるいは地上で人工的に加速器や原子炉で生成されたニュートリノの振動現象について話をしてきた．しかし，地球に飛来するニュートリノには太陽系外の天体や宇宙のはるかかなたで生成されるものもある．この最終章では，そうした宇宙からのニュートリノに焦点を当て，数個のトピックスについて簡単に紹介することにする．これらは，星の進化やこの宇宙の成り立ちを理解するために重要な役割を演じたり，ニュートリノの性質の解明を通して素粒子の標準模型を超える理論のヒントを与え得るものである．

8.1 超新星ニュートリノ

この節では，**超新星爆発**に伴って放出される「**超新星ニュートリノ**」に焦点を当てる．1987 年 2 月 23 日に大マゼラン星雲で起きた超新星爆発（実際には 16 万年前に起きた爆発による信号が，この年に地球に到達したもの）に伴うニュートリノを，ちょうど太陽ニュートリノ観測に向けて改造を行った直後であったカミオカンデの検出器が幸運にも観測することに成功し，「ニュートリノ天文学」を創始した業績として実験の創始者である小柴昌俊博士がノーベル賞を受賞したことを記憶している人もいるであろう．

8.1.1 カミオカンデによる超新星ニュートリノの観測

そもそも超新星爆発とは，突然銀河全体の明るさを超えるような明るさで天体が光りだす現象で，あたかも新しい星の誕生に見えるのでこう呼ばれるのであろうが，実は重い星が終焉を迎えるときの姿である．

大きな質量を持つ恒星が，その中心核の部分が核融合反応の終了に伴って自己重力によって収縮（重力崩壊）して中性子星やブラックホールになる時に，収縮により開放される重力による位置エネルギーの大半（99%）が，他の粒子との相互作用が弱いために中心部から抜け出し易いニュートリノ（超新星ニュートリノ）によって持ち出されると考えられている．それに対し，非常に明るく輝くものの，光として持ち出されるエネルギーは実は解放されるエネルギーの 0.1% に過ぎず，また光（光子）は電磁相互作用を持つために星を抜け出すのに時間がかかり，実際に星が光輝くのは，ニュートリノの放出から数時間から 1 日程度経ってからになる．

超新星ニュートリノが超新星爆発において，どのような過程で生成されるのかは次の小節で説明するとして，ここでは，どのような経緯でカミオカンデにおいて超新星ニュートリノの初観測が実現したのか述べることにしよう．大マゼラン星雲は北半球では見えないため，この超新星爆発は，まず南半球において光学望遠鏡により発見された．グリニッジ標準時で 1987 年 2 月 24 日，南米チリのラス・カンパナス天文台でイアン・シェルトンは大マゼラン星雲の望遠鏡写真を現像し，見慣れない明るい点があることを発見した．外に出て見たところ肉眼でも明るい星が "出現" したことを確認できた．これが超新星 SN1987A（SN は超新星を，1987 は発見の年，A はその年の最初に発見されたことを表す）の発見である．大マゼラン星雲は地球から約 16 万光年の距離にあるので，実際には，それより 16 万年ほど前の爆発を観測したことになる．この光学的手法での超新星発見の情報は 2 月 25 日にファックスによりカミオカンデの実験グループに届いた．グループのメンバーであったユージン・バイヤー（ペンシルバニア大学所属）にあてて同大の教授から送られたもので，SN1987A をニュートリノを用いてカミオカンデで "見る" ことはできないか，との問い合わせであった．早速カミオカンデの観測データを収めた磁気テープが東京大学に送られて解析が始まり，2 月 28 日には超新星ニュートリノによる事象が，理論的に予想される時間帯に（光学的発見より前に）確かに記録されていることが確認された．初めて太陽系外からのニュートリノを捕らえたのである．

図 8.1 にカミオカンデが観測した SN1987A の事象が示されている．横軸は時間でグリニッジ標準時の 2 月 23 日 7 時 35 分 35 秒（±1 分）を時刻 0 にとっている．縦軸は飛来するニュートリノによる散乱により電子や陽電子が持つエネルギーである．上記時刻 0 から 13 秒間にわたり，タンク中の水に溶け込んでいるラドンからのバックグラウンド（7 MeV 程度以下のエネルギーを持つ）以外の，エネルギーが高めの 11 個の事象が記録されていることが分かる．これこそが SN1987A から飛来した超新星ニュートリノによる事象である．たった 11 個とも思えるが，ニュートリノは弱い相互作用のみを持つので，短時間にこれだけの事象を引き起こすことから非常に多数のニュートリノが地球を通過したことになる．具体的には 13 秒間で，1 cm^2 当たり数百億個のニュートリノが通過したことになる．

さて，次の小節で少し詳しく述べるが，超新星爆発の際に生成されるニュー

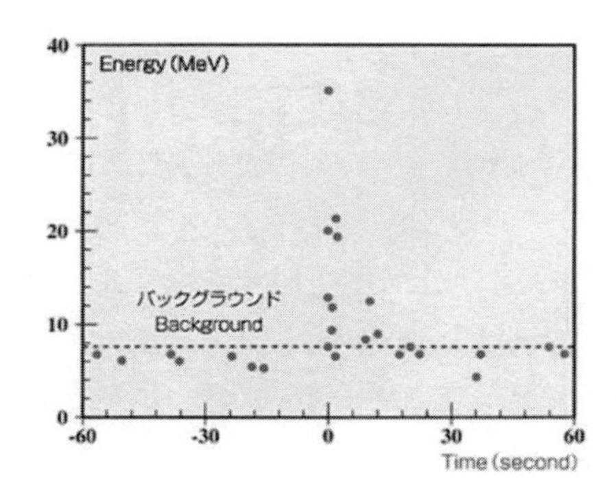

図 8.1　超新星 1987A からのニュートリノの観測データ．© Kamioka Observatory, ICRR (Institute for Cosmic Ray Research), The University of Tokyo.

トリノは全てのフレーバーのニュートリノ，ν_e，ν_μ，ν_τ および反ニュートリノ，$\bar{\nu}_e$，$\bar{\nu}_\mu$，$\bar{\nu}_\tau$ であることが理論的に分かっている．これら全ての種類のニュートリノは，太陽ニュートリノの検出実験で用いられたような電子との弾性散乱（中性カレント過程による．ν_e のみ，荷電カレント過程からの寄与もある）

$$\nu + e^- \to \nu + e^- \tag{8.1}$$

を持つが（ν は全てのニュートリノ，反ニュートリノを総称的に示している），$\bar{\nu}_e$ はこれに加えて，荷電カレントによる陽子との非弾性散乱（逆ベータ崩壊）

$$\bar{\nu}_e + p \to e^+ + n \tag{8.2}$$

も持つことになる．これらの散乱断面積を標準模型を用いて比較すると (8.2) の方が (8.1) の 20 倍ほど大きく，従ってこちらの方が起きやすいことになる．

実際，カミオカンデの 11 個の事象について，散乱されて生じる $e^\pm$ の運動方向の SN1987A からの飛来方向と成す角度を θ として事象の分布を調べると，一つを除き $\cos\theta$ の関数として事象数はほぼ一様に分布していた．(8.1) の弾性散乱の場合には，ニュートリノのエネルギーが電子の質量より十分大きいため，反跳電子の運動方向は入射するニュートリノの運動方向をほぼ保持する傾向があるが，(8.2) の非弾性散乱の場合には陽子が十分重いために，反跳陽電子の運動方向は，元々の $\bar{\nu}_e$ の運動方向を反映しない．上述の事象の角度分布は正に $\bar{\nu}_e$ による事象であることを示唆していることになる．後で述べるように，超新星爆発の最初の段階で起きるコアの重力崩壊時の，電子が原子核中の陽子に捕獲され中性子になる（“中性子化バースト”）際に放出される ν_e も飛来しているはずである．11 個の事象の内で一つは超新星からの方向を持ったものであり，中性子化バーストの際の ν_e かとも思われるが，そうした ν_e の数は超新星ニュートリノの 1% に過ぎないと見積もられており，弾性散乱の確率も低いために，期待される事象数は 0.1 個以下であり，その可能性は低い．

11 個の事象の全てが $\bar{\nu}_e$ に依るものだと仮定すると，2 次陽電子の持つエネルギーに中性子と陽子の質量差を足せば元の $\bar{\nu}_e$ のエネルギーが分かる．(8.2) の散乱断面積は分かっているので，11 事象観測されたことから地球における $\bar{\nu}_e$ のフラックスが $10^{10}\ 1/\mathrm{cm}^2$ と分かる（上で「$1\,\mathrm{cm}^2$ 当たり数百億個」と述べたのは，このことである）．大マゼラン星雲までの距離は 16 万光年なので，爆発により生成された $\bar{\nu}_e$ の個数は 3×10^{57} 個であることが分かる．これに上で述べた $\bar{\nu}_e$ の（平均）エネルギーを掛け算し，更に計 6 種類のニュートリノ，反ニュートリノが生成されることを考慮すれば，SN1987A の爆発でニュートリノが持ち出したエネルギーは 3×10^{46} J となる．これは，太陽が一生の間に発する全エネルギーの 300 倍くらいに相当する膨大なエネルギーである．

8.1.2　超新星ニュートリノの生成機構

太陽のような恒星（主系列星）の中心部では，水素の核融合反応 $4{}^1\mathrm{H} \to {}^4\mathrm{He} + 2e^+ + 2\nu_e$ でヘリウムが合成され，この核融合により太陽の発する大きなエネルギーが生成されていることは太陽ニュートリノの解説のところで述べたが，水素が減少してこの核融合が停止し膨張しようとする熱エネルギーが減少すると，自己重力による中心部の収縮が起きる．すると，収縮により解放される重力による位置エネルギーにより中心部が加熱され，今度は核融合による生成物であるヘリウムが結合して再び核融合が起きる．2 個のヘリウムが融合して Be が生成されてもよさそうであるが，結合エネルギーの関係で 3 個のヘリウムが結合して炭素 C が合成され，更に炭素とヘリウムが融合して酸素も合成される：$3{}^4\mathrm{He} \to {}^{12}\mathrm{C}$，${}^{12}\mathrm{C} + {}^4\mathrm{He} \to {}^{16}\mathrm{O}$．太陽の場合だと，この段階で核融合が最終的に終了し，外層の部分が飛散して，コアの部分がむき出しになった地球程度の大きさの「白色矮星」として一生を終えると思われている．

しかし，太陽質量の 8 から 10 倍を越える質量を持つような大質量星の場合には，その運命は大きく変わる．この場合，大きな自己重力により中心のコアの部分が高温になるために炭素や酸素の核融合が可能になり，ケイ素を経て鉄まで生成される．鉄は原子核の中で最も結合エネルギーが大きく安定なので，核融合が終了し，大きさが地球程度，質量が太陽程度の鉄のコアが形成されることになる．核融合による熱が発生しないため，鉄のコアは自己重力に抗しきれず，例えば ${}^{56}\mathrm{Fe} + e^- \to {}^{56}\mathrm{Mn} + \nu_e$ と言った電子捕獲反応などを引き起こしながらつぶれてしまう（重力崩壊）．しかし，収縮によりコアの密度が原子核密度（陽子，中性子，原子核が隙間なく互いに接触している状態における密度）程度まで上昇すると，収縮に急にブレーキがかかり，内部コアの跳ね返り（バウンス）が起きる．一方で，その外側の外部コアの部分は重力崩壊により超音速で "落下" して来るため，収縮が止まった内部コアと落下してくる外部コアの境界部分で衝撃波が発生し，外部に向かって伝搬して行く．この衝撃波が外部コアを突き抜けて，その外部の "玉ねぎ状" に取り囲む，ケイ素，酸素，炭素，ヘリウム，そして水素の外層を吹き飛ばすのが（重力崩壊型）超新星爆発である．爆発後に残るコアの部分は，中性子星かブラックホールである（元々の星の質量に依る）．

超新星爆発に至る概要は以上のようであるが，その際にどのように超新星ニュートリノが生成されるのかについて，その過程を考えてみよう．まず最初に放出されるニュートリノは，コアの重力崩壊とバウンスの過程で生じるものである．重力崩壊の際，電子は原子核中の陽子に捕獲されて

$$e^- + p \ \rightarrow \ n + \nu_e \tag{8.3}$$

の反応が起き，この際 ν_e を生成する．最初はコアの密度がそれほどは高くないので，生成された ν_e はそのまま外部に放出されるが，崩壊が進み密度が高まって 10^{11} から 10^{12} g/cm^3 程度を超えると，他と弱い相互作用しかしないニュートリノでも物質との相互作用によって自由に動けなくなり，コアの内部のある領域内に閉じ込められてしまう．この領域（球）の表面をニュートリノ球面 (neutrino sphere) という．衝撃波はニュートリノ球面の内部で発生し，外側に進む際に，原子核は陽子と中性子に分解され，陽子が (8.3) の電子捕獲により中性子に変わる時に大量のニュートリノを発生する．特に，衝撃波がニュートリノ球面に達すると，そこで発生した大量の ν_e がコアに閉じ込められることなく外に放出される．これを「**中性子化バースト**」という．

ニュートリノ球面を通過した衝撃波は，落下して来る外部コアの物質を減速させ自身も減衰していく．こうした過程によってコア内の物質は熱的に励起されて高温になり，電子だけでなく陽電子も生成され，中性子に捕獲されて $\bar{\nu}_e$ を生成したり，電子との対消滅により，すべての種類（フレーバー）のニュートリノと反ニュートリノを生成する：

$$e^+ + n \ \rightarrow \ p + \bar{\nu}_e, \tag{8.4}$$

$$e^+ + e^- \ \rightarrow \ \nu + \bar{\nu}. \tag{8.5}$$

(8.5) で ν，$\bar{\nu}$ は ν_α，$\bar{\nu}_\alpha$ $(\alpha = e, \mu, \tau)$ を総称的に表している．ニュートリノ球面の内部ではニュートリノ，反ニュートリノは物質と十分な相互作用も持つため熱平衡状態になり，この段階以降は全てのフレーバーのニュートリノと反ニュートリノはほぼ同数放出される．ただし，ν_e は他のニュートリノに比べて物質との相互作用の確率が大きいために，そのニュートリノ球面は 1 番外側になり，従って放出される際のエネルギーが低くなる．次にエネルギーが低いのは $\bar{\nu}_e$ であり，その他のニュートリノや反ニュートリノは皆同じ程度の高めの平均エネルギーを持つことになる．

その後，衝撃波は外部コアの表面まで達してから外層を進み，数時間から 1 日かけて星の表面まで達する．これにより外層が吹き飛び超新星爆発として光学的に観測されることになるのである．中心部に残った（原始）中性子星

は，ニュートリノが内部の熱を外部に持ち去ることで冷えていくことになるが，ニュートリノが中性子星の中心から表面に達するまでの時間は 10 秒程度なので，中性子星の冷却過程は爆発が光学的に発見される前に終了していることになる．

まとめると，こうした一連の過程で生成される超新星ニュートリノは約 10 秒間にわたって放出され，その平均エネルギーは 10 から 20 MeV，そのエネルギーの総量は既に述べたように 10^{46} J 程度である．前の小節で述べたカミオカンデが観測した超新星ニュートリノの事象は，この小節で解説した超新星ニュートリノの生成機構から期待されるものと一致し，大質量星の誕生から爆発に至るまでを説明する理論が大筋において正しいことを示したことになる．これがニュートリノ天文学の創始と呼ばれるゆえんであろう．ただし，コンピューター・シミュレーションにより実際に超新星爆発を実現することのできる理論（モデル）の完成には，今のところまだ至っていないようである．

8.2 高エネルギー宇宙ニュートリノ

6.1 節で述べたように，大気ニュートリノは宇宙から飛来する宇宙線が大気に衝突して生成されるが，宇宙線（主な成分は陽子）には 10^{11} GeV といった超高エネルギーのものもあることが分かっている．宇宙線はこの宇宙のどこで生成され，またどのようなメカニズムでこのような超高エネルギーに加速されるのか，というのは，未だに完全に解明されていない宇宙物理学における大きな謎である．

この節では．近年この謎の解明に向けて大きな進展をもたらしている，宇宙から飛来する高エネルギーのニュートリノの観測を目的とする南極における大規模な観測実験である**アイス・キューブ (Ice Cube) 実験**，またこの実験で観測されるニュートリノのフレーバー分布により，ニュートリノの性質の解明，ひいては標準模型を超える理論に関してどのようなヒントが得られると期待できるか，について二つの小節に分けて解説したい．宇宙のはるかかなたから飛来するニュートリノの観測は，いわば非常な長基線のニュートリノ振動実験を，天然の，しかも非常に強力な加速器を用いて行うようなものなのである．

8.2.1 アイス・キューブ実験

宇宙線の起源，特にその加速機構に関しては，これまでに分かってきていることもある．銀河系内からの宇宙線の起源としては超新星が考えられている．超新星爆発においては，衝撃波により吹き飛ばされる外層の物質の速さは光速の 1 から 10% にもなる．このような高速の物質が星間物質にぶつかると衝撃波が生じ，その周りの電磁流体の乱流によって宇宙線の加速が実現すると考えられている（この機構は衝撃波フェルミ加速とも呼ばれる）．一方，銀河系外から飛来する宇宙線の起源，加速機構については，いまだに謎が多いが，全ての銀河の中心にあると思われている巨大なブラックホール（活動銀河核，AGN）やガンマ線バーストと呼ばれる現象が関与しているようである．見方を変えれば，宇宙線の研究は，超新星，ブラックホール，ガンマ線バーストといった宇宙における高エネルギー現象を探ることに大きく寄与するとも言える．

しかしながら，ここで大きな問題が生じる．天体の光学的な観測では，光の到来する方向から，それを発する天体の方向を同定することが可能である．しかしながら宇宙線の主成分は陽子といった荷電粒子なので，銀河系外のはるかかなたから飛来する宇宙線の方向が分かっても，それが発せられた位置を特定することはできない．微弱とは言え宇宙空間に存在する星間磁場により，長い距離を走る間に磁場の影響で宇宙線の運動方向が曲げられてしまうからである．そこで注目されるのが，宇宙線の加速が行われる高エネルギー現象が起きている場所で生成される高エネルギーのニュートリノを用いる手法である．加速された宇宙線は，ちょうど大気にぶつかって大気ニュートリノを生成するのと同じ機構により，星間物質と衝突して高エネルギーのニュートリノを生成するはずであるが，ニュートリノは電荷を持たず磁場の影響を受けずに直進するので，その観測によって高エネルギー現象の起きている場所を含め多くの情報を直接的に得られることが期待されるからである．こうして生成されるニュートリノを**高エネルギー宇宙ニュートリノ**と呼ぶことにする．

こうした高エネルギー宇宙ニュートリノを実際に観測しようとするといくつか克服すべき課題がある．まず，バックグラウンドの問題がある．見たい事象以外の事象が混在してしまうという問題である．太陽ニュートリノはエネルギーが低いので明確に区別可能であるが，大気ニュートリノは重要なバックグラウンドとなる．そもそも大気ニュートリノも宇宙線により生み出されるものであるから当然とも言える．しかし，大気ニュートリノは（ニュートリノ振動による影響はあるものの）本来あらゆる方向から等方的に飛来するのに対し，宇宙ニュートリノの方は，ある特定の方向から飛来するので，そうした特徴を持つニュートリノに着目すれば，大気ニュートリノから区別することが可能となる．

もう一つの問題は，飛来する宇宙ニュートリノの個数が少なく，そのために非常に大きな測定器が必要とされるということである．スーパー・カミオカンデでさえ小さ過ぎることが分かり，スーパー・カミオカンデの約 2 万倍の体積，即ち測定器が立方体とすると一辺が 1 km の測定器（水のタンク）が必要とされることになり，地中にそのような巨大な測定器を設置するのは現実的ではない．他方，高エネルギーのニュートリノの検出においては，カミオカンデほど密に光電子増倍管を設置する必要は無い．

そこで浮上した案が，人工的にタンクを設置するのではなく天然の水を用いる，つまり湖や海を上手く利用することであった．とは言え，海は荒れることもあり水上での作業は難しいといった問題点があった．高エネルギー宇宙ニュートリノの観測を最初に行い大きな成果を収めたのは，水ではなく南極の氷を測定器として用いる**アイス・キューブ (Ice Cube) 実験**である．測定装置は 2011 年に完成し観測が開始された．南極点近くの深さ 3 キロメートルほどの氷河に 86 本の鉛直方向の穴を開け，そこに数珠つなぎにした光電子増倍管を埋め込んでいる．装置全体が六角柱の形をしていて体積がほぼ 1 立方キロメートルであることから，観測装置は「アイス・キューブ」と呼ばれている．この実験には，日本からは千葉大学の研究グループが参加している．

アイス・キューブ実験から 2012 年に 2 例の重要な事象のデータが得られた．その一例は，スーパー・カミオカンデで検出している大気ニュートリノに比べ，約 100 万倍ものエネルギーを持つ ν_e が測定器内部の氷の原子核に衝突した反応と考えられた．このような高エネルギーの大気ニュートリノを観測することはほとんどあり得ないことから，これらの事象は多分高エネルギー宇宙ニュートリノによるものと結論された．その後，実験グループはより多くのデータを解析し，現在では高エネルギー宇宙ニュートリノが観測されたことは間違いないと思われている．この 2 例の発見において千葉大学のグループは中心的な役割を演じた．

まだ飛来するニュートリノの方向を十分な精度で特定し，高エネルギー現象の位置等を特定するまでには至っていないようであるが，言わば「高エネルギー宇宙ニュートリノ天文学」と言えるものがスタートしようとしており，宇宙の高エネルギー現象の解明に向けた大きな一歩となることが期待されている．

8.2.2 高エネルギー宇宙ニュートリノのフレーバー分布と標準模型を超える理論

先に述べたように，高エネルギー宇宙ニュートリノは，宇宙のはるかかなたにおける高エネルギー現象により生成されると考えられるので，その基線は，地上の加速器や原子炉で生成されるニュートリノ，あるいは大気ニュートリノや太陽ニュートリノを用いたニュートリノ振動実験の場合に比べてけた違いに長いことになる．太陽ニュートリノのような長い距離を走るニュートリノの観測が小さなニュートリノの質量（の 2 乗）差を検証するのに大きな役割を果たしたように，高エネルギー宇宙ニュートリノの観測データにより，これまで検証不可能であった非常に小さな質量差（もし存在するとすればであるが），その他ニュートリノの持つ新奇の特性（例えばニュートリノ崩壊といったような）に関して重要な情報が得られ，素粒子物理学，特に標準模型を超える理論に関する興味深い手がかりが得られる可能性がある．

ここでは，特に高エネルギー宇宙ニュートリノにおけるフレーバー分布（フレーバーによる事象数の比）に焦点を当て，そこからどのような情報が得られ得るかについて考えてみたい．標準模型を超える理論としてここで取り上げるのは，小節 3.2.4 において，また 7.2 節でも少しだけ登場した**擬ディラック・ニュートリノ**のシナリオである．

まず，ニュートリノ振動があると，宇宙の高エネルギー現象で生成されたニュートリノが地球に到達するまでに，一般にフレーバー分布が変化してしまうことから話を始めよう．宇宙の高エネルギー現象において生成された時の各フレーバーのニュートリノの（個数の）割合を ϕ^0_α とし，地球に飛来した際のそれを ϕ_α $(\alpha = e, \mu, \tau)$ としよう．ただし ϕ^0_α，ϕ_α では ν_α，$\bar{\nu}_\alpha$ の区別はしておらず，また $\sum_\alpha \phi^0_\alpha = 1$ とする．すると，これらは次のように関係づけられる：

$$\phi_\alpha = P_{\alpha\beta}\ \phi^0_\beta. \tag{8.6}$$

ここで $P_{\alpha\beta}$ は ν_β あるいは $\bar{\nu}_\beta$ として生成されたニュートリノが ν_α あるいは $\bar{\nu}_\alpha$ として検出される確率を表す．通常の 3 世代模型におけるフレーバー混合によるニュートリノ振動を想定し，また CP 対称性の破れが無いとすると，この確率は (4.23) に与えられるように

$$P_{\alpha\beta} = \left| \sum_i\ U_{\alpha i}\ \mathrm{e}^{-i\frac{\Delta m^2_{i1}}{2E}L}\ U^*_{\beta i} \right|^2 \tag{8.7}$$

で与えられる（ただし，時刻 t を基線 L に置き換えている）．ここで，宇宙ニュートリノの場合には基線が極端に長いことを考慮すると，上式において異なる項の間の掛け算で生じる "干渉項" に現れる位相因子は L に関する平均をとるとゼロと置いてよいので，上式は単純化されて

$$P_{\alpha\beta} = \sum_i\ |U_{\alpha i}|^2 |U_{\beta i}|^2 \tag{8.8}$$

となる．

ここで，(5.2) に与えられる牧・中川・坂田 (MNS) 行列 U の具体的な表式を代入し，大気ニュートリノ振動のデータが最大混合を示しているので $\theta_{23} = \frac{\pi}{4}$ とし，更に簡単のため $\theta_{13} = 0$ と置くと（これは少し乱暴な仮定ではあるが），$P_{\alpha\beta}$ を要素とする行列は

$$P_{\alpha\beta} = \begin{pmatrix} c^4_{12} + s^4_{12} & s^2_{12}c^2_{12} & s^2_{12}c^2_{12} \\ s^2_{12}c^2_{12} & \frac{1}{2}(1 - s^2_{12}c^2_{12}) & \frac{1}{2}(1 - s^2_{12}c^2_{12}) \\ s^2_{12}c^2_{12} & \frac{1}{2}(1 - s^2_{12}c^2_{12}) & \frac{1}{2}(1 - s^2_{12}c^2_{12}) \end{pmatrix} \tag{8.9}$$

となる．ここで $c_{12} = \cos\theta_{12}$，等．

さて，宇宙の高エネルギー現象で宇宙ニュートリノが生成される際には，ちょうど大気ニュートリノの生成の時と同様に，生成される ν_μ，$\bar{\nu}_\mu$ の個数は ν_e，$\bar{\nu}_e$ の個数のほぼ 2 倍と考えるのが妥当である：

$$\phi^0_e = \frac{1}{3},\ \phi^0_\mu = \frac{2}{3},\ \phi^0_\tau = 0. \tag{8.10}$$

これと (8.9) を (8.6) に代入すると，θ_{12} に依らずに

$$\phi_e = \phi_\mu = \phi_\tau = \frac{1}{3} \tag{8.11}$$

であることが分かる．この結果は，当初 ν_μ，$\bar{\nu}_\mu$ が ν_e，$\bar{\nu}_e$ の 2 倍生成されたものの，ν_μ，$\bar{\nu}_\mu$ の方は大気ニュートリノの場合と同様に最大混合でのニュートリノ振動によって ν_τ，$\bar{\nu}_\tau$ と半々に分裂し，結果的に全てのフレーバーが均一になった，と考えれば容易に理解できる．

(8.11) は，標準模型に右巻きニュートリノを導入しニュートリノが電子などと同様のディラック型ニュートリノになる場合，あるいは，左右対称模型で自然に期待されるように右巻きニュートリノが大きなマヨラナ質量を持つことで 3 個の軽いマヨラナ・ニュートリノが出現するシーソー型ニュートリノのいずれかの場合の予言である．いずれの場合も，左右対称模型のような標準模型を越える (BSM) 理論を必要とするが，もし観測された高エネルギー宇宙ニュートリノのフレーバー分布が (8.11) の予言からずれることがあれば，それは，ニュートリノの持つ新奇の特性の存在を意味し，ひいては新しいタイプの BSM 理論の存在を示唆することになる．

新奇の特性としては，例えばニュートリノの崩壊が考えられる．重い質量固有状態のニュートリノが光子やスカラー粒子を出しながら崩壊する可能性が議論されている．(8.7) はフレーバー間の遷移はあるもののニュートリノは安定で崩壊しないものとして得られるものなので，崩壊が起きる場合は，当然 (8.11) の予言からのずれが生じることになる．

新奇の特性を持つニュートリノとしてここで取り上げるのは，小節 3.2.4 において考察した**擬ディラック・ニュートリノ** (pseudo Dirac neutrino) である．これは，シーソー型の場合とは反対に，ニュートリノがディラック質量の他に小さなマヨラナ質量を持つというシナリオである．上述のディラック型，シーソー型のいずれの場合にも，低エネルギー過程に現れるのは三つの異なる質量固有値を持つ軽いニュートリノであったが，擬ディラック型の場合には計 6 個の異なる質量を持つ軽いニュートリノが登場する．例題 3.3. で学んだように，1 個のディラック・フェルミオンは 2 個の質量の縮退したマヨラナ・フェルミオンのペアと等価であるので，純粋なディラック型の場合には三つの異なるペアが存在することになるが，擬ディラック型の場合には，小さなマヨラナ質量のためにペアの間の質量の縮退が解かれ，従って計 6 個の異なる質量を持つ軽いニュートリノが登場することになるのである．すると，上で論じたニュートリノ振動の場合のような 2 個の独立な質量の 2 乗差に加え，新たに非常に小さな 3 個の独立な質量の 2 乗差が生じ，これによるニュートリノ振動が可能となるのである[3],[4]．この新たに加わる質量の 2 乗差によるニュートリノ振動は，active な状態から sterile 状態への遷移を引き起こし，太陽ニュートリノ，大気ニュートリノに関する実験データとの整合性が悪いため，これらの新奇の質量

の 2 乗差は，太陽ニュートリノや大気ニュートリノの振動に影響を与えない程度の非常に小さいものである必要がある．しかし，一方で，こうした非常に小さな質量差は，高エネルギー宇宙ニュートリノの地球への飛来の際の非常に長い旅路（長基線）においては，その途中で新奇の（active から sterile への，またニュートリノから反ニュートリノへの（あるいはその逆の））ニュートリノ振動を引き起こし，それによって (8.11) の予言が変更を受ける可能性が議論されている[31]．(8.11) の場合には $\sum_\alpha \phi_\alpha = 1$ が言えるが，擬ディラック型の場合には，この関係ももはや成り立たなくなる（sterile の状態への遷移により active なニュートリノの数が一般に減少するため）．以下では，どのようにして (8.11) が変更を受けることになるか，について簡単に説明しよう．

小節 3.2.4 における擬ディラック型ニュートリノの説明では，世代構造は導入せず 1 世代の場合に簡略化して解説したが，ここでは世代間混合（フレーバー混合）も考慮した現実的な 3 世代模型の枠組みで考える[4]．ディラック質量とマヨラナ質量の両方を持つ 3 世代のニュートリノに関する最も一般的な質量項は，(4.7) にある $(\nu_{eL}, \nu_{\mu L}, \nu_{\tau L}, (\nu_{eR})^c, (\nu_{\mu R})^c, (\nu_{\tau R})^c)$ の 6 個の左巻きの状態を基底とする以下の 6×6 の質量行列（(4.8) 参照）で表すことが出来る：

$$M_\nu = \begin{pmatrix} m_L & m_D^t \\ m_D & m_R^* \end{pmatrix}. \tag{8.12}$$

ここで，m_D，m_L，m_R はぞれぞれディラック質量，2 種類のマヨラナ質量を表す 3×3 行列であり，$m_{L,R}$ は複素対称行列である．ここでは擬ディラック型の場合を想定するので $m_{L,R} \ll m_D$ であるとする（ここで行列に関する不等号は，比較する二つの行列のそれぞれからどの行列要素を取ってきてもその不等号が成立する，という意味と解釈することにする）．ニュートリノ振動を解析するためには，これを対角化し，質量固有状態と，それに対応する質量固有値を求める必要がある．ここでは複素対称行列である M_ν そのものを対角化する代わりに次のエルミート化された行列の対角化を考える：

$$M_\nu^\dagger M_\nu \simeq \begin{pmatrix} m_D^\dagger m_D & m_L^* m_D^t + m_D^\dagger m_R^* \\ m_D^* m_L + m_R m_D & m_D^* m_D^t \end{pmatrix}. \tag{8.13}$$

ここで，擬ディラックの性質を用いて $m_{L,R}$ に関する 2 次の項を無視する近似を用いている．ディラック質量行列 m_D が支配的なので，まずこれの対角化を考えると，クォークの質量項の対角化と同様に二つの 3×3 ユニタリー行列 U_L，U_R を用いて，$U_R^\dagger m_D U_L = \mathrm{diag}\,(m_1, m_2, m_3) \equiv \hat{m}$ のように対角化が可能である．ここで U_L はちょうど MNS 行列に対応するものなので単に U と書くことにすると，$M_\nu^\dagger M_\nu$ は U，U_R を並べた 6×6 のユニタリー行列 V で以下の様に “ほぼ” 対角化される：

$$V^\dagger(M_\nu^\dagger M_\nu)V$$

$$
= \begin{pmatrix} \hat{m}^2 & U^\dagger m_L^\dagger U^* \hat{m} + \hat{m} U_R^\dagger m_R^* U_R^* \\ \hat{m} U^t m_L U + U_R^t m_R U_R \hat{m} & \hat{m}^2 \end{pmatrix},
$$

$$
V = \begin{pmatrix} U & 0 \\ 0 & U_R^* \end{pmatrix}. \tag{8.14}
$$

ここで $\hat{m}^2 = \mathrm{diag}\ (m_1^2, m_2^2, m_3^2)$ は対角行列であり，また非対角成分を与える 3×3 行列は $m_{L,R}$ に比例し相対的に無視できるので，一見これで対角化は完了しているように思える．しかし，実際にはもう少し注意深く扱う必要がある．それは“ほぼ対角化された” 6×6 行列の左上と右下に $\hat{m}^2$ があるので，固有値の縮退が起きているからである（1 個のディラック・フェルミオンは 2 個の質量の縮退したマヨラナ・フェルミオンのペアと等価，ということを反映している）．量子力学における摂動論で学ぶように，固有値に縮退がある場合には，固有状態はそれらの状態を結ぶ摂動も考慮して初めて確定するのである．そこで (8.14) の上の方の行列において，m_i^2 $(i = 1, 2, 3)$ という縮退した固有値を持つ二つの状態を基底とする 2×2 の部分行列を抜き出してみると

$$
\begin{pmatrix} m_i^2 & m_i \epsilon_i^* \\ m_i \epsilon_i & m_i^2 \end{pmatrix} \tag{8.15}
$$

となる．ここで $\epsilon_i \equiv (U^t m_L U + U_R^t m_R U_R)_{ii}$ である．(8.15) は容易に対角化でき，二つの固有ベクトルは $\frac{1}{\sqrt{2}}(1, \mathrm{e}^{i\phi_1})$，$\frac{1}{\sqrt{2}i}(1, -\mathrm{e}^{i\phi_1})$ $(\mathrm{e}^{i\phi_i} = \frac{\epsilon_i}{|\epsilon_i|})$ であり，それで表される固有状態を ν_{iS}，ν_{iA} と書くことにする．対応する質量固有値（の 2 乗）は $m_{iS}^2 = m_i^2 + m_i|\epsilon_i|$，$m_{iA}^2 = m_i^2 - m_i|\epsilon_i|$ であって，小さなマヨラナ質量の影響で縮退が解け，三つの質量の 2 乗差 $\delta m_i^2 \equiv m_{iS}^2 - m_{iA}^2$ が新たに生じることが分かる．

まとめると，$(\nu_{eL}, \nu_{\mu L}, \nu_{\tau L}, (\nu_{eR})^c, (\nu_{\mu R})^c, (\nu_{\tau R})^c) \equiv (\nu_{\alpha L}, (\nu_{\alpha R})^c)$ と質量固有状態 (ν_{iS}, ν_{iA}) は，以下のようなユニタリー行列 $\hat{V}$ により関係づけられることが分かる：

$$
\hat{V} = \begin{pmatrix} U & 0 \\ 0 & U_R^* \end{pmatrix} \cdot \begin{pmatrix} V_1 & iV_1 \\ V_2 & -iV_2 \end{pmatrix}. \tag{8.16}
$$

ここで $V_1 = \frac{1}{\sqrt{2}}\mathrm{diag}\ (1, 1, 1)$，$V_2 = \frac{1}{\sqrt{2}}\mathrm{diag}\ (\mathrm{e}^{-i\phi_1}, \mathrm{e}^{-i\phi_2}, \mathrm{e}^{-i\phi_3})$．こうして，弱い相互作用で生成される三つの active な状態 $\nu_{\alpha L}$ は 6 つの質量固有状態を用いて

$$
\nu_{\alpha L} = U_{\alpha j} \frac{\nu_{jS} + i\nu_{jA}}{\sqrt{2}} \quad (\alpha = e,\ \mu,\ \tau) \tag{8.17}
$$

と書けることになる．一般に 6×6 のユニタリー行列は 15 個の回転角と 15 個の位相（可能な場の位相の再定義 (re-phasing) の後に）を用いて書かれることを考えると，(8.17) は MNS 行列 U のみを用いて大変すっきりとした形で書かれていると言える．

よって，(8.7) に相当する active なニュートリノの間のニュートリノ振動の確率を表す式は，6 個の質量固有状態からの寄与を表す形で

$$P_{\alpha\beta} = \frac{1}{4}\left|\sum_i U_{\alpha i} \left\{ \mathrm{e}^{-i\frac{m_{iS}^2}{2E}L} + \mathrm{e}^{-i\frac{m_{iA}^2}{2E}L} \right\} U_{\beta i}^* \right|^2 \tag{8.18}$$

となる．ここで小さなマヨラナ質量を無視し（$\epsilon_i = 0$），$m_{iS}^2 = m_{iA}^2 = m_i^2$ として全体的な位相因子 $\mathrm{e}^{-i\frac{m_1^2}{2E}L}$ を無視すれば (8.7) に帰着することが分かる．ここで，宇宙ニュートリノを想定しているので基線が非常に長く，Δm_{21}^2，Δm_{31}^2 による振動については L に関する平均化を行うものとすると，(8.18) で異なる i を持つ項の間の干渉項はゼロと見なしてよいことになる．すると (8.18) は

$$P_{\alpha\beta} = \sum_i |U_{\alpha i}|^2 |U_{\beta i}|^2 \left\{ 1 - \sin^2\left(\frac{\delta m_i^2}{4E}L\right) \right\} \tag{8.19}$$

のように簡単な形に表される．ここで $\delta m_i^2 = 0$ とすれば (8.8) に帰着することが分かる．

従って，(8.6) より

$$\phi_\alpha = \sum_i |U_{\alpha i}|^2 |U_{\beta i}|^2 \left\{ 1 - \sin^2\left(\frac{\delta m_i^2}{4E}L\right) \right\} \phi_\beta^0 \tag{8.20}$$

となるが，ここで“初期条件”として (8.10) を採用し，また簡単のため，MNS 行列 U（(5.2) 参照）において $\theta_{23} = \frac{\pi}{4}$，$\theta_{13} = 0$ と置くと容易に $|U_{\beta i}|^2 \phi_\beta^0 = \frac{1}{3}$ であることが分かるので

$$\phi_\alpha = \frac{1}{3}\sum_i |U_{\alpha i}|^2 \left\{ 1 - \sin^2\left(\frac{\delta m_i^2}{4E}L\right) \right\} \tag{8.21}$$

が得られる．特に $\delta m_i^2 = 0$ とすれば，行列 U のユニタリティーから $\sum_i |U_{\alpha i}|^2 = 1$ なので (8.11) に帰着する．つまり δm_i^2 があまりにも小さく L が宇宙規模の長さであっても全ての i について角度変数 $\frac{\delta m_i^2}{4E}L \ll 1$ であるとすると，フレーバー分布は通常の 3 世代模型におけるフレーバー混合によるニュートリノ振動の場合と同じになる．しかし，L が宇宙規模であるために，例えば $i = 3$ についてのみ角度変数が大きくなるとすると，フレーバー分布に変化が生じる．この場合，$\frac{\delta m_3^2}{4E}L$ が十分大きい場合を想定して L に関する平均化を行うと $\sin^2(\frac{\delta m_3^2}{4E}L)$ は $\frac{1}{2}$ で置き換えられるので

$$\begin{aligned} \phi_\alpha &= \frac{1}{3}(|U_{\alpha 1}|^2 + |U_{\alpha 2}|^2) + \frac{1}{6}|U_{\alpha 3}|^2 \\ &= \frac{1}{3}\left(1 - \frac{1}{2}|U_{\alpha 3}|^2\right) \end{aligned} \tag{8.22}$$

となる．（2 行目への変形では $\sum_i |U_{\alpha i}|^2 = 1$ を用いた．）具体的には（$\theta_{23} = \frac{\pi}{4}$，$\theta_{13} = 0$ より）

$$\phi_e = \frac{1}{3},\ \phi_\mu = \frac{1}{4},\ \phi_\tau = \frac{1}{4} \quad \to \quad \phi_e : \phi_\mu : \phi_\tau = 4 : 3 : 3 \tag{8.23}$$

が得られる．$\sum_\alpha \phi_\alpha = \frac{5}{6}$ なので，(active な) ニュートリノの数が生成時に比べ減少するとの予言であるが，そもそも生成されるニュートリノの数の絶対値には大きな不定性があるため，重要なのは数そのものよりも $\phi_e : \phi_\mu : \phi_\tau = 4:3:3$ といったフレーバーの相対的な比率である．

もう一つ例として $\frac{\delta m_3^2}{4E}L$，$\frac{\delta m_2^2}{4E}L \gg 1$，$\frac{\delta m_1^2}{4E}L \ll 1$ の場合を考えると

$$\begin{aligned}\phi_\alpha &= \frac{1}{6}(1+|U_{\alpha 1}|^2) \\ &\to \phi_e = \frac{1}{6}(1+c_{12}^2),\ \phi_\mu = \phi_\tau = \frac{1}{6}\left(1+\frac{s_{12}^2}{2}\right)\end{aligned} \tag{8.24}$$

となり，$\tan^2\theta_{12} = 0.457$ ((6.8) より) とすると $\phi_e = 0.28$，$\phi_\mu = \phi_\tau = 0.22 \ \to \ \phi_e : \phi_\mu : \phi_\tau \simeq 14:11:11$ が得られる．

また，全ての i に対して $\frac{\delta m_i^2}{4E}L \gg 1$ であるとすると，全てのフレーバーについてニュートリノの事象数が半分になる（半分が sterile 状態に遷移するため）が，フレーバーの相対的な比率については，通常の 3 世代模型でのフレーバー混合によるニュートリノ振動の場合と同じ $\phi_e : \phi_\mu : \phi_\tau = 1:1:1$ に戻り，擬ディラック型ニュートリノの特性が見えにくくなる．しかし，こうした場合を除き一般的に擬ディラック型ニュートリノの場合には，通常の 3 世代模型でのフレーバー混合によるニュートリノ振動の場合と比べて ϕ_μ の比率が減少し ϕ_e の比率が高くなる傾向にあることは，最新の IceCube や ANITA 実験のデータがミューオン・ニュートリノのフラックスが予想より少ないことを示唆しているように見えることもあり興味深いことではある．

8.3 宇宙背景ニュートリノ

この章の最後に，宇宙の創生時に生成され，現在も宇宙を満たしている「**宇宙背景ニュートリノ**」について，ごく簡単にコメントしよう．**ビッグバン宇宙論**を強く支持する観測事実として，宇宙の創生時の超高温の環境下で宇宙に充満していた熱放射（黒体輻射）が宇宙の膨張に伴って赤方偏移（膨張に伴い電磁波の波長が引き伸ばされること）を受け，現在 2.7 K の温度に対応するプランク分布に従うマイクロ波として存在している「**宇宙マイクロ波背景放射** (CMB)」の発見がよく議論される．

実は，現在の宇宙においては他の素粒子との相互作用が微弱で観測にかかりにくいニュートリノについても，ビッグバン直後（1 秒程度まで）の宇宙初期の超高温の世界においては，他の粒子と以下のような反応により熱平衡状態にあったものと考えられている（ここでは電子ニュートリノに関してのみ記載．これ以外にも可能な反応はあるが)：

$$\nu_e(\bar{\nu}_e) + e^\pm \leftrightarrow \nu_e(\bar{\nu}_e) + e^\pm,\ \nu_e + \bar{\nu}_e \leftrightarrow e^+ + e^-,$$

$$\nu_e + n \leftrightarrow e^- + p,\ \bar{\nu}_e + p \leftrightarrow e^+ + n. \tag{8.25}$$

しかし，ビッグバンから2秒経ち宇宙のエネルギーが 0.72 MeV 以下になると，こうした反応の確率が減少するためにニュートリノは熱平衡状態を脱し (decoupling)，その後は電磁波の場合と同様に，宇宙の膨張と共にニュートリノのエネルギーは下がり，現在の宇宙では 1.94 K の温度に対応するエネルギー分布で，宇宙背景ニュートリノとして存在していると考えられている．

CMB の場合には，現在我々が観測しているマイクロ波は，ビッグバンから38万年後の "宇宙の晴れ上がり"（光子と荷電粒子との散乱が無くなり，光子が直進できるようになること）の時点に発せられた電磁波であり，それ以前の宇宙の姿を電磁波を用いて探ることは原理的に不可能である．これに対し，宇宙背景ニュートリノの場合には，それはビッグバン後わずか2秒後に発せられたものであるので，その検出を通して誕生したばかりの宇宙の姿を探ることが可能になるのである．

とは言え，宇宙背景ニュートリノの検出は，低エネルギーのニュートリノの弱相互作用が微弱であることもあり，CMB の検出に比べて大変難しいものではある．しかし，BSM 理論の中には，大きな質量固有値を持つニュートリノの質量固有状態が，より軽い質量固有状態に光子を放出して崩壊する "輻射崩壊"（例えば $\nu_3 \to \nu_2 + \gamma$）を予言する理論が存在するので，こうした輻射崩壊の検出（遠赤外領域のエネルギーの光子の捕獲による）により宇宙背景ニュートリノを発見しようという実験計画が進行中である[32]．具体的には，7.1 節で解説した RSFP シナリオで登場する "遷移型磁気モーメント" を生成できる理論があれば，それによって輻射崩壊が可能となる．こうした崩壊の崩壊幅（崩壊の確率）はニュートリノ質量そのもの（ニュートリノ振動に関与する質量差ではなく）に依存するので，こうした崩壊が検出できれば，宇宙背景ニュートリノの検出というだけでなく，ニュートリノ質量の絶対値に関しても貴重な知見が得られるものと期待される．

付録 A 素粒子の標準模型

素粒子の**標準模型**は，2.6 節でごく簡単に解説したように，素粒子の持つ 4 つの相互作用の内，重力を除く電磁，強い，弱いという三つの相互作用を，1.6 節で基礎的な解説を行ったゲージ理論の枠組みを用いて記述する確立した理論である．ニュートリノ振動や宇宙のダークマターの存在を説明できない，また理論的には「階層性問題」といった問題を内包しているものの，観測されている素粒子の様々な現象をほぼ完璧に（ニュートリノ振動を除き）説明することのできる，非常な成功を収めている理論である．標準模型は，元々ワインバーグ・サラム (Weinberg-Salam) によって，電磁相互作用と弱い相互作用を統一的に記述する**電弱統一理論**として，$\mathrm{SU}(2)_L \times \mathrm{U}(1)_Y$ というゲージ対称性を持つゲージ理論として構築された[1]（添字の L，Y の意味は追々説明する）．提唱された当時は，クォークとしては u，d，s の三つのみが理論に取り入れられていたが，その後，チャーム・クォーク c の必要性が理論的考察により指摘され，更には，小林・益川によって，弱い相互作用における CP 対称性の破れを説明するためには 3 世代分のクォークが必要であることが議論され[2]，またレプトンについても，第 3 世代の τ が発見され，今日我々が知っている形の 3 世代のクォーク，レプトンを持った標準理論が完成した．

一方，強い相互作用に関しては，$\mathrm{SU}(3)_c$（c はカラーを表す）という非アーベル（非可換）群をゲージ対称性とするヤン・ミルズ理論である**量子色力学 (quantum chromodynamics, QCD)** によって記述される．こうして，標準模型は $\mathrm{SU}(3)_c \times \mathrm{SU}(2)_L \times \mathrm{U}(1)_Y$ というゲージ対称性を持つヤン・ミルズ理論であると言えるが，QCD は電弱統一理論とは独立した性格が強いので，ここでは $\mathrm{SU}(2)_L \times \mathrm{U}(1)_Y$ **電弱統一理論**に焦点を当てて議論する．これは，ニュートリノの相互作用を記述する理論でもある．まず，ゲージ対称性として $\mathrm{SU}(2)_L$，$\mathrm{U}(1)_Y$ のそれぞれがなぜ必要とされるのか，について考えてみよう．

A.1 $\mathrm{SU}(2)_L$ はなぜ必要？

電弱統一理論のゲージ対称性 $\mathrm{SU}(2)_L \times \mathrm{U}(1)_Y$ の内で $\mathrm{U}(1)_Y$ は QED の場合のゲージ対称性と同じなので電磁相互作用に関係しそうである．よって残りの $\mathrm{SU}(2)_L$ が弱い相互作用を記述すると予想される（実際には，このように完璧には分離できないことが後で分かる）．弱い相互作用として最初に認識され，またその典型的でもあるベータ崩壊について考えよう．図 2.1（の右側の図）に見られるように，この崩壊はクォークのレベルでの "素過程" で考えると $d \to u + e + \bar{\nu}_e$ という素粒子反応であるが，2.3 節で解説したように，素粒子反応式では "移項" が可能なので，右辺の反ニュートリノを左辺に持って行くと，図 2.2 に見られるような

$$d + \nu_e \ \to \ u + e \tag{A.1}$$

が得られる．これは実際にニュートリノの検出に用いられている過程である．(A.1) において，クォークは $d \to u$ のように d，u の間で遷移し，またレプトンの方も $\nu_e \to e$ のように e，ν_e の間で遷移する．$d \to u$ という遷移は，ちょうどスピン $\frac{1}{2}$ の粒子において下向き (down) スピンの状態が上向き (up) スピンの状態に遷移するのとよく似ている．スピンの量子化軸を z 軸と考えれば，例えば x 軸方向の磁場をかけるとこうした遷移（「スピン歳差」）が起きるが，この遷移を引き起こす量子力学的なハミルトニアンは $\psi_P^\dagger \frac{\sigma_1}{2} \psi_P$ に比例する．ここで σ_1 はパウリ行列の一つであり，また縦ベクトル ψ_P は，スピンが上向き，下向きの状態にある確率振幅を上下の二つの成分とする「パウリ・スピノール」である．パウリ・スピノールと同様に u，d クォークを表すディラック・スピノールの場（クォークの名前を用いて単に u，d と簡略化して書くことにする）を二つの成分とするベクトル（**2 重項 (doublet)**）

$$\begin{pmatrix} u \\ d \end{pmatrix} \tag{A.2}$$

を考えてみると，u，d は複素場なので，この 2 重項を SU(2) の基本表現と見なすことが可能である．

そこで，ベータ崩壊を記述する理論として，非アーベル（非可換）群 SU(2) をゲージ群とするヤン・ミルズ理論を考える．この場合，基本表現である 2 重項に関する局所的な SU(2) 変換は $\mathrm{e}^{i\lambda^a \frac{\sigma_a}{2}}$（$a$ については 1 から 3 までの和をとる．σ_a：パウリ行列）のように，3 種類の独立な（時空座標に依る）変換パラメター λ^a を用いて表されるので，1.6 節で U(1) ゲージ理論である QED について学んだときに現れた，ゲージ変換を局所的にすることで現れる "余分な項" である変換パラメターの偏微分に比例する項は $(\partial_\mu \lambda^a)\frac{\sigma_a}{2}$ のように，群の三つの生成子 $\frac{\sigma_a}{2}$ の線形結合の形で現れる．これに伴って，共変微分は，SU(2) における独立な変換の数，即ち群の次元である 3 個のゲージ・ボソンの

場 A_μ^a $(a=1,2,3)$ を係数とする生成子の線形結合を用いて

$$D_\mu = \partial_\mu - igA_\mu^a \frac{\sigma_a}{2} \tag{A.3}$$

のように表される（定数 g については，下でその意味を説明する.）A_μ^a のそれぞれに $\partial_\mu \lambda^a$ に比例する余分な項を相殺するようにゲージ変換させることで，1.6 節の QED の場合のように，局所ゲージ変換の下での共変性を実現しようという意図である．ここで重要なことは，共変微分に行列が現れるために，QED のような U(1) ゲージ理論のときとは違い，$d \to u$ といった素粒子の種類が変化する遷移が可能になるということである．これは正に (A.1) の素粒子反応を実現するために必要とされることである．実際，ゲージ場 $A_\mu^{1,2}$ が関与する相互作用では $\sigma_{1,2}$ が 2 重項に作用することになるので，ちょうど x，y 方向に磁場がかかったときのスピン歳差と同様に $d \to u$ あるいは $u \to d$ といった遷移が可能になる．

レプトンについても (A.1) のように e，ν_e のペアの間での遷移が起きるので，これらを成分として 2 重項を組むことにする：

$$\begin{pmatrix} \nu_e \\ e^- \end{pmatrix}. \tag{A.4}$$

ここで，(A.2) と同様に電荷の大きい方のニュートリノを 2 重項の上の方に置くことに注意しよう．なお，ここまでクォーク・レプトンは 1 世代分のみ考えているが，これを現実的な 3 世代模型に拡張することは容易である（小節 A.6.2 参照）．

ところで，ゲージ対称性は単なる SU(2) ではなく $\mathrm{SU}(2)_L$ と書かれるが，その理由は何であろうか？ 実は (A.2) のように 2 重項のメンバーをディラック・スピノールとすると，共変微分 (A.3) による相互作用は現実の弱い相互作用を，まだ完全には記述していないことが分かる．即ち，このままだと QED を SU(2) に拡張したような理論なので，弱い相互作用にも関わらずパリティー対称性が破れていないことになる．実際 $u = u_R + u_L$ のようにディラック・スピノールは右巻き，左巻きの両方の状態を同等に含むので，例えば (A.3) によるクォークのゲージ・ボソンとの相互作用は左右対称性を持つことになる．そこで，（最大限の）パリティーの破れを実現するために，2 重項に現れるフェルミオンをベータ崩壊に関与する左巻きの状態のみに限定する：

$$Q = \begin{pmatrix} u \\ d \end{pmatrix}_L, \quad L = \begin{pmatrix} \nu_e \\ e^- \end{pmatrix}_L, \tag{A.5}$$

ここで，それぞれのフェルミオンのスピノールに L の添字を付けて u_L といった左巻きのワイル・フェルミオンを表すのが少々煩雑なので，2 重項全体に L を付けて表すことにする．即ち，標準模型の場合には，QED のときと違い，理論に登場するフェルミオンはディラック・フェルミオンではなくワイル・フェ

ルミオンである．これはひとえに，弱い相互作用におけるパリティーの破れの帰結である．後で見るようにクォーク，それと電荷を持ったレプトンについては，左巻きだけではなく右巻きのワイル・フェルミオンも（独立に）導入され，こうした荷電フェルミオンが（南部陽一郎博士により提唱された自発的対称性の破れの機構により）質量を持つ段階で右巻きと左巻きが一緒になって $u = u_R + u_L$ のように最終的にはディラック・スピノールが構成されることになる．ただし，ニュートリノに関しては標準模型では質量がゼロと見なされていて，右巻きのニュートリノは導入されないが，本文の方で詳細に議論したように，最近のニュートリノ振動の実験事実からニュートリノも小さいながら質量を持っているものと思われている．しかしながら，ここでは，その小さな質量を無視することとし，左巻きのニュートリノのみが存在するものとして話を進める．

さて，左巻きのフェルミオンは $\mathrm{SU}(2)_L$ の 2 重項に組まれることが分かったが，右巻きのフェルミオンはどうであろうか．一般論として，ゲージ相互作用（ゲージ・ボソンの交換により生じる相互作用）を受ける素粒子は，その場がゲージ変換の下で変換を受けるものであり，変換を受けない場はゲージ相互作用を持たないことになる（例えば，電荷を持たないニュートリノの場は，QED の U(1) 変換の下で変換しない．仮に変換したとしたら，共変微分が必要となり，それによる電磁相互作用が生じてしまうからである）．そこで，ベータ崩壊に関与しない右巻きのクォーク，レプトンは $\mathrm{SU}(2)_L$ のゲージ変換を受けない **1 重項**（SU(2) の変換を受ける最小の表現は 2 重項なので，1 重項は変換を受けない）に割り当てることにする．ちょうどスピン 0 で 1 重項のスカラー場の波動関数が空間回転（SO(3) は SU(2) と準同型）の下で不変であるのと同様である：

$$u_R,\ d_R,\ e^-_R. \tag{A.6}$$

（ただし，上述のようにニュートリノに関しては右巻きの状態を導入しない．）こうして，$SU(2)_L$ ゲージ相互作用は左巻きのフェルミオンにのみ存在することになる．これが添字 L の意味である．

例えばクォークの 2 重項 Q の運動項は $\bar{Q}i\partial_\mu\gamma^\mu Q$ で与えられる．ここで $\bar{Q} = Q^\dagger\gamma^0$ において，$Q^\dagger$ が 4 成分ディラック・スピノールについてだけでなく $\mathrm{SU}(2)_L$ の 2 重項に関してもエルミート共役をとることと理解すれば，この運動項はローレンツ変換の下で不変であるばかりでなく，大域的な $\mathrm{SU}(2)_L$ 変換に関しても不変である．次に，局所的 $SU(2)_L$ 変換の下で不変にするために Q に関しては (A.3) の共変微分に置き換えると，(1.35) と同様に，クォークに関する，ゲージ相互作用を含めた運動項は

$$\mathcal{L}_q = \bar{Q}iD_\mu\gamma^\mu Q + \bar{u}_R i\partial_\mu\gamma^\mu u_R + \bar{d}_R i\partial_\mu\gamma^\mu d_R$$

$$= \bar{Q}\left(i\partial_\mu + gA_\mu^a \frac{\sigma_a}{2}\right)\gamma^\mu Q + \bar{u}_R i\partial_\mu \gamma^\mu u_R + \bar{d}_R i\partial_\mu \gamma^\mu d_R$$

$$= \bar{u}i\partial\!\!\!/ u + \bar{d}i\partial\!\!\!/ d + g\,(\bar{u}\quad \bar{d})\,A_\mu^a \frac{\sigma_a}{2}\gamma^\mu L \begin{pmatrix} u \\ d \end{pmatrix} \tag{A.7}$$

で与えられることになる．ここで g は，電磁相互作用における電気素量 e に相当する，相互作用の強さを表すもので「**ゲージ結合定数**」と呼ばれる．ただし，(1.35) とは違い，ここにはクォークの質量項は存在しないことに注意しよう．質量項は chirality flip を引き起こすため，右巻きと左巻きの状態が混合した，例えば $\bar{Q}u_R$ といった項として表されそうであるが，左巻きが SU(2) の 2 重項であるのに対して右巻きは 1 重項であるために，こうした質量項はゲージ変換の下で不変とはならず，従ってゲージ不変性を理論に課す限り質量項は許されないことになる．

しかし，後に述べるように，ヒッグス場の導入と，その真空期待値に依る自発的対称性の破れの帰結としてクォークは質量を持ち，最終的にはディラック・スピノール $u = u_R + u_L$ 等で表される．そこで，これを見越して (A.7) では（$i\partial_\mu$ に比例する運動項のみならず）ゲージ相互作用項もディラック・スピノールを用いて表し，その代わりに左巻きワイル・スピノールのみが関与することを表すために，左巻きの状態への射影演算子 $L = \frac{1-\gamma_5}{2}$ ((3.7) 参照）を挿入している．ここで射影演算子の性質として $L^2 = L$ が言えるので（一度射影すれば何度射影しても同じ，ということ），L は一方のフェルミオンのみに作用させれば十分であることに注意しよう．即ち任意の二つのディラック・スピノールに対して $\overline{(\psi_{1L})}\gamma^\mu \psi_{2L} = \bar{\psi}_1 \gamma^\mu L \psi_2$ が言える．レプトンに関しても，同様にしてゲージ相互作用を含めた運動項を書き下すことができる．

$SU(2)_L$ 対称性は "**弱アイソスピン** (weak isospin)" 対称性とも呼ばれる．アイソスピン対称性とは，本来，強い相互作用に関して陽子，中性子が同等で対称的に相互作用を持つことを表すために用いられたもので，ちょうど空間回転対称性（SO(3) 対称性であるが，これは SU(2) 対称性とも同等と考えてよい）からスピン上向き，下向きが同等であるように，陽子，中性子，クォークのレベルでは u，d クォークが "アイソスピン" が $\pm\frac{1}{2}$ の 2 重項の状態にあり，強い相互作用はアイソスピン対称性 SU(2) を持つと考えるものであるが，弱アイソスピンに関しては (u, d) のペアだけでなく，後で述べる第 2，第 3 世代のクォークのペア (c, s)，(t, b)（小節 A.6.2 参照）に関しても左巻きである限り全て $SU(2)_L$ の 2 重項を成すことに注意しよう．

さて，(A.7) の左巻きのフェルミオンに関するゲージ相互作用項において，ゲージ場 A_μ^1，A_μ^2 はそれぞれ行列 σ_1，σ_2 を伴って現れるので，それによる相互作用は $u \to d$ と $d \to u$ 両方の遷移を同時に引き起こすことになる．即ち A_μ^1，A_μ^2 は弱アイソスピンの第 3 成分 I_3，つまり $\frac{\sigma_3}{2}$ の固有値を 1 だけ上げるのと下げるのを同時に行うゲージ・ボソンであると言え，従って，それ自身の

I_3 が（±1 のいずれかに）確定していないことになる．また弱アイソ・スピンだけでなく明らかに電荷 Q（Q: 電気素量 e を単位とする電荷を一般に表す）についても（±1 のいずれかに）確定していない．そこで $u \to d$ と $d \to u$ のいずれかのみを引き起こし，従って I_3 また電荷が -1 あるいは 1 のいずれかに確定したゲージ・ボソンを考えることにする．即ち，量子力学においてスピンの昇降演算子を $\sigma_\pm = \frac{\sigma_1 \pm i\sigma_2}{2}$ で定義するのにならって，共変微分の一部を

$$A_\mu^1 \sigma_1 + A_\mu^2 \sigma_2 = \sqrt{2}(W_\mu^+ \sigma_+ + W_\mu^- \sigma_-), \quad W_\mu^\pm = \frac{A_\mu^1 \mp i A_\mu^2}{\sqrt{2}} \tag{A.8}$$

と書き直す．すると，明らかに $W_\mu^\pm$ は，それぞれ $I_3 = Q = \pm 1$ を持つゲージ・ボソンになる．これが $W_\mu^\pm$ と書かれるゆえんでもある．これらは電荷を持った**弱ゲージ・ボソン**と呼ばれる．こうして (A.7) は次のように書き直される：

$$\begin{aligned}\mathcal{L}_q &= \bar{u} i \partial\!\!\!/ u + \bar{d} i \partial\!\!\!/ d + \frac{g}{\sqrt{2}}(\bar{u}\gamma^\mu L d W_\mu^+ + \bar{d}\gamma^\mu L u W_\mu^-) \\ &\quad + \frac{g}{2}(\bar{u}\gamma^\mu L u - \bar{d}\gamma^\mu L d) A_\mu^3. \end{aligned} \tag{A.9}$$

ここで，明らかに A_μ^3 は電気的に中性 ($Q = 0$) で $I_3 = 0$ のゲージボソンであることが分かる．

レプトンに関しても全く同様のラグランジアンが得られる：

$$\begin{aligned}&\mathcal{L}_l = \bar{\nu}_e i \partial\!\!\!/ L \nu_e + \bar{e} i \partial\!\!\!/ e \\ &+ \frac{g}{\sqrt{2}}(\bar{\nu}_e \gamma^\mu L e W_\mu^+ + \bar{e}\gamma^\mu L \nu_e W_\mu^-) \\ &+ \frac{g}{2}(\bar{\nu}_e \gamma^\mu L \nu_e - \bar{e}\gamma^\mu L e) A_\mu^3. \end{aligned} \tag{A.10}$$

ただし，ニュートリノ ν_e に関しては運動項においても左巻きだけ存在することに注意しよう．すると，$W^\pm$ をクォークとレプトンの間で交換することにより，図 2.1（の左側の図）に示すようにベータ崩壊が引き起こされることが容易に分かる．なお，ラグランジアンには，この他にゲージ・ボソンの運動項（ヤン・ミルズ理論の場合には，ゲージ・ボソンの自己相互作用項を含む）も存在するが，ここでは割愛する．

A.2 $\mathrm{U}(1)_Y$ はなぜ必要？

前節で議論した $\mathrm{SU}(2)_L$ ゲージ対称性はベータ崩壊といった電荷を持った（荷電）弱ゲージ・ボソンに依り引き起こされる弱い相互作用を上手く記述するが，このままでは電磁相互作用を記述できず，電弱統一理論には至っていないことになる．一見，A_μ^3 は電気的に中性のゲージ・ボソンなので，これを光子と見なせばよいように思われるが，この解釈には次のような難点がある．

- P 対称性の破れ

  $\mathrm{SU}(2)_L$ 2 重項は全て左巻きのワイル・フェルミオンなので (A.9), (A.10)

に見られるように A^3_μ の相互作用には左巻きのフェルミオンのみが現れ，従って電磁相互作用がパリティー (P) 対称性を最大限に破ってしまうことになる．

- 現実と合わないフェルミオンの電荷

  A^3_μ を光子だとすると，そのゲージ結合定数 g を電気素量と見なす必要がある ($g = e$) が，一般にフェルミオン f の e を単位とする電荷を $Q(f)$ で表すと，$\mathrm{Tr}(\frac{\sigma_3}{2}) = 0$ より，2 重項を成す左巻きフェルミオンの電荷の平均値がゼロになってしまう：$Q(u) + Q(d) = Q(\nu_e) + Q(e) = 0$．更には右巻きフェルミオンはゲージ相互作用をしないのでその電荷は全てゼロとなってしまう．これらは現実と合わない．

こうした困難をどのように解決すればよいであろうか．まず，上の議論で $\frac{\sigma_3}{2}$ の二つの固有値の差は 1 なので，2 重項におけるフェルミオンの電荷の差については正しく現実を再現していることに注意しよう：$Q(u) - Q(d) = Q(\nu_e) - Q(e) = 1$．よって，例えばクォークについては電荷を全体に“かさ上げ”してやれば現実を再現できることになる．即ち，$Q(u)$，$Q(d)$ を固有値とする電荷の演算子を $Q = \mathrm{diag}\ (Q(u), Q(d))$ という 2×2 の対角行列で表すと，単位行列を I として

$$Q = \begin{pmatrix} \frac{2}{3} & 0 \\ 0 & -\frac{1}{3} \end{pmatrix} = \frac{1}{2}\sigma_3 + \frac{1}{6}I \tag{A.11}$$

が成り立つ．右辺で I に比例する部分（“かさ上げ”の部分）の固有値（の 2 倍）を“**弱ハイパーチャージ** (weak hypercharge)”と呼び Y で表すと，(A.11) の関係は，u，d クォークのそれぞれに対して

$$Q = I_3 + \frac{Y}{2} \tag{A.12}$$

の関係が成り立つことを意味する．(A.12) の関係は，強い相互作用をする粒子であるハドロンの性質の解析から生まれた中野・西島・ゲルマンの法則と呼ばれる，ハドロンの電荷，アイソスピン，ハイパーチャージの間の関係式と見かけ上全く同じ関係式であるが，ここでの I_3，Y は弱アイソスピン，弱ハイパーチャージを表していることに注意しよう．(A.11) において右辺に単位行列に比例した部分が加わるということは $\frac{1}{2}I$ を生成子とし，従って $\mathrm{SU}(2)_L$ とは直積となる U(1) ゲージ対称性を新たに加えることに対応する．単位行列は明らかにパウリ行列 σ_a ($a = 1, 2, 3$) と可換であるが，これは $\frac{\sigma_a}{2}$ と $\frac{I}{2}$ で生成される群の変換が独立で互いに影響を及ぼさないことを意味する．これが群の直積の意味である．この U(1) は弱ハイパーチャージ Y を力の源とするゲージ相互作用を引き起こす対称性なので $\mathrm{U}(1)_Y$ と書くことにする．こうして，標準模型の（電弱統一理論の部分の）ゲージ対称性（のゲージ群）は

$$\mathrm{SU}(2)_L \times \mathrm{U}(1)_Y \tag{A.13}$$

となる．それぞれのフェルミオンの持つハイパーチャージは (A.12) より容易に計算できて，次の通りである：

$$Q: \quad Y=\frac{1}{3}, \quad u_R: \quad Y=\frac{4}{3}, \quad d_R: \quad Y=-\frac{2}{3}, \tag{A.14}$$

$$L: \quad Y=-1, \quad e_R: \quad Y=-2. \tag{A.15}$$

$\mathrm{U}(1)_Y$ ゲージ対称性の導入に伴いそのゲージ場 B_μ を導入し，また $\mathrm{U}(1)_Y$ のゲージ結合定数を g' とする．ここで，$\mathrm{SU}(2)_L$ と $\mathrm{U}(1)_Y$ は互いに独立なので，これらのゲージ結合定数 g，g' は独立なパラメターとして理論に導入されることに注意しよう．これが後出の弱混合角 θ_W の大きさを理論的には決められない理由である．すると共変微分に，それぞれの素粒子のハイパーチャージに比例した QED の場合と同様な項が加わることになる．作用するフェルミオンを一般に Ψ と書くと，共変微分は次のように書ける：

$$D_\mu\Psi=\left\{\partial_\mu-i\left(gA_\mu^aT^a+g'B_\mu\frac{Y}{2}\right)\right\}\Psi. \tag{A.16}$$

ここで，T^a は生成子であり，Ψ が $\mathrm{SU}(2)_L$ 2 重項であれば $T^a=\frac{\sigma_a}{2}$ であり，1 重項であれば $T^a=0$ である．例えば，(A.5) のレプトンの 2 重項 L に関して具体的に書くと

$$D_\mu L=\left\{\partial_\mu-i\left(gA_\mu^a\frac{\sigma_a}{2}-\frac{1}{2}g'B_\mu\right)\right\}L \tag{A.17}$$

となる．

電磁相互作用を媒介する光子は，電気的に中性な A_μ^3 と B_μ の線形結合の場で表されることになる．これは，電磁場は当然電荷を源として生成されるので，光子の場は電荷の演算子 Q に伴われた 4 元電磁カレントに結合する形で共変微分に現れるが，Q が (A.12) のように $\mathrm{SU}(2)_L$ と $\mathrm{U}(1)_Y$ の生成子の線形結合で与えられることから当然であると言える．

具体的にこれを確かめるために，まず次の例題を解いてみよう．

例題 A.1 $\mathrm{SU}(2)_L$ 2 重項に関する共変微分の内の，電気的に中性なゲージ場 A_μ^3 と B_μ の関わる $gA_\mu^3(\frac{\sigma_3}{2})+g'B_\mu(\frac{Y}{2})$ を $Z_\mu\equiv\cos\theta_WA_\mu^3-\sin\theta_WB_\mu$，$A_\mu\equiv\sin\theta_WA_\mu^3+\cos\theta_WB_\mu$ を用いて書き直しなさい．

解 与式は 2 成分のベクトルの内積の形で

$$gA_\mu^3\left(\frac{\sigma_3}{2}\right)+g'B_\mu\left(\frac{Y}{2}\right)=\begin{pmatrix}g\frac{\sigma_3}{2} & g'\frac{Y}{2}\end{pmatrix}\begin{pmatrix}A_\mu^3\\ B_\mu\end{pmatrix} \tag{A.18}$$

と書ける．これを直交行列

$$O=\begin{pmatrix}\cos\theta_W & -\sin\theta_W\\ \sin\theta_W & \cos\theta_W\end{pmatrix} \tag{A.19}$$

を用いて，また直交行列の性質 $O^tO=I$（I: 単位行列）を使って書き直すと

$$
\begin{aligned}
&\left(g\tfrac{\sigma_3}{2} \quad g'\tfrac{Y}{2} \right) \begin{pmatrix} A_\mu^3 \\ B_\mu \end{pmatrix} = \left(g\tfrac{\sigma_3}{2} \quad g'\tfrac{Y}{2} \right) O^t O \begin{pmatrix} A_\mu^3 \\ B_\mu \end{pmatrix} \\
&= \left(j_Z \quad j_A \right) \begin{pmatrix} Z_\mu \\ A_\mu \end{pmatrix} = j_Z Z_\mu + j_A A_\mu
\end{aligned} \tag{A.20}
$$

となる．ここで，次のような直交変換を行った：

$$
\begin{aligned}
&\begin{pmatrix} Z_\mu \\ A_\mu \end{pmatrix} = O \begin{pmatrix} A_\mu^3 \\ B_\mu \end{pmatrix} = \begin{pmatrix} \cos\theta_W A_\mu^3 - \sin\theta_W B_\mu \\ \sin\theta_W A_\mu^3 + \cos\theta_W B_\mu \end{pmatrix}, \\
&\begin{pmatrix} j_Z \\ j_A \end{pmatrix} = O \begin{pmatrix} g\frac{\sigma_3}{2} \\ g'\frac{Y}{2} \end{pmatrix} = \begin{pmatrix} g\cos\theta_W(\frac{\sigma_3}{2}) - g'\sin\theta_W(\frac{Y}{2}) \\ g\sin\theta_W(\frac{\sigma_3}{2}) + g'\cos\theta_W(\frac{Y}{2}) \end{pmatrix}.
\end{aligned} \tag{A.21}
$$

結局，与式は

$$
\begin{aligned}
&g A_\mu^3 \left(\frac{\sigma_3}{2} \right) + g' B_\mu \left(\frac{Y}{2} \right) \\
&= \left[g\cos\theta_W \left(\frac{\sigma_3}{2} \right) - g'\sin\theta_W \left(\frac{Y}{2} \right) \right] Z_\mu \\
&\quad + \left[g\sin\theta_W \left(\frac{\sigma_3}{2} \right) + g'\cos\theta_W \left(\frac{Y}{2} \right) \right] A_\mu
\end{aligned} \tag{A.22}
$$

のように書き直すことができる． □

この例題に現れた直交変換の "回転角" θ_W は**弱混合角** (weak mixing angle) と呼ばれる．A_μ を光子の場と見なすことにすると，それに結合する行列は eQ と書かれるはずである．即ち (A.12)，(A.22) より，

$$
\begin{aligned}
&g\sin\theta_W \left(\frac{\sigma_3}{2} \right) + g'\cos\theta_W \left(\frac{Y}{2} \right) = eQ = e\left(\frac{\sigma_3}{2} + \frac{Y}{2} \right) \quad \rightarrow \\
&g\sin\theta_W = g'\cos\theta_W = e.
\end{aligned} \tag{A.23}
$$

これから

$$
\tan\theta_W = \frac{g'}{g}, \quad e = \frac{gg'}{\sqrt{g^2 + g'^2}} \tag{A.24}
$$

の関係も導かれる．仮に $\theta_W = 0$ であれば光子は純粋に $U(1)_Y$ のゲージ・ボソンとなるが，実験的に弱混合角は低エネルギーでほぼ

$$
\sin^2\theta_W \simeq 0.23 \tag{A.25}
$$

であることが分かっているので，光子は A_μ^3 と B_μ の線形結合の場で表されることになる．既に述べたが，(A.24) から分かるように標準模型では g，g' は独立なパラメターであるために弱混合角を理論的に決めることはできない．(SU(5) のような単純群をゲージ対称性として持つ大統一理論では，弱混合角の予言が可能となる．)

標準模型は，電磁相互作用と，ベータ崩壊のような $W^\pm$ で媒介される弱い相互作用との統一を目指したものであるが，その結果として，それまでに知ら

れていなかった新粒子と，それに伴う新しいタイプの相互作用の存在を予言することとなった．即ち，(A.21) に見られる光子の場と "直交する" 場 Z_μ で表される電気的に中性の**弱ゲージ・ボソン** Z の存在と，それによって媒介される新しいタイプの弱い相互作用である．Z は中性なので，それの結合する 4 元カレントも電磁相互作用と同様の電荷が変化しない "**中性カレント** (neutral current)" である．そこで，Z によって引き起こされる過程を "**中性カレント過程** (neutral current process)" と言う．これに対し $W^\pm$ が結合するカレントは $d \to u$ のように電荷の変化する "**荷電カレント**" なので，$W^\pm$ によって引き起こされる過程は "**荷電カレント過程** (charged current process)" と呼ばれる．中性カレント過程は，ベータ崩壊と同様に非常な単距離の領域で生じるので（Z の質量が $W^\pm$ のそれと同程度に大きいため），弱い相互作用の一部と見なされる．

さて，(A.22) の Z_μ に結合するカレントの部分を (A.24)，(A.12) の関係を用いて少し変形すると，

$$g\cos\theta_W\left(\frac{\sigma_3}{2}\right) - g'\sin\theta_W\left(\frac{Y}{2}\right)$$
$$= \frac{g}{\cos\theta_W}\left[\left(\frac{\sigma_3}{2}\right) - \sin^2\theta_W Q\right] \tag{A.26}$$

となる．$\frac{\sigma_3}{2}$ の項は左巻きの 2 重項に対してのみ存在し，一方，電磁相互作用に比例する電荷 Q の項は左右両方のカイラリティーに対し同等である．よって，任意のフェルミオンのディラック・スピノール f に対して，Z_μ に結合する中性カレントは

$$J_Z^\mu(f) = \frac{g}{\cos\theta_W}\bar{f}\gamma^\mu[I_3(f)L - \sin^2\theta_W Q(f)]f \tag{A.27}$$

と書ける．ここで $I_3(f)$，$Q(f)$ はフェルミオン f の弱アイソスピンの第 3 成分および電荷である．ハイパーチャージを用いずに，電荷と弱アイソスピンの第 3 成分（$\pm\frac{1}{2}$ あるいは 0）のみで表すことができて便利であるのと同時に，中性カレントには $\mathrm{SU}(2)_L$ の部分だけでなく電磁相互作用の部分が混入していることが見て取れるようになっている．例えばニュートリノに関しては

$$J_Z^\mu(\nu_e) = \frac{g}{2\cos\theta_W}\bar{\nu}_e\gamma^\mu L\nu_e \tag{A.28}$$

である．スーパー・カミオカンデ実験では，太陽や大気で生成され飛来するニュートリノを，この Z ボソンを交換する中性カレントによるニュートリノと電子との弾性散乱により，反跳（跳ね飛ばされた）電子が発するチェレンコフ光の検出により同定しているのである．

これまでの結果をまとめると，ラグランジアンの内のフェルミオンに関する部分 $\mathcal{L}_f$ は

$$\mathcal{L}_f = \bar{u}i\partial\!\!\!/ u + \bar{d}i\partial\!\!\!/ d + \bar{\nu}_e i\partial\!\!\!/ L\nu_e + \bar{e}i\partial\!\!\!/ e$$

$$+ W_\mu^+ J_+^\mu + W_\mu^- J_-^\mu + Z_\mu J_Z^\mu + A_\mu J_{EM}^\mu \tag{A.29}$$

であり，また，それぞれの 4 元カレントは次のように与えられる ($J_-^\mu = (J_+^\mu)^\dagger$. $L = \frac{1-\gamma_5}{2}$):

$$J_+^\mu = \frac{g}{\sqrt{2}}[\bar{u}\gamma^\mu L d + \bar{\nu}_e \gamma^\mu L e], \tag{A.30}$$

$$J_Z^\mu = \frac{g}{\cos\theta_W}\left[\bar{u}\gamma^\mu\left(\frac{1}{2}L - \frac{2}{3}\sin^2\theta_W\right)u + \bar{d}\gamma^\mu\left(-\frac{1}{2}L + \frac{1}{3}\sin^2\theta_W\right)d\right.$$
$$\left. + \frac{1}{2}\bar{\nu}_e\gamma^\mu L\nu_e + \bar{e}\gamma^\mu\left(-\frac{1}{2}L + \sin^2\theta_W\right)e\right], \tag{A.31}$$

$$J_{EM}^\mu = e\left[\frac{2}{3}\bar{u}\gamma^\mu u - \frac{1}{3}\bar{d}\gamma^\mu d - \bar{e}\gamma^\mu e\right]. \tag{A.32}$$

A.3　ヒッグス場はなぜ必要？

ここまでは，$\mathrm{SU}(2)_L \times \mathrm{U}(1)_Y$ ゲージ対称性を持ったヤン・ミルズ理論を構成してきた．しかし，ゲージ対称性が破れることなく存在していると，この理論は次のような意味で現実的な理論とはなり得ないことになる：

- ゲージ・ボソンの質量について

  局所ゲージ対称性を持つ QED においてゲージ・ボソンである光子が質量を持たないのと同様に，標準模型の全てのゲージ・ボソンが質量を持たないことになる．光子の質量はゼロで構わない（ゼロでないと光速で運動できず困る）が，2 章で述べたように，ベータ崩壊のような弱い相互作用においては，力の到達距離は非常に短く，それを実現するためには $W^\pm$ が大きな質量 M_W を持つ必要がある．そもそもゲージ・ボソンが質量を持てないのは，例えば簡単な QED の場合を考えると，ゲージ場 A_μ のローレンツ変換の下で不変な質量 2 乗項 $M^2 A_\mu A^\mu$ が局所ゲージ変換 (1.33) の下で不変にならず ($A'_\mu A'^\mu \neq A_\mu A^\mu$)，従って，理論にゲージ対称性を課す限りゲージ・ボソンの質量項は許されないからである．

- クォーク，レプトンの質量について

  既に述べたように，標準模型では，弱い相互作用におけるパリティー対称性の破れに起因して，左巻きのフェルミオンが $\mathrm{SU}(2)_L$ 2 重項であるのに対して右巻きのフェルミオンが $\mathrm{SU}(2)_L$ 1 重項であるために，クォーク，レプトンといった“物質場”の質量項がゲージ不変とはならず，理論に導入することが許されない．従って，このままでは物質が質量を持つことができないことになる．

これらの問題点はいずれもゲージ対称性に起因して生じるものであるので，その解決のためには，理論のゲージ対称性を，QED のそれ（$\mathrm{U}(1)_Y$ と区別して $\mathrm{U}(1)_{em}$ と書くことにする）を除いて“何らかの方法”で破る必要がある．

例えばゲージ・ボソンの質量2乗項（$M^2 A_\mu A^\mu$ のような）をラグランジアンに書き加えてゲージ対称性を "あからさまに破る (explicit breaking)" ことも考えられるが，すると理論がもはや "繰りこみ可能" ではなくなり，QED のような繰り込み可能な理論が持つ長所である予言能力が失われてしまう，という新たな問題が生じる．そもそも，ゲージ対称性を人為的に破るのであれば，ゲージ対称性を持った理論を最初に構築することの意義が揺らいでしまう．

繰りこみ可能性を失うことのない "性質の良い" ゲージ対称性の破れを実現するのが，南部陽一郎博士のノーベル物理学賞の対象業績である「**自発的対称性の破れ**」の機構である．これは理論そのもの，つまりラグランジアン自身はゲージ対称性を有しているが，理論の真空状態 $|0\rangle$ がゲージ変換の下で不変ではなく（即ち真空状態がゲージ対称性を破る），これによって結果的にゲージ対称性が破れるという機構である．真空状態ではスピンを持つ場はゼロとならざるを得ない．そうでないと空間回転の下で真空の状態が不変ではなくなり，空間の回転対称性が失われてしまうからである．そこで注目されるのがスピン0のスカラー場（擬スカラー場も含め）である．あるスカラー場 ϕ が真空状態において0でない値 v（v: 定数）を持ったとしても空間の回転対称性は損なわれない．v はスカラー場の**真空期待値**と見なせる：$\langle 0|\phi|0\rangle = v$．実際には v はスカラー場のポテンシャルを最小にするスカラー場の値として決まる．真空状態ではエネルギーが最低になるべきであるがハミルトニアン（密度）は運動エネルギーの項とポテンシャル・エネルギーの項の和なので，スカラー場が定数でかつポテンシャルを最小にする場合が真空状態になるからである．このスカラーの真空期待値がゲージ変換の下で不変でなければ，ゲージ対称性が自発的に破れることになる．

こうして，標準模型ではスカラー場として**ヒッグス場**と呼ばれる $\mathrm{SU}(2)_L$ 2重項を成す場を導入する：

$$H = \begin{pmatrix} \phi^+ \\ \phi^0 \end{pmatrix} \quad (Y = 1). \tag{A.33}$$

なお，この2重項の弱ハイパーチャージ Y を1とすると，(A.12) より2重項の各要素の電荷は (A.33) に示したように決まる．ゲージ対称性を破るだけならばスカラー場は $\mathrm{SU}(2)_L$ 2重項に限定されないのであるが，2重項を選んだ理由はゲージ不変なフェルミオンの質量項を可能にするためである．即ち，ちょうど量子力学で学ぶスピン角運動量の合成において，スピン $\frac{1}{2}$ どうしを合成してスピンがゼロの1重項を構成できるように，フェルミオンの左巻きの2重項とヒッグス2重項の掛け算で $\mathrm{SU}(2)_L$ 不変なフェルミオンの質量項を，以下の例のように構成できるのである：

$$f_d \bar{Q} H d_R + \mathrm{h.c.}. \tag{A.34}$$

ここでは，例として d クォークの質量を導く項を示した．h.c. は，その前の項のエルミート共役を表す．(A.34) のような相互作用はフェルミオン 2 個とスカラー場の掛け算になっているので **“湯川相互作用”** と呼ばれる．それは，核子 2 個とパイ中間子の場の掛け算で強い相互作用を記述する湯川理論に現れる相互作用との類推から来ている．また，係数 f_d は湯川結合と呼ばれる．大ざっぱに言えば，(A.34) においてヒッグス場 H を真空期待値で置き換えることで，$f_d v \bar{d}_L d_R + \mathrm{h.c.}$ のような d クォークに関する質量項が現れ，その質量は $m_d \sim f_d v$ のように，湯川結合とヒッグス場の真空期待値の積で与えられることになるのである．

このように導入したヒッグス場がヒッグス場に関するポテンシャルの最小化によって真空期待値を

$$\langle H \rangle = \begin{pmatrix} 0 \\ \frac{v}{\sqrt{2}} \end{pmatrix} \tag{A.35}$$

のように持ったとしよう（簡単のため，真空期待値 $\langle 0|H|0 \rangle$ を $\langle H \rangle$ と略記している．下でもこうした記法を使うことがある）．すると，このような真空状態は $\mathrm{SU}(2)_L$ ゲージ変換の下で不変ではなく，従って $\mathrm{SU}(2)_L$ ゲージ対称性は自発的に破れることになる：

$$\mathrm{e}^{i\lambda^a \frac{\sigma_a}{2}} \langle H \rangle \neq \langle H \rangle \quad (\lambda^a : \mathrm{SU}(2)_L \text{ 変換のパラメター}). \tag{A.36}$$

これは，非対角行列 $\frac{\sigma_{1,2}}{2}$ による変換により真空期待値の位置が上側に変わってしまい，また対角行列 $\frac{\sigma_3}{2}$ による変換の下でも $\mathrm{e}^{i\lambda^3 \frac{\sigma_3}{2}} \langle H \rangle = e^{-\frac{i}{2}\lambda^3} \langle H \rangle \neq \langle H \rangle$ のように位相変換してしまうからである．ではゲージ対称性は完全に破れてしまうかというと，そうではない．それは，電荷の演算子 $Q = \frac{\sigma_3}{2} + \frac{1}{2}$ $(Y = 1)$ による変換の下では

$$\mathrm{e}^{i\lambda^{em} Q} \langle H \rangle = \mathrm{e}^{i\lambda^{em}(-\frac{1}{2}+\frac{1}{2})} \langle H \rangle = \langle H \rangle \tag{A.37}$$

となり不変であるからである．これは真空期待値を持つ ϕ^0 が電荷を持たないので当然である．こうしてゲージ対称性は

$$\mathrm{SU}(2)_L \times \mathrm{U}(1)_Y \quad \rightarrow \quad \mathrm{U}(1)_{em} \tag{A.38}$$

のように自発的に破れることになる．ここで $\mathrm{U}(1)_{em}$ は QED の場合と同じ電磁相互作用に対応するゲージ対称性を表す．

A.4 自発的対称性の破れと南部・ゴールドストーンボソン

自発的対称性の破れはスカラー場のポテンシャルの最小化により実現される．まずは最も簡単な理論を用いて，そのエッセンスを見てみよう．

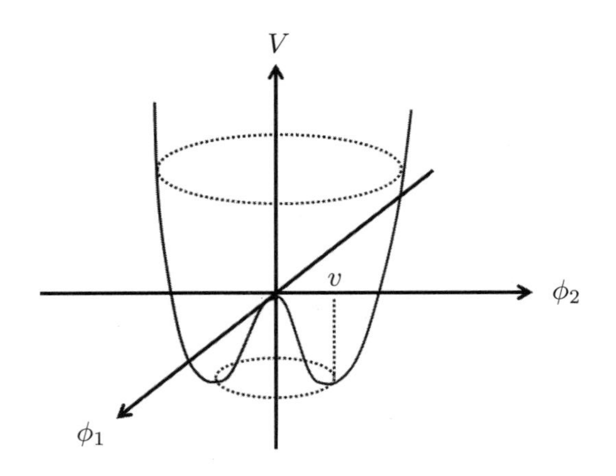

図 A.1　スカラー QED における，実場を用いたスカラー・ポテンシャル．

A.4.1　スカラー QED の場合

1 番簡単なゲージ理論の模型として“スカラー QED”を考える．これは QED において電子の替わりに複素スカラー場 ϕ で表される電荷を持ったスカラー粒子を考える理論である．ゲージ変換は変換のパラメターを θ とする U(1) 変換

$$\phi \quad \rightarrow \quad \phi' = \mathrm{e}^{i\theta}\phi \tag{A.39}$$

であり，この下で不変なスカラー・ポテンシャルは

$$V = -\mu^2\phi^*\phi + \lambda(\phi^*\phi)^2 \quad (\mu^2,\ \lambda > 0) \tag{A.40}$$

で与えられる．ここで理論の繰り込み可能性を保証するために ϕ の 4 次の項までに限定した．

説明の都合上，ここでは光子を表す電磁場 A_μ を無視し（後のヒッグス機構の説明において登場），また複素場であるスカラー場を，その実部，虚部を表す二つの実スカラー場 $\phi_{1,2}$ を用いて $\phi = \frac{\phi_1 + i\phi_2}{\sqrt{2}}$ と表すことにする．するとポテンシャルは

$$V = -\frac{\mu^2}{2}(\phi_1^2+\phi_2^2) + \frac{\lambda}{4}(\phi_1^2+\phi_2^2)^2 = \frac{\lambda}{4}\left\{(\phi_1^2+\phi_2^2) - \frac{\mu^2}{\lambda}\right\}^2 - \frac{\mu^4}{4\lambda} \tag{A.41}$$

となる（図 A.1 参照）．このポテンシャルは 2 次元平面上の回転と同じ SO(2) 対称性を持つ．即ち，次のような $\phi_1 - \phi_2$ 平面内の回転の下でポテンシャルは明らかに不変である：

$$\begin{pmatrix}\phi_1\\ \phi_2\end{pmatrix} \quad \rightarrow \quad \begin{pmatrix}\phi_1'\\ \phi_2'\end{pmatrix} = \begin{pmatrix}\cos\theta & -\sin\theta\\ \sin\theta & \cos\theta\end{pmatrix}\begin{pmatrix}\phi_1\\ \phi_2\end{pmatrix}. \tag{A.42}$$

$\phi_1^2 + \phi_2^2 = \frac{\mu^2}{\lambda}$ を満たす，円形のポテンシャルの底の部分の各点は全て同等であるが，その内の一点，例えば

$$\begin{pmatrix} \langle\phi_1\rangle \\ \langle\phi_2\rangle \end{pmatrix} = \begin{pmatrix} 0 \\ v \end{pmatrix} \quad (v = \sqrt{\frac{\mu^2}{\lambda}}) \tag{A.43}$$

の位置に真空期待値を持ったとすると，それによって回転対称性は自発的に破れることになる．それは真空の状態のベクトル (A.43) に回転を行うとベクトルが変化してしまうからである．この時，ベクトルの終点の移動する方向（(A.43) と直交する ϕ_1 方向）に対してはポテンシャルは一定で“平坦”なので，その方向の場は質量（2 乗）項を持たないことが予想される．実際，真空期待値の位置を原点にとり直し，そこからのずれを $(G,\ h)$ として

$$\begin{pmatrix} \phi_1 \\ \phi_2 \end{pmatrix} = \begin{pmatrix} G \\ v+h \end{pmatrix} \tag{A.44}$$

のように書き直すと，ラグランジアンは，場の 2 次の項までを書き下すと

$$\mathcal{L} = \frac{1}{2}(\partial_\mu h)(\partial^\mu h) + \frac{1}{2}(\partial_\mu G)(\partial^\mu G) - \frac{1}{2}(2\mu^2)h^2 + \text{場の 3 次以上の項} \tag{A.45}$$

となり，確かに h が質量 $\sqrt{2\mu^2}$ を持つのに対して，ϕ_1 方向の場 G は質量（2 乗）項を持たず，質量ゼロのスカラー粒子を表していることが分かる．

もう少し一般的な言い方をすると，真空状態 $|0\rangle$ にゲージ群の変換を施した $e^{i\lambda^a T^a}|0\rangle$ を考えると，真空状態からずれるのは，生成子 T^a の内で（破れない対称性に相当する T^a に対しては真空は不変であるので）破れた対称性に相当する生成子の場合だけである．元のゲージ対称性（の群）を G，自発的な対称性の破れの後に残る対称性を H とすると，破れる対称性は数学的には G/H と書かれる．割り算のように書かれるが，生成子は指数関数の肩にあるので，G の生成子から H の生成子を引いた残りの生成子が，この破れた対称性に対応することになる．G/H の変換をすると，上の例で見られるように，場の配位はポテンシャルの底を移動するので，G/H の独立な変換のそれぞれに対して質量ゼロのスカラー粒子が出現することになる．これが**ゴールドストーンの定理**と呼ばれるものである．即ち，「連続的な大域的対称性 G を持つ理論において対称性 G が自発的に対称性 H に破れたとすると，G/H の生成子の数だけの質量ゼロのスカラー粒子が出現する」というものである．(A.45) に見られるように，今の所ゲージ場は導入されておらず，ここで想定されているゲージ対称性は大域的対称性に限定されていることに注意しよう．出現する質量ゼロの粒子は「**南部・ゴールドストーン (NG) ボソン**」と呼ばれる．

A.4.2 標準模型の場合

標準模型の場合には，$SU(2)_L \times U(1)_Y \ \rightarrow\ U(1)_{em}$ という自発的ゲージ対称性の破れにおいて，G の生成子は $3+1=4$ 個であるのに対し，H の生成子は $U(1)_{em}$ の 1 個なので，G/H の生成子の数は $4-1=3$ であり，3 個の NG ボソンが出現するはずである．具体的には，ヒッグス 2 重項を（$\phi^+ = G^+$

と書き直すことにする）

$$H = \begin{pmatrix} G^+ \\ \frac{v+h+iG^0}{\sqrt{2}} \end{pmatrix} \tag{A.46}$$

と書くと（h，G^0 は実場），h は真空期待値の方向の場であり，これが質量を持って物理的に残るヒッグス粒子（2012 年に CERN で発見され大きな話題となった）を表す場である．当然 $\langle 0|h|0\rangle = 0$ である．一方で，残りの G^+，G^0 という，実場の自由度で数えると 3 個のスカラー場が NG ボソンを表すものである．

なお，標準模型の場合のゲージ不変なヒッグス場に関するポテンシャルは

$$V = -\mu^2 H^\dagger H + \lambda (H^\dagger H)^2 \quad (\mu^2,\ \lambda > 0) \tag{A.47}$$

で与えられる．これは，繰りこみ可能性を課した場合の最も一般的なゲージ不変なポテンシャルである．この最小化を行うと (A.46) の真空期待値は

$$v = \sqrt{\frac{\mu^2}{\lambda}} \tag{A.48}$$

で与えられる．

上の議論は，真空期待値を決め，そこからのずれの場 (h，G^0，$G^\pm$) を新たに量子化された場と見なして理論を再構築するというものであるが，手法が多少形式的で，その正当性が直ぐには納得できないかも知れない．そこで，場の理論は無限個の連成振動子と等価な力学系であるので，こうした処方の正当性について，簡単な 1 個の調和振動子の場合に置き換えて考えてみることにしよう．以下の例題を参照されたい．

例題 A.2　質量 m，ばね定数が k の調和振動子を鉛直につるした．この調和振動子を量子化し，エネルギー・レベルと真空における位置座標の期待値を求めなさい．

解　鉛直下向きに x 軸をとり，重力加速度の大きさを g として，調和振動子に関するラグランジアンを書くと（ばねの自然長の位置を $x = 0$ として）

$$L = \frac{1}{2}m\dot{x}^2 - V, \quad V = \frac{1}{2}kx^2 - mgx \tag{A.49}$$

となる．このポテンシャル V は少し複雑で，シュレディンガー方程式を解くことは一見難しそうである．しかし，物理的に考えると，重力により平衡点（力の釣り合いの位置）がポテンシャルの最小を与える $x_0 = \frac{mg}{k}$ の位置にずれるだけなので，そこを新たな原点にとり直せば，普通の単振動の力学系と等価なはずである．実際，$x = x_0 + \tilde{x}$ としてラグランジアンを $\tilde{x}$ を用いて書き直すと

$$L = \frac{1}{2}m\dot{\tilde{x}}^2 - \frac{1}{2}k\tilde{x}^2 + \frac{(mg)^2}{2k} \tag{A.50}$$

となり，定数項を除けば普通の調和振動子と全く同じラグランジアンである．

よって，その量子化は通常の調和振動子の場合と全く同じように可能であり，エネルギー・レベルは $E_n = (n+\frac{1}{2})\hbar\omega - \frac{(mg)^2}{2k}$ $(\omega = \sqrt{\frac{k}{m}})$ となる．また，$\tilde{x}$ は通常の量子化の方法に従って昇降演算子 $a^\dagger$，a を用いて $\tilde{x} \propto a + a^\dagger$ のように表され，従って当然 $\langle 0|\tilde{x}|0\rangle = 0 \leftrightarrow \langle 0|x|0\rangle = x_0$ であり，x の真空期待値は，古典的なポテンシャル V の最小点で与えられることになる．上述の標準模型における議論も本質的に同じであり，$\tilde{x}$ がヒッグス場 h に対応する．h も $\tilde{x}$ と同様に通常の場の量子化の処方箋に従い生成・消滅演算子の線形結合で書け，従って $\langle 0|h|0\rangle = 0$ となる．ただし，この例題のポテンシャルは特に何らかの対称性を持ったものではないので，この議論は自発的対称性の破れとは直接には関係しないものであることに注意しよう． □

A.5 ヒッグス機構

前節で，大域的ゲージ対称性の自発的破れによって質量ゼロの NG ボソンが必然的に出現することを見た．ゲージ対称性が大域的なものから局所的なものに拡張されると，状況は大きく変化する．結論から述べると，NG ボソンはゲージ・ボソンの縦波成分として吸収され，これによってゲージ・ボソンが質量を獲得すると同時に NG ボソンは物理的自由度としては消滅すると見なされる．この機構が「**ヒッグス機構**」と呼ばれるものである．

例えば電磁波の偏極は進行方向と垂直な 2 方向のみを向く．即ち電磁波は横波である．すると偏極ベクトルは進行方向を回転軸とする空間回転の下で明らかに回転するので，進行方向に z 軸をとると，光子のスピンの z 成分は $S_z = \pm 1$ である．しかし，本来スピンの大きさ $S = 1$ の場合の z 成分は $2S+1 = 3$ 通りの値，即ち $S_z = \pm 1, 0$ をとり得る．光子が $S_z = \pm 1$ のみを持つのは，光子が質量ゼロのゲージ・ボソンであるために，局所ゲージ変換の自由度を有し，その分だけ電磁ポテンシャルの自由度が一つ減るからであると考えられるが，逆に言えば，質量ゼロのゲージ・ボソンが $S_z = 0$，つまり進行方向に偏極していて z 軸の周りで回転しない縦波の自由度を獲得することができれば，欠けていた $S_z = 0$ の状態もそろい，そのゲージ・ボソンは質量を獲得できることを示唆している．この欠けていた縦波の自由度を供給するのが NG ボソンなのである．NG ボソンはスカラー粒子なので，その場 G からスピン 1 のゲージ場と同様に振る舞う 4 元ベクトルを作ろうとすると，必然的に $\partial_\mu G$ のようになり，一方 ∂_μ は量子力学では 4 元運動量 p_μ に対応づけられるので，自然に進行方向に偏極した縦波成分が得られるわけである．物理的には，ゲージ・ボソンの質量を禁止していたのはゲージ対称性であったので，その自発的破れによって，破れた対称性に付随するゲージ・ボソンが，対応する NG ボソンの自由度を吸収して質量を得るというのは自然なことであると言える．

A.5.1　スカラー QED におけるヒッグス機構

このヒッグス機構が具体的にどのように機能するかを，簡単なスカラー QED の理論を用いて考えてみよう．小節 A.4.1 で議論したように電荷を持ったスカラー場の理論を考えるが，今度は A_μ のゲージ場で表されるゲージ・ボソン（光子に対応）もきちんと導入し U(1) 局所ゲージ対称性を持った理論を考察する：

$$\mathcal{L} = -\frac{1}{4}F_{\mu\nu}F^{\mu\nu} + (D_\mu\phi)^*(D^\mu\phi) - V(\phi),$$
$$D_\mu\phi = (\partial_\mu - ieA_\mu)\phi, \quad V(\phi) = -\mu^2\phi^*\phi + \lambda(\phi^*\phi)^2. \tag{A.51}$$

ポテンシャル $V(\phi)$ は (A.40) と同じである．また，ラグランジアンの最初の項は光子の運動項であるが，ここでは詳しく議論することはしない．スカラー場の実部が真空期待値 $\frac{v}{\sqrt{2}}$ $(v = \sqrt{\frac{\mu^2}{\lambda}})$ を持ったとし，ヒックス場 h，NG ボソンの場 G（虚部）を用いて ϕ を表すと

$$\phi = \frac{v + h + iG}{\sqrt{2}} \tag{A.52}$$

となる．これを (A.51) に代入し計算すると，場の 3 次以上の項および定数項を無視すると

$$\mathcal{L} = -\frac{1}{4}F_{\mu\nu}F^{\mu\nu} + \frac{1}{2}(\partial_\mu h)(\partial^\mu h) + \frac{1}{2}(\partial_\mu G)(\partial^\mu G) - \frac{1}{2}(2\mu^2)h^2$$
$$- evA_\mu(\partial^\mu G) + \frac{1}{2}(ev)^2 A_\mu A^\mu \tag{A.53}$$

が得られる．(A.53) の最後の項は，ゲージ・ボソン A_μ が

$$m_A = ev \tag{A.54}$$

という，スカラー場の電荷（の絶対値）e に真空期待値を掛け算した質量を獲得することを端的に示していて，期待通り，自発的ゲージ対称性の破れによってゲージ・ボソンが質量を獲得することが分かる．一つ前の項，$-evA_\mu(\partial^\mu G)$ は，予想したように，NG ボソン G が $\partial^\mu G$ の形でゲージ場と結合し，縦波成分を供給していることを表していると解釈可能である．

A.5.2　標準模型におけるヒッグス機構

以上の議論を標準模型に適用してみよう．ゲージ対称性の自発的破れ $\mathrm{SU}(2)_L \times \mathrm{U}(1)_Y \rightarrow \mathrm{U}(1)_{em}$ において，残る対称性は電磁相互作用の対称性 $\mathrm{U}(1)_{em}$ のみであるので，光子を除き，$W^\pm$，Z の三つのゲージ・ボソンが質量を獲得するはずである．ただし $W^\pm$ は互いに粒子・反粒子の関係にあるので同一の質量 M_W を持つ．Z の質量を M_Z とし，M_W，M_Z を求めてみよう．

スカラー QED での議論から，そのためにはヒッグス 2 重項 H の共変微分

を用いた運動項が必要であるが，それは次のように与えられる（H の弱ハイパーチャージ $Y=1$ に注意）：

$$\mathcal{L}_H=(D_\mu H)^\dagger(D^\mu H),\quad D_\mu H=\left[\partial_\mu-i\left(gA_\mu^a\frac{\sigma_a}{2}+\frac{g'}{2}B_\mu\right)\right]H. \quad (\mathrm{A.55})$$

ゲージ場の質量 2 乗項は $\mathcal{L}_H$ におけるゲージ場の 2 次の項において，H をその真空期待値 (A.35) に置き換えれば得られる：

$$\begin{aligned}&\left|\left(gA_\mu^a\frac{\sigma_a}{2}+\frac{g'}{2}B_\mu\right)\begin{pmatrix}0\\ \frac{v}{\sqrt{2}}\end{pmatrix}\right|^2=\left|\begin{pmatrix}\frac{g}{2}(A_\mu^1-iA_\mu^2)\frac{v}{\sqrt{2}}\\ (-\frac{g}{2}A_\mu^3+\frac{g'}{2}B_\mu)\frac{v}{\sqrt{2}}\end{pmatrix}\right|^2\\ &=\left(\frac{gv}{2\sqrt{2}}\right)^2(A_\mu^1A^{1\mu}+A_\mu^2A^{2\mu})+\left(\frac{v}{2\sqrt{2}}\right)^2(-gA_\mu^3+g'B_\mu)(-gA^{3\mu}+g'B^\mu)\\ &=\left(\frac{gv}{2}\right)^2W_\mu^+W^{-\mu}+\frac{1}{2}\left(\frac{\sqrt{g^2+g'^2}v}{2}\right)^2Z_\mu Z^\mu. \quad (\mathrm{A.56})\end{aligned}$$

ただし，ここで (A.8)，(A.21)，(A.24) を用いた．また，正確には $|\quad|^2$ をとる際にローレンツ不変性を保証するために添字 μ の上げ下げを行うものとする．よって，

$$M_W=\frac{gv}{2},\quad M_Z=\frac{\sqrt{g^2+g'^2}v}{2} \quad (\mathrm{A.57})$$

が得られる．よって Z の方が W より (A.24) より $\frac{1}{\cos\theta_W}$ だけ重いことになる：

$$\rho\equiv\frac{M_W^2}{M_Z^2\cos^2\theta_W}=1. \quad (\mathrm{A.58})$$

ρ は ρ パラメターと呼ばれ，これが 1 であることはヒッグス場が $\mathrm{SU}(2)_L$ の 2 重項であることの反映であると理解されている．

では，全ての粒子の質量の起源であるヒッグス場の真空期待値 v の大きさは，どのように決定されるのであろうか．それは，ベータ崩壊を当初考えられていた時空の一点で働く「接触相互作用」ではなく弱ゲージ・ボソン $W^\pm$ の交換によって生じると考え直すことで可能になる（図 2.1 の左側の図を参照）．図 2.1 の $W^\pm$ の交換によるファインマン・ダイアグラムから，ファインマン則に従って 4 つのフェルミオンに関する "実効ラグランジアン (effective lagrangian)" $\mathcal{L}_{\mathrm{eff}}$ を求めると

$$\mathcal{L}_{\mathrm{eff}}=c\{\bar{u}\gamma^\mu(1-\gamma_5)d\}\{\bar{e}\gamma_\mu(1-\gamma_5)\nu_e\} \quad (\mathrm{A.59})$$

となる．ここで，実効ラグランジアンの係数 c は，図 2.1 の外線の 4 つのフェルミオンはそのままにして，残りの内線の伝播子 (propagator)，相互作用頂点 (interaction vertex) の部分をファインマン則に従って計算し，最後に $-i$ をかければ得られる．具体的に計算すると，W^- の持つ 4 元運動量を k_μ として

$$c=(-i)\left(i\frac{g}{2\sqrt{2}}\right)^2\frac{-i}{k^2-M_W^2}\simeq-\frac{g^2}{8M_W^2} \quad (\mathrm{A.60})$$

となる．ここで，ベータ崩壊は低エネルギーの過程であることから $k^2 \ll M_W^2$ の近似を用いた．c はフェルミ定数 $G_{\rm F}$ を用いて $-G_F/\sqrt{2}$ と表されるので ((2.3) 参照)，次の関係が得られる：

$$\frac{G_F}{\sqrt{2}} = \frac{g^2}{8M_W^2} \quad \to \quad G_F = \frac{\sqrt{2}g^2}{8M_W^2}. \tag{A.61}$$

更に (A.57) および (2.4) を用いると

$$G_F = \frac{1}{\sqrt{2}v^2} \quad \to \quad v = 2^{-\frac{1}{4}}G_F^{-\frac{1}{2}} \simeq 250 \text{ GeV} \tag{A.62}$$

と真空期待値が決まる．また (A.23) の $g^2 = 4\pi\alpha/\sin^2\theta_W$ の関係および (A.61) より，$\alpha = \frac{1}{137}$，$\sin^2\theta_W = 0.23$ を用いると，M_W，M_Z も

$$\begin{aligned} M_W^2 &= \frac{\pi\alpha}{\sqrt{2}G_F\sin^2\theta_W} \quad \to \quad M_W \simeq 80 \text{ GeV}, \\ M_Z &= \frac{M_W}{\cos\theta_W} \quad \to \quad M_z \simeq 90 \text{ GeV} \end{aligned} \tag{A.63}$$

と定まる．この M_W は弱い相互作用を特徴づけるエネルギー（質量）・スケールと言えるので「**弱スケール** (weak scale)」とも呼ばれる．

標準模型においては，電磁相互作用と弱い相互作用は，弱混合角による混合に見られるように独立ではなく，統一的に記述されている．電磁相互作用と弱い相互作用の低エネルギーでの相互作用の強さに関する大きな差異は，ゲージ対称性の自発的破れの帰結として，弱い相互作用を媒介する $W^{\pm}$，Z が大きな質量を持つ一方で光子は質量を持たないことに起因する．見方を変えれば，弱スケール M_W ($\sim 10^2$ GeV) が無視できる位に高いエネルギー領域では，両者に大きな差異は見られなくなるということを意味している．これが電弱統一理論の構築が可能になる理由なのである．

ヒッグス機構によりゲージ・ボソンが質量を得ることをみたが，ヒッグス粒子そのものも 4 点の自己相互作用項 $\lambda(H^\dagger H)^2$ を通じて真空期待値に比例する質量を自分自身から得ることが分かる．(A.53) における計算と同様に計算すると，ヒッグス質量 m_h が

$$m_h = \sqrt{2\lambda v^2} = \sqrt{2\mu^2} \tag{A.64}$$

と与えられることが確かめられる．

A.6 フェルミオン質量とフレーバー混合

A.6.1 フェルミオン質量

ゲージ・ボソンだけでなく，先に少し述べたようにフェルミオンも (A.34) のようなヒッグス場との湯川相互作用を通して，自発的ゲージ対称性の破れにより真空期待値に比例した質量を持つことができる．しかし，(A.34) は d

クォークに質量を与えることはできるが，u クォークに質量を与えることはできない．これは，ヒッグス場の真空期待値が (A.35) に見るように 2 重項の下側にあるからなので，真空期待値を上に上げることを考える．そのために $\tilde{H}$ を以下のように定義する：

$$\tilde{H} = i\sigma^2 H^* = \begin{pmatrix} \phi^{0*} \\ -\phi^- \end{pmatrix}. \tag{A.65}$$

ここで $\phi^- = (\phi^+)^*$ は ϕ^+ の反粒子である．一般の SU(n) 群の場合には n 成分のベクトルで表される群の基本表現と，その複素共役である反基本表現は異なる表現であるので，$\tilde{H}$ は元の H とは違う表現に属するように思われる．しかし，実は SU(2) の場合のみは例外であり，これらの表現は同等であることが分かる．実際，H の $\mathrm{SU}(2)_L$ 変換を $H \ \to H' = \mathrm{e}^{i\lambda^a \frac{\sigma_a}{2}} H$ で与えるとき，$\tilde{H}$ の変換は

$$\begin{aligned} \tilde{H} \quad &\to \quad \tilde{H}' = i\sigma^2 H'^* \\ &= i\sigma_2 (\mathrm{e}^{i\lambda^a \frac{\sigma_a}{2}} H)^* \\ &= \sigma_2 \mathrm{e}^{-i\lambda^a \frac{(\sigma_a)^*}{2}} \sigma_2 \tilde{H} \\ &= \mathrm{e}^{i\lambda^a \frac{\sigma_a}{2}} \tilde{H} \end{aligned} \tag{A.66}$$

となり，元の H の変換と全く同じであることが分かる．ただし，ここで $\sigma_2(\sigma_a)^*\sigma_2 = -\sigma_a$ というパウリ行列の性質を用いた．$\tilde{H}$ では電気的に中性の ϕ^{0*} は 2 重項の上側なので，これを用いた湯川相互作用から u クォークも質量を獲得することが可能になる．こうして，u，d クォークの湯川相互作用は次のように与えられる：

$$\mathcal{L}_Y = -f_d \bar{Q} H d_R - f_u \bar{Q} \tilde{H} u_R + \mathrm{h.c.}. \tag{A.67}$$

$f_{u,d}$ は湯川結合定数である．なお $\tilde{H}$ は H の複素共役から得られるため H とは逆符号の弱ハイパーチャージ $Y = -1$ を持ち，従って上記の湯川相互作用は $\mathrm{SU}(2)_L$ に関してのみならず $\mathrm{U}(1)_Y$ 変換の下でも不変になっていることが分かる．

ここで，中性のスカラー場を，その真空期待値 $\langle \phi^0 \rangle = \frac{v}{\sqrt{2}}$ で置き換えるとクォークの質量項が現れる：

$$-\frac{f_d v}{\sqrt{2}} \bar{d}_L d_R - \frac{f_u v}{\sqrt{2}} \bar{u}_L u_R + \mathrm{h.c.}. \tag{A.68}$$

右巻き，左巻きのワイル・スピノールを足してディラック・スピノール $d = d_L + d_R$，$u = u_L + u_R$ を構成し，またクォークの質量を

$$m_d = \frac{f_d v}{\sqrt{2}},\ m_u = \frac{f_u v}{\sqrt{2}} \tag{A.69}$$

と書いて (A.68) を書き直すと

$$\mathcal{L}_{qm} = -(m_d \bar{d}d + m_u \bar{u}u) \tag{A.70}$$

のように確かにクォークの質量項が得られることになる．こうして，元々ワイル・フェルミオンを用いて記述される標準模型のラグランジアンを最終的にディラック・フェルミオンで書くことが可能である．レプトンに関しても同様であるが，標準模型ではニュートリノの質量はゼロとするので，湯川結合は電子のみが持ち，電子の質量は $m_e = \frac{f_e v}{\sqrt{2}}$（$f_e$: 電子の湯川結合定数）で与えられる．

A.6.2 小林・益川の 3 世代模型とフレーバー混合

前小節では第 1 世代のフェルミオンに限定した解説を行ったが，実際にはフェルミオンは小林・益川理論[2]が予言した通り 3 世代分存在する．更に，世代が違っていてもゲージ群の表現（2 重項といった）に違いは無いので，異なる世代のフェルミオン間の湯川結合が（ゲージ不変性に抵触することなく）可能であり，それによって**フレーバー混合**（世代間混合とも言われる）が生じる．この本で議論する重要な話題である「ニュートリノ振動」は，ニュートリノが質量を持つことと並んで，このフレーバー混合に起因して生じる現象である．よって，本来はレプトンのセクターでのフレーバー混合を議論すべきではあるが，標準模型ではニュートリノは質量を持たず，従ってレプトン・セクターでのフレーバー混合が物理的には意味を成さないことになるので，ここではクォークのセクターに限定して解説を行うことにする．

クォークのセクターに着目し，3 世代分の $\mathrm{SU}(2)_L$ の 2 重項および 1 重項を

$$Q_i^0 = \begin{pmatrix} u_i^0 \\ d_i^0 \end{pmatrix}_L \quad (i = 1, 2, 3),$$
$$u_{iR}^0,\ d_{iR}^0 \quad (i = 1, 2, 3) \tag{A.71}$$

と書く．例えば，u_{iL}^0，d_{iL}^0 は $W^{\pm}$ による弱い相互作用である荷電カレント過程に参加するメンバーであるので，u_i^0，d_i^0 を「**弱固有状態** (weak eigenstate)」と呼ぶ．弱固有状態は質量，従ってフレーバーの確定した状態である u，c，d，s 等の「**質量固有状態**」とは区別される．2.7 節で解説したように，正にこうした弱固有状態と質量固有状態の間のずれ（両者が一致しないこと）によってフレーバー（世代間）混合が生じるのである．

ゲージ相互作用においては世代は変化しない（$d_i^0 \to u_i^0$ のように i は変化しない）が，上述のように，湯川相互作用においては世代を混ぜるような相互作用も，ゲージ不変性と矛盾することなく可能である．実際，1 世代の場合の湯川相互作用項 (A.67) を一般化した次のような湯川相互作用項を書くことができる：

$$\mathcal{L}_Y = -(f_d)_{ij} \overline{Q_i^0} H d_{jR}^0 - (f_u)_{ij} \overline{Q_i^0} \tilde{H} u_{jR}^0 + \text{h.c.}. \tag{A.72}$$

湯川結合定数 $(f_{u,d})_{ij}$ をその (i,j) 要素とする行列を $f_{u,d}$ と書くことにする．なお，(A.72) において，i，j のような重複して現れる添字については和をとる $(i,j=1,2,3)$ ものと理解することにする．

ここでの議論では世代構造が重要なので，(A.71) の替わりに，同じ電荷のクォークを縦ベクトルとしてまとめた次のような記法が便利である：

$$U_L^0=\begin{pmatrix}u_1^0\\u_2^0\\u_3^0\end{pmatrix}_L,\quad D_L^0=\begin{pmatrix}d_1^0\\d_2^0\\d_3^0\end{pmatrix}_L,$$
$$U_R^0=\begin{pmatrix}u_1^0\\u_2^0\\u_3^0\end{pmatrix}_R,\quad D_R^0=\begin{pmatrix}d_1^0\\d_2^0\\d_3^0\end{pmatrix}_R. \tag{A.73}$$

この記法では，例えばクォークの運動項は世代を変えないので，ベクトルの内積の形で

$$\overline{U_L^0}i\partial\!\!\!/ U_L^0+\overline{U_R^0}i\partial\!\!\!/ U_R^0+\overline{D_L^0}i\partial\!\!\!/ D_L^0+\overline{D_R^0}i\partial\!\!\!/ D_R^0 \tag{A.74}$$

のように書ける．ここで $\overline{U_L^0}$ 等にはディラック・スピノールに対する $\overline{u_{iL}^0}$ という演算と同時に 3 成分の縦ベクトルに関してもエルミート共役をとるという意味も含まれる．同様に，共変微分の形で運動項と共に現れるゲージ相互作用に関しても，(A.30)〜(A.32) に与えられるカレントの内でクォークに関する部分を以下のように表すことができる：

$$J_+^\mu=\frac{g}{\sqrt{2}}\overline{U_L^0}\gamma^\mu D_L^0, \tag{A.75}$$

$$J_Z^\mu=\frac{g}{\cos\theta_W}\left(\frac{1}{2}-\frac{2}{3}\sin^2\theta_W\right)\overline{U_L^0}\gamma^\mu U_L^0-\frac{2g\sin^2\theta_W}{3\cos\theta_W}\overline{U_R^0}\gamma^\mu U_R^0$$
$$+\frac{g}{\cos\theta_W}\left(-\frac{1}{2}+\frac{1}{3}\sin^2\theta_W\right)\overline{D_L^0}\gamma^\mu D_L^0+\frac{g\sin^2\theta_W}{3\cos\theta_W}\overline{D_R^0}\gamma^\mu D_R^0, \tag{A.76}$$

$$J_{EM}^\mu=\frac{2}{3}\overline{U_L^0}\gamma^\mu U_L^0+\frac{2}{3}\overline{U_R^0}\gamma^\mu U_R^0$$
$$-\frac{1}{3}\overline{D_L^0}\gamma^\mu D_L^0-\frac{1}{3}\overline{D_R^0}\gamma^\mu D_R^0. \tag{A.77}$$

これに対して，湯川結合に関しては世代が混合するのでベクトルの内積の間に行列 $f_{u,d}$ が入る：

$$\mathcal{L}_Y=-\left(\overline{U_L^0}\quad\overline{D_L^0}\right)Hf_dD_R^0-\left(\overline{U_L^0}\quad\overline{D_L^0}\right)\tilde{H}f_uU_R^0+\text{h.c.}. \tag{A.78}$$

ここで，ヒッグス場 H，$\tilde{H}$ は世代の添字を持たず，単に $\mathrm{SU}(2)_L$ の 2 重項として左巻クォークの 2 重項との内積をとられるものとする．ヒッグス場が真空期待値を持つとクォークに関する質量行列が現れる：

$$\mathcal{L}_{qm}=-\overline{D_L^0}M_d^0D_R^0-\overline{U_L^0}M_u^0U_R^0+\text{h.c.}. \tag{A.79}$$

ここで $M^0_{u,d}$ は up タイプ，down タイプのそれぞれのクォークに関する質量行列である：

$$M^0_u = \frac{v}{\sqrt{2}} f_u, \quad M^0_d = \frac{v}{\sqrt{2}} f_d. \tag{A.80}$$

湯川結合の行列 $f_{u,d}$ は一般に非対角行列なので，これらの質量行列も一般に非対角行列で，また複素行列でもあり，従って U^0_L 等の弱固有状態は質量固有状態にはなっていない．そこで (A.80) が対角化され，従って確定した質量を持つ状態の基底，即ち質量固有状態の基底に移ることを考える．そうした変換は，運動項 (A.74) を不変に保つためにユニタリー変換に限定される必要がある．実際

$$U^0_L = V_{uL} U_L, \quad U^0_R = V_{uR} U_R, \tag{A.81}$$

$$D^0_L = V_{dL} D_L, \quad D^0_R = V_{dR} D_R \tag{A.82}$$

のようにユニタリー行列 V_{uL} 等を用いたユニタリー変換により質量固有状態 U_L 等に移ることを考えると，この変換の下で運動項は明らかに $V^\dagger_{uL} V_{uL} = I$（$I$: 3×3 の単位行列）等の性質により不変である：$\overline{U^0_L} i\partial\!\!\!/ U^0_L = \overline{U_L} i\partial\!\!\!/ U_L$, 等．そこで，(A.81)，(A.82) のユニタリー変換によりクォークの質量行列を対角化できれば，クォークの自由ラグランジアン（場の 2 次式の部分）は完全に対角化され，U，D 等のディラック・フェルミオンは質量，従ってフレーバーの確定した質量固有状態となる．

そこで，質量行列 (A.80) を対角化することを考えよう．この質量行列は一般的な 3×3 の複素行列である．任意の複素行列 M を考えると，$MM^\dagger$ はエルミート行列なので，一つのユニタリー行列 V_1 を用いて $V^\dagger_1 (MM^\dagger) V_1$ が対角行列になるように対角化可能であり，同様に $M^\dagger M$ も別のユニタリー行列 V_2 を用いて $V^\dagger_2 (M^\dagger M) V_2$ が対角行列になるように対角化可能である．これから M 自身も “bi-unitary” 変換により

$$V^\dagger_1 M V_2 = M_{\rm diag} \quad (M_{\rm diag}\text{: 対角行列}) \tag{A.83}$$

のように対角化できそうであるが，実際，数学的にもそうした対角化が可能であることを証明することができる（ここでは立ち入らないが）．

この事実を用いて質量行列を (A.81)，(A.82) のユニタリー変換によって

$$V^\dagger_{dL} M^0_d V_{dR} = M_d, \quad M_d = {\rm diag}\,(m_d, m_s, m_b), \tag{A.84}$$

$$V^\dagger_{uL} M^0_u V_{uR} = M_u, \quad M_u = {\rm diag}\,(m_u, m_c, m_t) \tag{A.85}$$

のように対角化することが可能である．ここで固有値 m_d, m_u 等は d, u クォーク等の質量であり，これに対応して D，U は質量固有状態である d, u, ... を表すことになる：

$$U_{L,R} = \begin{pmatrix} u_{L,R} \\ c_{L,R} \\ t_{L,R} \end{pmatrix}, \quad D_{L,R} = \begin{pmatrix} d_{L,R} \\ s_{L,R} \\ b_{L,R} \end{pmatrix}. \tag{A.86}$$

こうしたユニタリー変換によってクォークの自由ラグランジアンは完全に"対角化"される．即ちディラック・スピノール $u = u_R + u_L$ 等を用いて

$$\bar{u}(i\partial\!\!\!/ - m_u)u + \bar{d}(i\partial\!\!\!/ - m_d)d + \cdots \tag{A.87}$$

と表される．また，ゲージ相互作用のカレントの内で，電気的に中性の J^μ_Z，J^μ_{EM} に関しては，同じ電荷，同じカイラリティーのクォークどうしを結ぶものなので，運動項の場合とまったく同様に，ユニタリー変換の下で不変になることが分かる．実際，(A.76)，(A.77) の J^μ_Z，J^μ_{EM} に関しては

$$\overline{U^0_L}\gamma^\mu U^0_L = \overline{U_L}V^\dagger_{uL}V_{uL}\gamma^\mu U_L = \overline{U_L}\gamma^\mu U_L \tag{A.88}$$

等から，質量固有状態に移っても形が不変であることが容易に分かる．$\overline{U_L}\gamma^\mu U_L = \bar{u}_L\gamma^\mu u_L + \bar{c}_L\gamma^\mu c_L + \bar{t}_L\gamma^\mu t_L$，等から電磁カレントや中性カレントにおいてはフレーバーは変化せずに完全に保存されることが分かる．

しかしながら，荷電カレント (A.75) に関しては up タイプと down タイプの左巻のクォークのユニタリー変換の違いによって不変とはならず

$$J^\mu_+ = \frac{g}{\sqrt{2}}\overline{U^0_L}\gamma^\mu D^0_L = \frac{g}{\sqrt{2}}\overline{U_L}V_{KM}\gamma^\mu D_L, \quad V_{KM} = V^\dagger_{uL}V_{dL} \tag{A.89}$$

のように，一般に非対角の複素ユニタリー行列である V_{KM} が現れる（ユニタリー行列の積はまたユニタリー行列であるので）．この V_{KM} が**「小林・益川行列」**に他ならない．こうして荷電カレントにおいては，V_{KM} は非対角なので，例えば d クォークは荷電カレントにより u，c，t のいずれにも遷移することが可能となり，フレーバー混合（世代間混合）が生じることが分かる．因みに，V_{KM} が複素行列で位相因子を持つことが CP 対称性の破れを引き起こす要因になるのである．

さて，仮に質量行列を対角化した時に up タイプのクォークの全ての質量が縮退していたとすると，(A.85) の対角化においてユニタリー変換は一意的には決まらず，従って質量固有状態も一意的には決まらないことになる．即ち $V_{uL} \to V_{uL}V$，$V_{uR} \to V_{uR}V$ のように共通のユニタリー行列 V を用いて更なるユニタリー変換を行っても質量行列は対角化されたままである．元々フレーバーを区別するのは質量のみであったので，質量が縮退すると質量固有状態が決まらないというのは物理的には当然のことである．すると，この場合 (A.89) で定義される $V_{KM} = V^\dagger_{uL}V_{dL}$ において $V_{uL} = V_{dL}$ になるようにユニタリー変換を行えば $V_{KM} = I$ とすることができ，従ってフレーバー混合を完全に消し去ることが可能である．この議論から学ぶことは，V_{KM} が非対角行列でフレーバー混合を持っている場合でも，仮にクォークの質量が縮退していると物

理的にはフレーバー混合が無い場合と同等であるということである．同様な議論から，レプトン・セクターでのフレーバーが変化する $\nu_e \to \nu_\mu$ といった「**ニュートリノ振動**」という現象においても，小林・益川行列に対応するレプトン・セクターの行列である**牧・中川・坂田 (MNS) 行列**の混合角がゼロでない場合でも，仮にニュートリノ質量が完全に縮退すると，実際にはニュートリノ振動は起こらないことになるのである．特に標準模型のように全てのニュートリノの質量がゼロの場合には，ニュートリノ振動は当然起きない．

参考文献

[1] S. Weinberg, *Phys. Rev. Lett.* **19** (1967) 1264; A. Salam, Proceedings of the 8th Nobel Symposium (Stockholm), ed by N. Svartholm, p367 (1968).

[2] M. Kobayashi and T. Maskawa, *Progr. Theor. Phys.* **49** (1973) 652.

[3] M. Kobayashi, C.S. Lim, and M.M. Nojiri, *Phys. Rev. Lett.* **67** (1991) 1685.

[4] M. Kobayashi and C.S. Lim, *Phys. Rev.* **D64** (2001) 013003.

[5] L.B. Okun, M.B. Voloshin, and M.I. Vysotsky, *Sov. J. Nucl. Phys.* **44** (1986) 440.

[6] C.S. Lim, W.J. Marciano, *Phys. Rev.* **D37** (1988) 1368; E.Kh. Akhmedov, *Phys. Lett.* **B213** (1988) 64.

[7] T. Yanagida, Proceedings of "Workshop on Unified Theory and Baryon Number in the Universe", ed. by O. Sawada and A. Sugamoto, KEK, Japan (1979); M. Gell-Mann, P. Ramond and R. Slansky, in "Supergravity", ed. by P.van Nieuwenhuizen and D.Z. Freedman, North Holland, New York (1979).

[8] T. Appelquist and J. Carazzone, *Phys. Rev.* **D 11** (1975) 2856.

[9] T. Inami and C.S. Lim, *Progr. Theor. Phys.* **65** (1981) 297.

[10] L. Wolfenstein, *Nucl. Phys.* **B186** (1981) 147.

[11] R.N. Mohapatra and G. Senjanovic, *Phys. Rev. Lett.* **44** (1980) 912.

[12] J.C. Pati and A. Salam, *Phys. Rev.* **D10** (1974) 275.

[13] H. Georgi and S.L. Glashow, *Phys. Rev. Lett.* **32** (1974) 438.

[14] A. Zee, *Phys. Lett.* **B93** (1980) 389; *Phys. Lett.* **B161** (1985) 141.

[15] B. Pontecorvo, *Sov. Phys. JETP* **6** (1957) 429.

[16] Z. Maki, M. Nakagawa, and S. Sakata, *Progr. Theor. Phys.* **28** (1962) 870.

[17] S.P. Mikheyev and A.Yu. Smirnov, *Yad. Fiz.* **42** (1985) 1441 [*Sov. J. Nucl. Phys.* **42** (1985) 913]; L. Wolfenstein, *Phys. Rev.* **D17** (1978) 2369.

[18] M. Fukugita and T. Yanagida, *Phys. Lett.* **B174** (1986) 45.

[19] C.S. Lim, Proceedings of BNL Neutrino Workshop, Upton, NY, USA (1987), ed. by M.J. Murtagh; A.Yu. Smirnov, Proceedings of the International Symposium on Neutrino Astrophysics, Takayama, Japan (1992), ed. by Y. Suzuki and K. Nakamura; X. Shi and D.N. Schramm, *Phys. Lett.* **B283** (1992) 305.

[20] Y. Ashie et al. [Super-Kamiokande Collaboration], *Phys. Rev.* **D71** (2005) 112005.

[21] Y. Ashie et al. [Super-Kamiokande Collaboration], *Phys. Rev. Lett.* **93** (2004) 101801.

[22] B. Aharmim et al. [SNO Collaboration], *Phys. Rev.* **C81** (2010) 055504.

[23] B. Aharmim et al. [SNO Collaboration], *Phys. Rev. Lett.* **101** (2008) 111301.

[24] M.B. Smy et al. [Super-Kamiokande Collaboration], *Phys. Rev.* **D69** (2004) 011104.

[25] B. Aharmim et al. (SNO), *Phys. Rev.* **C72** (2005) 055502.

[26] M.H. Ahn et al., *Phys. Rev.* **D74** (2006) 072003.

[27] P.A. Zyla et al. (Particle Data Group), *Prog. Theor. Exp. Phys.* **2020** (2020) 083C01.

[28] W.J. Marciano and A.I. Sanda, *Phys. Lett.* **67B** (1977) 303; B.W. Lee and R.E. Shrock, *Phys. Rev.* **D16** (1977) 1444; K. Fujikawa and R. Shrock, *Phys. Rev. Lett.* **55** (1980) 963.

[29] K.S. Babu, S. Jana, and M. Lindner, *Jour. of High Energ. Phys.* **2010** (2020) 040.

[30] M. Voloshin, *Sov. J. Nucl. Phys.* **48** (1988) 512; K. Babu and R. Mohapatra, *Phys. Rev. Lett.* **63** (1989) 228.

[31] J.F. Beacom, N.F. Bell, D. Hooper, J.G. Learned, S. Pakvasa, and T.J. Weiler, *Phys. Rev. Lett.* **92** (2004) 011101.

[32] S.H. Kim, K. Takemasa, Y. Takeuchi, and S. Matsuura, *J. Phys. Soc. Jap.* **81** (2012) 024101.

索　引

ア

カ

サ

タ

ナ

ハ

マ

ヤ

ラ

ワ

著 者 略 歴

林　青司
りん　せいじ

1981 年　東京大学大学院理学系研究科博士課程修了
　　　　理学博士（東京大学 1981 年）
1984 年　米国立ブルックヘブン国立研究所研究員
1987 年　高エネルギー物理学研究所 (KEK) 助手
(1990 年　ヨーロッパ原子核研究センター (CERN) 研究員)
1992 年　神戸大学理学部助教授
1996 年　同教授
2007 年　神戸大学大学院理学研究科物理学専攻教授
2013 年　東京女子大学現代教養学部教授，神戸大学名誉教授

専門　素粒子論

主要著書

“THE PHYSICS OF THE STANDARD MODEL AND BEYOND”（共著，World Scientific, 2002）
“素粒子物理学ハンドブック” 標準模型を越える統一理論（朝倉書店，2010）
“CP 対称性の破れ—小林・益川模型から深める素粒子物理”（サイエンス社，2012）
“素粒子の標準模型を超えて”（丸善出版，2015）

SGC ライブラリ-166
ニュートリノの物理学
素粒子像の変革に向けて

2021 年 3 月25日 ©　　初　版　発　行

著　者　林　青司

発行者　森 平 敏 孝
印刷者　中 澤　眞
製本者　小 西 惠 介

発行所　**株式会社　サ イ エ ン ス 社**

〒151–0051　東京都渋谷区千駄ヶ谷 1 丁目 3 番 25 号
営業　☎（03）5474–8500（代）　振替 00170–7–2387
編集　☎（03）5474–8600（代）
FAX　☎（03）5474–8900

表紙デザイン：長谷部貴志

組版 プレイン　印刷 (株) シナノ　製本 (株) ブックアート

ISBN978-4-7819-1505-0

PRINTED IN JAPAN

サイエンス社のホームページのご案内
https://www.saiensu.co.jp
ご意見・ご要望は
sk@saiensu.co.jp　まで．

臨時別冊・数理科学（SGC ライブラリ-151：for Senior & Graduate Courses）

物理系のための 複素幾何入門

多様体，微分形式，ベクトル束，層，複素構造とその変形

秦泉寺　雅夫　著

定価 2699 円

物理系の読者に向けた複素多様体論のテキスト．物理畑出身の著者が数学科で教えてきた経験をもとに，定理の証明の理解よりもその使い方に重点を置いて記述している．数学科で学ぶ幾何学（多様体論，ホモロジー論，コホモロジー論）をはじめ，複素関数論の紹介から複素多様体の定義，複素多様体上での微分形式等の使い方に加え，楕円曲線の複素構造のモジュライ空間まで解説．

第1章　多様体と位相幾何

多様体の定義：何を考えることから始まり，何を捨てたか／この定義ではトポロジーぐらいしか考えることがない／コホモロジーという考え方／リーマン計量の導入：形の復活

第2章　正則関数と複素多様体

正則関数とは何か／多変数正則関数／複素多様体

第3章　微分形式，ベクトル束，層

複素多様体上の微分形式／複素多様体上の正則ベクトル束／正則ベクトル束のドルボーコホモロジーと層のコホモロジー／ケーラー多様体／リーマン–ロッホ–ヒルツェブルフの定理とその応用／調和形式とラプラシアン

第4章　複素構造の変形と数理物理学

複素構造の変形と層のコホモロジー／複素構造の変形の自由度を数える／楕円曲線の複素構造の変形のモジュライ空間と数理物理学

サイエンス社